元素の分類

典型元素（typical element）と**遷移元素**（transi との元素群の分類と名
称を下の周期表に示す（原子番号 104 以降の元素

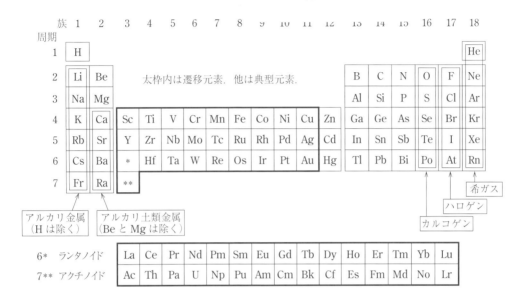

元素群の分類と名称は，16 族元素のカルコゲン（chalcogen）を除き高等学校化学と同じである．
なお，15 族元素をニクトゲン（pnictogen）ということもある．

その他の元素の分類は，本書の第 2 章 6 節に述べている（2.6.4（p.63），2.6.5（p.75））．
以下は，本文中に記されてない元素の分類と名称．

希土類元素（rare earth element）　　第 3 族のスカンジウム（Sc）とイットリウム（Y），ランタノイド．
超ウラン元素（transuranic element）　　原子番号 93 以上の元素．
超アクチノイド元素（transactinide element）　　原子番号 104 以上の元素．

基幹教育シリーズ　化学

無機物質化学

―大学の現代化学入門―

第4版

高橋和宏・岡上吉広・榎本尚也 共著

学術図書出版社

はじめに

　物質を取り扱う科学と産業技術は 20 世紀に飛躍的進歩を遂げたが，近年はその速度がいっそう増しており，物質を理解する重要性と必要性はますます高まっている．その深い理解は，物質を研究対象とする化学，物理，生物，地球惑星科学などの自然科学分野と，これらを応用する工学，医学，薬学，農学などの物質科学系の理科系学問分野に必要とされてきた．21 世紀に入ると，物質との関わりが浅いと思われていた文科系分野の社会科学や人文科学分野でも，考古学をはじめ，環境問題などを取り扱う領域で物質に対する関心が高まり，今日ではさまざまな学問分野において，物質を深く理解するための基盤知識の習得が必要とされている．

　本書は，九州大学基幹教育理系ディシプリン科目の，化学共通教科書 4 冊中の 1 冊である．無機物質化学は理系低年次学生向けの導入科目に位置づけられ，授業のほとんどは大学入学直後の 1 年生を対象に行われることから，履修者は多種多様な物質を理解しようとする現代化学の基盤になっている考え方，すなわち "概念" を的確に把握して，現代の科学的な "物質観" をしっかり身につけることが学修目標である．

　本書（試行版）は 5 つの章から構成され，各章の内容は次のように 3 つに大別される．

　第 1 章から第 3 章までは，原子を物質の構成粒子として捉えている．第 1 章は物質観の歴史的変遷と確立，および原子核と元素の化学の初歩である．第 2 章は原子の電子構造を理解するための量子化学の初歩と，元素の周期表に関する基本的事項であり，第 3 章は第 2 章の原子の電子構造を用いた化学結合論の初歩である．

　第 4 章は，化学反応の解釈や説明に必要な溶液の性質と酸塩基反応，酸化還元反応の基本的事項であり，第 3 章で学ぶ内容の一部が用いられる．

　第 5 章は，物質と人間社会との関わりを紹介する工学的内容の総合化学である．

　具体的な内容と学修目標は，各章や各節の冒頭に書かれた概要を読んで把握していただきたい．本書は "物質" をより深く理解するための補助として，各章の脇注や図表中に補足説明や周辺知識を記載し，第 1 章から第 3 章までの各章には章末付録を付している．これらの付録では，無機物質化学の次に履修する基幹教育や低年次専攻教育の化学科目の学修に向けて，やや高度な内容も取り上げている．少し広く，少し深く知りたいと感じた時は，まずこれらを参照して自ら積極的に学んでいただきたい．また，科学の諸分野の融合とグローバル化によって英語を用いる機会が増えたことから，専門用語や人物名の英語をできるだけ多く記した．これから本書を用いて現代化学の基盤を学ぶ履修者の方々は，物質の深い理解に向けた第一歩を踏み出していただきたい．

2013 年 11 月（2021 年 1 月　一部改訂）
執筆者一同

授業担当教員の皆様へ

　本書（試行版）は九州大学基幹教育化学科目（無機物質化学，有機物質化学，基礎化学結合論，基礎化学熱力学）共通教科書の1冊である．元来は全学教育理系共通基礎科目の共通教科書として，平成22，23年度に本学の教育の質向上プログラムの補助を受け，履修者が1冊の教科書で必要な周辺知識に触れることができ，従来用いられてきた教科書には見られない丁寧な解説を可能な限り記載するという方針のもとに作成を進めていたが，その期間中に全学教育廃止と基幹教育設置が公表された．平成26年度から始まる基幹教育の目的の1つに，論理的思考力を備えた"アクティブ・ラーナー"の育成が掲げられている．本書はこの目的を踏まえ，元来の作成方針を深化させて随所に思考過程を記述し，概念の的確な把握を目標とする現代化学の入門書として作成した．

　無機物質化学は有機物質化学とともに，平成18年度に実施された全学教育のカリキュラム改訂によって新設された科目である．その目的は，当時最も難解な理系基礎科目の1つであった基礎化学結合論の，前段階の化学結合論概説であった．本書はこの目的を踏襲して初学者向けの化学結合論概説を充実させるため，特に第2章の原子の電子構造と第3章の化学結合論概説に力点を置いて作成した．授業を担当される方は，第1章から第3章までの本文の内容を中心に教え，第4章と第5章，ならびに第1章から第3章までの章末付録や脇注，巻末付録の単位などの内容は，履修対象クラスの学部・学科の，専門教育上の化学の必要性の有無と高低を踏まえ，理系学生の教養として，あるいは専門につながる基礎として，授業に取りあげる内容を取捨選択していただきたい（令和3年度からの基幹教育の4学期制（クオーター制）の本格的実施に伴い，本科目は無機物質化学I，IIへ2分割され，それぞれの授業内容は第2章，第3章となる予定）．

　本書の第2章と第3章の初歩的な化学結合論の内容は，過去に教養部で行われた教養教育，その廃止後の全学共通教育，全学教育を経て，現行の基幹教育に至るまで必須とされているが，その根幹を成す量子論には，思考実験から生まれた抽象的な概念が多く，人間の日常体験に基づいた直感的理解が不可能なものもある．また，概念を理解するための周辺知識として物理学の基礎知識も必要であるが，高等学校で物理を学ばなかった履修者が少なくないクラスもある．量子論に基づく内容は，物理の知識の有無にかかわらず，履修者にとっては高等学校で学んだ原子の電子構造や化学結合から数歩先に進んだものであり，大学で初めて学ぶことがらである．授業担当の方々には，履修者に現代化学の基盤となる概念を理解させ，身のまわりの物質や化学現象，物理現象を合理的に解釈し，説明する姿勢を芽生えさせることを目標に授業を進めていただきたい．

　2014年の初版発行以来，本書は逐次改訂され，2021年に第4版発行に至った．本書の基幹教育教科書としての完成度を向上させるために，訂正，加筆，削除などが必要と感じられた箇所や内容は，化学共通テキスト作成・検討委員会（仮称，令和4年度設置予定）へお知らせ下さるようお願い申し上げる．

2013年11月（2021年1月 一部改訂）
執筆者一同

基幹教育シリーズ「化学」の発刊にあたって

　九州大学では，理系学部・学科の必要性に応じて基礎化学結合論，基礎化学熱力学，無機物質化学，有機物質化学の化学に関する基礎科目が低年次において共通科目として開講されてきた．これらの科目の位置づけは，教養部が廃止されてから20年間続いた全学教育（全学共通教育）においても，また，平成26年度から始まる基幹教育においてもほとんど変わっていない．

　昨今，教育の中身である質の保証，また，教育の成果である成績評価の厳格化が求められる中，特に，低年次に同一科目名で複数の学部・学科に対して開講される基礎科目については，共通授業概要が設定され共通教育としての位置づけが明確に示されていたにもかかわらず，その教える内容は教員の裁量に任せられていたためさまざまであり，また，当然の帰結としてその成績評価もさまざまであった．こうしたことは，大学の構成員である学生や教員，大学外の一般の人にとっても，学修に対する統一的な評価を難しくしていた．このような問題を解決する第一歩として，科目内容を標準化した共通教科書の作成が必要であるとの認識を多くのものがもっていたが，なかなか実行に移すことができなかった．しかし，長年にわたり全学教育における化学科目の運営をしてきた化学科目部会の共通教科書作成への強い熱意，理学研究院化学部門の共通教科書作成に対する深いご理解と賛同が後押しとなり，また，学内経費である「教育の質向上プログラム（Enhanced Education Program：EEP）」の支援を受けて，平成22年に共通教科書作成プロジェクトが立ち上がるに至った．そして準備開始から約3年の時間がかかったが，平成26年度の基幹教育開始に合わせて4つの化学科目の教科書を作成することができた．

　プロジェクトを始めるにあたり全学教育化学科目部会の総意として，上述の4つの基礎化学科目を必修あるいは選択科目として履修要件に加えているすべての学部・学科に対する授業に共通教科書を必ず使用することとした．また，共通教科書としてその機能が発揮できるよう，科目の基礎事項の内容を標準化すると同時に学部・学科に特化した内容も別に章を立て盛り込む工夫をすることとした．また，教科書を進化させるために「教科書作成・改定委員会」を設けることとした．これらの合意事項は，高等教育開発推進センターで確認され，基幹教育院へと引き継がれている．

　このプロジェクトを推進するにあたり，教科書作成を企画立案した化学部会の横山拓史教授（理学研究院，当時の部会長），今任稔彦教授（工学研究院），北　逸郎教授（比較社会文化研究院），田中嘉隆教授（薬学研究院），冨板　崇教授（芸術工学研究院），新名主輝男教授（先導物質化学研究所），下田満哉教授（農学研究院），教科書執筆をお世話いただいた徳永　信教授（理学研究院，有機物質化学責任者），中野晴之教授（理学研究院，基礎化学結合論責任者），山中美智男准教授（理学研究院，基礎化学熱力学責任者），高橋和宏准教授（理学研究院，無機物質化学責任者）の各先生および執筆された各先生方の真摯なご努力に敬意を表するとともに厚く感謝申し上げる．

　この共通教科書により，同一科目を担当する教員間で教育内容と成績評価に関する認識が共有され，基幹教育・理系ディシプリン科目における基礎化学科目の平準化と教育の質の格段の向上が図

られることを期待している.

平成 26 年 2 月
EEP プロジェクトにおける
教科書作成代表世話人
淵田　吉男（基幹教育院　副院長）
荒殿　誠（理学研究院　院長）

もくじ

第1章　物質を構成する粒子 ……………………………………………………… 1

  1.1　原子と元素 …………………………………………………………………… 1

      1.1.1　原子の定義 ……………………………………………………… 1

      1.1.2　原子を構成する粒子 …………………………………………… 2

      1.1.3　元素と単体 ……………………………………………………… 5

  1.2　同位体 ………………………………………………………………………… 7

      1.2.1　同位体の定義と種類 …………………………………………… 7

      1.2.2　放射崩壊 ………………………………………………………… 8

      1.2.3　放射崩壊の半減期 ……………………………………………… 11

      1.2.4　核分裂と核融合 ………………………………………………… 12

      1.2.5　元素の天然存在度と原子量 …………………………………… 16

      1.2.6　原子量と物質量 ………………………………………………… 18

  1.3　元素の存在と分布 …………………………………………………………… 19

      1.3.1　原子と元素の生成 ……………………………………………… 19

      1.3.2　太陽系の元素組成 ……………………………………………… 21

      1.3.3　地球の元素組成 ………………………………………………… 22

  付録1.1.　β^- 以外の β 崩壊と複数種類の放射崩壊を起こす放射性同位体 …… 25

  付録1.2.　天然放射性同位体の分類と関連事項 ……………………………… 26

  付録1.3.　核分裂と核融合の関連事項および中性子捕獲と核破砕 ………… 28

  付録1.4.　質量欠損と原子核の結合エネルギー ……………………………… 30

  付録1.5.　太陽系および地殻と空気の元素組成 ……………………………… 33

第2章　原子の電子構造 …………………………………………………………… 37

  2.1　原子の電子構造と量子化 …………………………………………………… 37

      2.1.1　ボーアの水素原子模型 ………………………………………… 37

      2.1.2　水素原子の発光スペクトルと電子のエネルギー …………… 39

  2.2　電子の波動性 ………………………………………………………………… 45

      2.2.1　ド・ブロイの物質波 …………………………………………… 45

      2.2.2　電子回折 ………………………………………………………… 46

  2.3　シュレディンガー方程式とその解 ………………………………………… 47

  2.4　電子の存在確率と電子軌道の表現 ………………………………………… 52

  2.5　電子スピン …………………………………………………………………… 55

  2.6　原子の電子配置と周期表 …………………………………………………… 56

2.6.1　電子軌道のエネルギー準位 ･･････････････････････････ 56

2.6.2　電子配置の構成原理 ･･････････････････････････････ 58

2.6.3　原子の電子配置の構成 ･･･････････････････････････ 58

2.6.4　電子配置と周期律 ･････････････････････････････････ 63

2.6.5　金属元素と非金属元素 ･････････････････････････････ 75

2.6.6　イオンの電子配置と大きさ ･･･････････････････････ 76

付録 2.1.　波および電磁波に関する基礎知識 ･･････････････････ 82

付録 2.2.　クーロンの法則 ･･････････････････････････････････ 92

付録 2.3.　プランクの量子仮説とアインシュタインの光子仮説 ･･････ 93

付録 2.4.　ボーアの水素原子模型の数式による表現と，理解に必要な物理法則 ･･･････ 95

付録 2.5.　物質波の概念と定常波を用いた量子化の概要 ･･･････ 97

付録 2.6.　ハイゼンベルクの不確定性原理 ･･･････････････････ 100

付録 2.7.　電子の波動関数の数式による表現の例 ･･･････････ 101

付録 2.8.　水素原子の 1s 軌道（1s 電子）の波動関数，確率密度関数，
動径分布関数の二次元グラフ表示と動径分布関数の意味 ････････ 102

付録 2.9.　アンペールの右ねじの法則と電子スピン ･･････････ 103

付録 2.10.　電子軌道のエネルギー準位の高低の順序 ･･･････ 105

付録 2.11.　実際の原子の電子配置 ･･････････････････････････ 106

第 3 章　化学結合と物質 ････････････････････････････････ 107

3.1　イオン結合とイオン結晶 ･･････････････････････････････ 107

3.1.1　イオン結合形成の考え方 ････････････････････････ 107

3.1.2　イオン結晶の結晶構造 ･･････････････････････････ 109

3.1.3　結晶構造とイオン半径 ･･････････････････････････ 111

3.1.4　イオン結晶の格子エネルギー ･･･････････････････ 117

3.2　共有結合と分子 ･･････････････････････････････････････ 123

3.2.1　初期の共有結合理論 ････････････････････････････ 123

3.2.2　現代の共有結合理論 ････････････････････････････ 125

3.2.3　分子軌道法の理解に向けた準備 ･････････････････ 127

3.2.4　等核二原子分子の分子軌道と電子構造 ･････････ 129

3.2.5　異核二原子分子の分子軌道と電子構造 ･････････ 141

3.2.6　分子の極性 ･････････････････････････････････････ 144

3.3　混成軌道と分子の形 ･････････････････････････････････ 147

3.3.1　分子構造と混成軌道 ････････････････････････････ 147

3.3.2　sp^3 混成軌道とメタンの共有結合 ･･････････････ 149

3.3.3　sp^2 混成軌道とエチレンの共有結合 ･･････････ 151

3.3.4　sp 混成軌道とアセチレンの共有結合 ･･････････ 153

3.3.5 電子対の間の静電反発と分子構造の歪み …………………… 154
3.4 配位結合 …………………………………………………………………… 157
3.4.1 電子対結合と配位結合 …………………………………………… 157
3.4.2 配位結合の形成と配位化合物 …………………………………… 157
3.5 水素結合 …………………………………………………………………… 160
3.5.1 極性分子の水素結合 ……………………………………………… 160
3.5.2 水素結合した化合物の性質と構造 ……………………………… 161
3.6 金属結合 …………………………………………………………………… 164
3.6.1 金属結合形成の考え方 …………………………………………… 164
3.6.2 金属の性質と金属結合 …………………………………………… 166
3.6.3 金属の結晶構造 …………………………………………………… 170
付録 3.1. 分子軌道法の基本的な考え方 …………………………………… 173
付録 3.2. 原子の電子軌道と分子軌道の対称性と記号 …………………… 174
付録 3.3. 分子軌道のエネルギー準位図を用いた水素分子の解離反応の説明 ……… 175
付録 3.4. 物質の磁性と電子構造との関係—常磁性と反磁性 …………… 176
付録 3.5. 原子軌道の重なり積分と分子軌道の形成 ……………………… 176
付録 3.6. 一酸化炭素の分子軌道と電子構造 ……………………………… 177
付録 3.7. 化学結合の本質の解釈 …………………………………………… 179
付録 3.8. 水の分子軌道と電子構造 ………………………………………… 180
付録 3.9. sp^2 混成軌道を用いたベンゼンの分子構造と共有結合の説明 … 181

第4章　溶液と化学反応 …………………………………………………… **183**
4.1 水溶液 ……………………………………………………………………… 183
4.1.1 イオン性化合物の電離 …………………………………………… 183
4.1.2 溶解度 ……………………………………………………………… 186
4.2 酸と塩基 …………………………………………………………………… 189
4.2.1 酸と塩基の定義 …………………………………………………… 189
4.2.2 酸と塩基の強さ …………………………………………………… 193
4.3 酸化と還元 ………………………………………………………………… 198
4.3.1 酸化剤と還元剤 …………………………………………………… 198
4.3.2 酸化還元反応と電子の移動 ……………………………………… 199
4.3.3 酸化剤・還元剤の強さ …………………………………………… 200
4.3.4 イオン化傾向と標準電極電位 …………………………………… 202

第5章　社会を支える無機物質 …………………………………………… **204**
5.1 古くから使われている無機物質 ………………………………………… 204
5.1.1 ガラス ……………………………………………………………… 204

　　　5.1.2　陶磁器 ···································· 204

　　　5.1.3　炭素材料 ································· 205

　　　5.1.4　セメント ································· 205

　　　5.1.5　宝石 ······································ 205

　5.2　先端無機物質 ································ 206

　　　5.2.1　文明の発展に貢献する無機物質 ········ 206

　　　5.2.2　情報化社会を支える無機物質 ·········· 211

　　　5.2.3　医療に貢献する無機物質 ·············· 213

巻末付録 ·· **215**

　A1. 物理量の単位と単位の表記に用いる接頭語 ···· 215

　A2. 物理定数とエネルギー単位の換算 ············ 220

　A3. ギリシャ文字とローマ数字 ·················· 222

　A4. 距離・長さ，大きさの概念 ·················· 223

索引 ·· **225**

第1章 物質を構成する粒子

化学は物質を取り扱う学問である．物質は原子が集まって形成されている．原子は現在の最高性能の電子顕微鏡を用いても，その影を捉えることが可能なだけで，直接その内部を覗きみることができない極微の粒子である．現代化学を学ぶ最初の一歩は，物質の構成単位である原子の構造と原子の種類，すなわち，同位体に関する基礎知識の的確な把握である．これらの基礎事項を，原子に関する重要な発見や概念の提唱などの自然科学の歴史をたどりつつ，周辺知識を含めて紹介する．

本書の**巻末付録 A4**（p.223）に，化学が取り扱う原子や分子の大きさを把握するための図が記載されている．

1.1 原子と元素

原子と元素の定義や，原子の構造について歴史を含めて述べる．

1.1.1 原子の定義

現代化学は，物質の本質を解明しようとする自然科学の，挑戦と発展の歴史の蓄積から成り立っている．化学は物質に対する古代からの人類の素朴な疑問，すなわち「われわれの周囲に存在する物は何からできているのか」という哲学的思索による物質観の探求に始まる．たとえば，古代文明発祥地のギリシャでは，物質は「火・空気・水・土」で構成され，これらは万物（物質）の根源的構成要素の**元素**（element）であり，物質をいくら細かく砕いて分けても，その最小構成単位である究極の不可分粒子（原子）に到達することはないと信じられていた．その後も，17世紀半ばに錬金術（alchemy）時代が終焉を迎えるまでの長い間，世界各地で類似の観念的，非科学的な物質観が信奉され続けた．

19世紀初頭の1803年，ダルトン（Dalton）は実験結果に基づいた原子説を提唱し，近代化学の夜明けが到来した．この仮説の概要は次の通りである．

(1) すべての物質は，きわめて小さな粒子である**原子**（atom）からできている．

(2) 同一元素の原子は性質も重さも同じであるが，異種元素の原子どうしは性質も重さも異なる．

(3) **化学結合**（chemical bond）は，原子が簡単な整数比で結合する

火・空気・水・土は，紀元前450年頃に哲学者エンペドクレスが唱えた思想（四元素説）の元素である．紀元前400年頃，デモクリトスやレウキッポスは，それ以上分割できない不可分粒子の存在を唱えたが，この古代原子説は支持されず，当時の大哲学者アリストテレスやプラトンらが支持した「物質の構造は連続的で，どこまでも細かくできる」という観念が近代まで広く信奉され続けた．

素粒子物理学では，不可分粒子は電子，μ 粒子，τ 粒子，3 種類の中性微子（ニュートリノ（neutrino））の 6 種類のレプトンと 6 種類のクオークの計 12 種類と考えられているが，さらなる究極の粒子の探求は今後も続く．なお，陽子や中性子などの粒子は，複数種類のクオークの組み合わせによって構成されると考えられている．

ときに生じる．

この原子説の提案以降，それまで曖昧であった元素と原子の定義は明確化され始め，やがて原子は，物質を構成する具体的要素の「物質を構成する単位」であると定義された．元素の定義は，やや抽象的な「原子の性質を含めた物質の構成要素」へと変わってゆく（のちに項目 1.1.3（p. 5）で述べる）．

19 世紀を迎えて人類はようやく原子の普遍的存在を確認し，ダルトンの仮説を実証して科学的物質観をもつに至った．その後の 19 世紀終盤から 20 世紀前半にかけて，実験によって原子の構造が急速に解明され，原子はさらに小さな粒子から構成されることが明らかにされた．

1.1.2 原子を構成する粒子

19 世紀中盤，ガラス製放電管の中に封じ込めた気体の量を減少させると，初めはガラス管全体が光り，さらに気体の量を減らすとガラス管の光が消えて，管の内側から蛍光を発するようになり，陽極と陰極の間に小さい物体を置くと，その影が陽極側に写ることが知られていた．この現象は，陰極から陽極に向かって何らかの線（ray）が放射されるために起こると推測されて，この放射線（radiation）は陰極線（cathode ray）と名づけられた．

1897 年，英国のトムソン（Thomson）は，陰極線の実体が負の電荷（electric charge）をもつ**荷電粒子**（electrically charged particle）の線束（ビーム（beam））であることを発見して**電子**（electron）の存在を立証した．なお，当時は，原子が電気を帯びてなく電荷をもたない（無電荷である）こと，すなわち，電気的中性（electrically neutral）であることがすでに明らかにされていた．

原子が負電荷（negative charge）の電子をもつなら，正電荷（positive charge）をもつ「何か」が存在するはずである．トムソンは，それが正電荷を帯びた球と考えて，1903 年，その球の内側に電子が存在する原子の構造模型（原子模型）を提案した．左の脇注にトムソンの原子模型のイメージ（概念図）を示す．「何か」の正体はまもなく突き止められて，トムソンの原子模型は大きく描き換えられた．

1908 年，ラザフォード（Rutherford）はヘリウムの原子核である α 粒子を発見した（α 粒子は項目 1.2.2（p. 9）で述べる）．その後，薄い金箔に α 粒子のビームである α 線を照射して，α 粒子の散乱現象を観測する実験を行った．**図 1-1-1** に，ラザフォードが実験結果

ガラス製放電管（ガイスラー管）の全体が光る原因は，グロー放電が起こることである．

放電管が蛍光を発する現象は，1859 年にプリュッカー（Plücker）が発見した．

荷電粒子は，帯電している粒子全般の名称である．

トムソンの原子模型のイメージ．

正電荷を帯びた球

電子

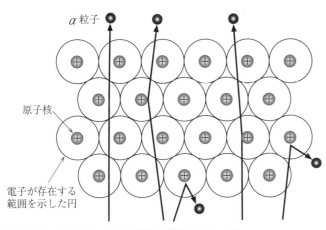

α粒子

原子核

電子が存在する
範囲を示した円

図 1-1-1. 金箔中の α 粒子の透過と散乱のイメージ.
原子核の周囲に存在する電子は描き入れてなく, 電子が存
在すると考えられた範囲を円で表した.

から推測した, 金箔中の α 粒子の挙動 (透過と散乱) のイメージを
示す.

　ラザフォードは, ほとんどの α 粒子は金箔を通過 (透過) する
が, 進路が曲がったり跳ね返される (散乱する) ものがごく少数あ
ることを発見した. この結果から, 金原子で構成された金箔の微視
的構造 (microscopic structure) は, 実は隙間だらけであり, 原子
の中心には, きわめて小さな正電荷をもつ芯の**原子核** (atomic nu-
clei) が存在すると考えた. さらに, 金の原子核の半径を約 0.007
pm (ピコメートル, 10^{-12} m), 金原子の半径を約 144 pm と見積も
り, 1911 年に, 中心に正電荷をもつ 10^{-15} m 程度の大きさの原子
核が存在し, その周囲に負電荷をもつ電子が存在する原子模型を提
案した. この原子模型のイメージを右の脇注に示す. なお, 原子核
と電子の間, および隣り合う原子の間の隙間は, 何も存在しない真
空 (vacuum) と考えられた.

　原子核の存在が明らかになると, 初めに原子の電子構造の研究が
急速に展開され, 原子核の発見から 2 年後の 1913 年, 現代の原子
模型につながる水素原子の電子構造模型が提案された (第 2 章 1 節
(p. 37) で述べる).

　原子核の構造は, その発見から約 20 年後に明らかにされた.

　1932 年, 放射性物質と原子核の研究を行っていたチャドウィッ
ク (Chadwick) は電気的中性の**中性子** (neutron) を発見した. この
発見によって, 原子核は正電荷をもつ**陽子** (proton) と電荷をもた
ない中性子から形成され, 原子核中の陽子の数と, その周囲に存在

1901 年にペラン (Perrin), 1904 年に東
京帝国大学の長岡半太郎がそれぞれ類似
の原子模型を提案していた. 実験的証拠
はなかったが, 彼らの模型も真実に迫っ
ていた.
下図はラザフォードらの原子模型のイメ
ージである.

原子核

電子

ラザフォードは 1918 年に陽子の存在も
立証した.

原子中の電子と陽子は, 互いの電荷を打
ち消し合い, その数が同じなので原子は
電気的中性である.

する電子の数が等しいことも立証された.

　図 **1-1-2** にヘリウム原子の構造模型を示す. これは高等学校化学で学ぶ原子模型である. 図中に陽子数や中性子数と原子番号や質量数との関係, 元素記号を用いた原子番号と質量数の表現も示した.

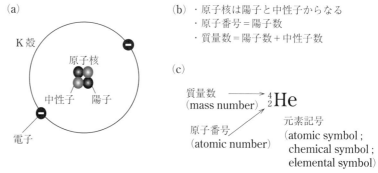

図 1-1-2. (a) 高等学校化学で用いられる原子模型を用いたヘリウムの原子と原子核の構造模型, (b) 原子核の構成粒子の陽子と中性子, 原子番号や質量数との関係, (c) 元素記号を用いた原子番号と質量数の表現.

　表 1-1 に, 原子の構成粒子の陽子, 中性子, 電子の記号と基礎的な物理データーを示す.

表 1-1. 原子の構成粒子の名称と記号, 電荷, 質量と質量数

名　称	記号[a]	電荷 (e)[b, c]	質量 (kg)[c]	質量 (u)[d]	質量数
陽　子	$^1_1\text{p}(^1_1\text{H}^+)$	$+1$	1.67262×10^{-27}	1.00728	1
中性子	^1_0n	0	1.67493×10^{-27}	1.00867	1
電　子	e	-1	9.10938×10^{-31}	0.00055	0

a) 陽子と中性子の記号に, 仮の原子番号 1 と 0, および仮の質量数 1 を付した.
b) e は電気素量 1.60218×10^{-19} C. 電荷は陽子 1 個の電気量 e と電子 1 個の負の電気量 $-e$ を, それぞれ電気素量 e で割った値.
c) 電気素量と各粒子の質量の精密な値は**巻末付録**の付表 8 (p. 220) を参照.
d) u は統一原子質量単位 (項目 1.2.6 (p. 18) を参照).

　陽子と中性子の質量はほぼ等しい. 電子の質量はこれらの約 1/1840 と非常に軽いため, 陽子と中性子の質量の合計が原子の質量の大部分を占める. 陽子 1 個と電子 1 個の電気量は, それぞれ 1.602×10^{-19} C (クーロン (Coulomb)) と -1.602×10^{-19} C であり, 正負の符号は逆であるが絶対値は等しい.

　原子から 1 個以上の電子を取り去ると, 正電荷が負電荷よりも多い状態になるので, 正電荷をもつ粒子の**陽イオン** (cation) が生じ

る．原子に電子が1個以上付加すると，負電荷が正電荷よりも多い状態になり，負電荷をもつ粒子の**陰イオン**（anion）が生じる．

1.1.3 元素と単体

はじめに元素の定義の変遷を述べ，次に元素の単体と同素体について述べる．

近代化学黎明期の17世紀前半，ベーコン（Bacon）は現代の自然科学の思想的基盤となる実証主義を提唱した．その要約は「現実の世界，とりわけ自然界を理解しようとする者は，先入観による独断や偏見を徹底的に排除し，観察や実験の具体的な結果から得られた客観的情報を解析して，論理的に説明すべき」である．近代化学における最初の元素の定義は，17世紀中頃にボイル（Boyle）が唱えた「物質を分解してゆくと，もうそれ以上分解できないもの」であった．ボイルは徹底した実証主義者であり，数多くの実験事実から物質の構成要素である元素の存在を確認した．18世紀になると，ラボアジェ（Lavoisier）が物質の重さを正確に秤ることによって，化合（combination）と分解（decomposition）を明確に区別し，1774年に質量保存の法則（law of conservation of mass）を発見した．さらに，分解できる限界の物質を元素と定義し，1789年，水素，窒素，酸素，硫黄，リン，金，銀など33種類の元素の存在を示して近代化学の飛躍的発展の端緒を開いた．

19世紀以降は，前記したダルトンの原子説（p.1）を経て，原子が物質を構成する要素の最小単位として認められると，それまでの元素の定義は原子の定義となり，元素の定義は「原子の化学的性質も含む物質の構成要素」という，やや抽象的なものへと変わって現在に至っている．

元素の種類は実質的に原子核中の陽子数で定められるので，原子番号は元素を指定する．原子番号が同じ同一元素の原子だけで形成された物質を，その元素の**単体**（simple substance）という．単体は一般に2個以上の原子が化学結合して形成されているが，18族元素（希ガス元素）のヘリウム（He），ネオン（Ne），アルゴン（Ar），クリプトン（Kr），キセノン（Xe），ラドン（Rn）の単体は原子のままで存在する．

常温常圧下の単体の存在状態は，18族元素と水素（H_2），窒素（N_2），酸素（O_2），フッ素（F_2），塩素（Cl_2）が気体であり，臭素（Br_2）と水銀（Hg）が液体，その他の元素の単体は固体である．

物理学者，神学者でもあった哲学者ベーコンは，1620年の著書「ノヴム・オルガヌム（Novum Organum）」で帰納法に基づく実証主義を唱えた．

化学者ボイルは錬金術師，物理学者でもあった．その頑固な実証主義的姿勢はベーコン哲学の信奉によるものではなく，独自の信条であった．

ボイルは1661年の著書「懐疑的な化学者（The Sceptical Chymist）」の中で元素の存在を認めている．この書によって，自然科学の中に，化学という分野が誕生した．

この偉大な功績を称えて，ラボアジェは「近代化学の父」といわれる．

英語で元素を chemical element と書くことがある．現在の定義を反映する語句であるが，あまり使用されてない．

構成原子数が少ない分子の単体は，本文中の括弧の中に分子式を示した．

常温は平常の気温（25℃前後）．常圧は標準大気圧の1 atm程度の圧力．標準大気圧の値は**巻末付録**の**付表4**（p.217）と**付表5**（p.218）を参照．

3～11 族元素（遷移元素）の単体はすべて金属である．なお，元素の分類は，本書のおもて表紙の見返しを参照．

金属元素は，第 2 章 6 節（p.75）であらためて述べる．

図 1-1-3（Ⅰ）～（Ⅳ）の各同素体の原子配列（分子構造や結晶構造）は，原子を球で表し，化学結合を線（棒）で表した棒球模型（ball-stick model）で描かれている．棒球模型は，項目 3.1.2（p. 109～p. 110）のイオン結合で形成されたイオン性化合物の代表的な結晶構造の表現にも用いられている．

第 3 章 2 節に二酸素分子（O_2）の 2 つの酸素原子間の共有結合の説明が述べられている．

硫黄は同素体が多い元素である．たとえば原子数が 6 個から 20 個までの環状構造の分子や，多数の硫黄原子が鎖状に連結したカテナ硫黄（*catena*-S_n）というポリマー（高分子）などが知られている．

硫黄の同素体のうち (a)*cyclo*-八硫黄（S_8）は最も安定で，天然に多量に存在する．

単体の固体が金属である元素（金属元素）が多い．液体金属の水銀を除き，金属は一般に融点（melting point）が高いが，金属元素のセシウム（Cs）とガリウム（Ga）の単体の融点はかなり低く，それぞれ 28.4 ℃ と 29.8 ℃ である．

単体には，構成原子数や原子の並び方（原子配列）が異なるため，互いに性質が異なる複数種類の物質が存在する．これらの物質を**同素体**（allotrope）という．同素体は典型元素の 14 族，15 族，16 族の非金属元素に多くみられる．たとえば，酸素原子から成る分子の酸素（O_2，二酸素という）とオゾン（O_3，三酸素ともいう），硫黄原子から成るリング状の分子の八硫黄（S_8）や十二硫黄（S_{12}），リン原子から成る白リン（P_4）と黒リンや，炭素原子から成るダイヤモンドとグラファイト（黒鉛），フラーレン，カーボンナノチューブなどは，それぞれの元素の代表的な同素体である．**図 1-1-3** に酸素，硫黄，リン，炭素の同素体の例と原子配列を示す．原子配列とは分子中や結晶中の原子の並び方であり，分子構造や結晶構造のことである．

121 pm
128 pm
116.5°
● 酸素原子

図 1-1-3（Ⅰ）．酵素の同素体．(a) 二酸素と (b) オゾンの分子構造．

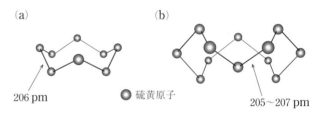

206 pm
● 硫黄原子
205～207 pm

図 1-1-3（Ⅱ）．硫黄の同素体の例．(a) *cyclo*-八硫黄（*cyclo*-S_8）と (b) *cyclo*-十二硫黄（*cyclo*-S_{12}）の分子構造．*cyclo*- はリング状（環状）の分子構造を表す接頭語でシクロと読む．

黒リン（black phosphorus）やダイヤモンド（diamond），グラファイト（graphite）は，1 個の結晶全体が 1 つの分子である．このような分子を，巨大分子（giant molecule）という．

巨大分子という用語は，高分子とは区別して用いられる．

巨大分子から成る結晶は，高等学校化学の「共有結合結晶」であり，共有結晶（covalent crystal）ともいう．

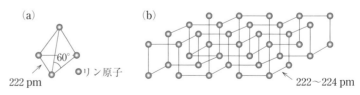

60°
222 pm
○ リン原子
222～224 pm

図 1-1-3（Ⅲ）．リンの同素体の例．(a) 白リンの分子構造と (b) 黒リンの結晶構造．

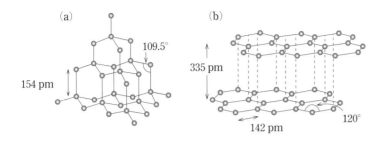

(b) のグラファイトは炭素原子が共有結合によって六員環（正六角形のリング）を形成したシート（平面的な層）が積み重なった積層構造をもつ．

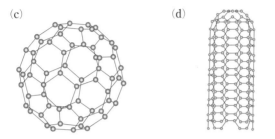

○炭素原子

(d) は単層ナノチューブ（single-walled nanotube）とよばれるもので，グラファイトのシートの断片が円筒状に丸まり，その端が球状のフラーレンの半球で蓋をされたものということができる．
多層ナノチューブ（multi-walled nanotube）も知られている．
カーボンナノチューブは，1991 年に飯島澄男によって発見された．

図 1-1-3（Ⅳ）．炭素の同素体の例．（a）ダイヤモンドと（b）グラファイト（黒鉛）の結晶構造と，（c）フラーレンの例（C_{60}）と（d）カーボンナノチューブの例の分子構造．

1.2　同位体

　同位体の種類と原子核の代表的反応，および天然に存在する同位体と原子量に関する基礎事項を述べる．

1.2.1　同位体の定義と種類

　すべての元素には，中性子数が異なる複数種類の原子が存在する．互いに陽子数が等しい同一元素であるが，中性子数が異なる原子を**同位体**（isotope）という．たとえば，炭素の代表的な同位体は中性子数が 6，7，8 の 3 種類の原子であり，いずれも炭素としての元素の性質を示す．

　同位体は質量数を用いて区別する．元素名で同位体を表す場合は，炭素 12，炭素 13，炭素 14 のように元素名のあとに質量数を書き，元素記号で表す場合は，^{12}C，^{13}C，^{14}C のように元素記号の左上に質量数を書く．

　表 1-2 に示す 3 種類の水素の同位体は，特別に名称と記号が与えられている．

　同位体は 2 種類に大別される．1 つは時間が経過しても原子核が変化しないもので，**安定同位体**（stable isotope）という．もう 1 つ

水素の同位体には，人工的に作られた質量数4以上の不安定なものもある．

表1-2中のプロチウムはあまり用いられてない．軽水素は重水素と区別する場合に用い，二重水素は三重水素と区別する場合に用いられる．

表1-2のHとDは安定同位体，Tは放射性同位体．

これまでに約3000種類の同位体（核種）が発見されているが，そのほとんどは放射性である．なお，核種は理論上7000種類以上存在すると推測されている．

放射能と放射線を混同して誤用しないように注意する．誤用例は「放射能を放出する」，「放射能を浴びる」．これらは「放射線を放出する」，「放射線を浴びる」が正しい．

放射性同位体のみが存在するTc，Pm，原子番号83以上のビスマス（$_{83}$Bi）以降の元素を放射性元素という．

なお，これまでに人工的に作られた新しい安定同位体はない．

同位体は原子核中の陽子数によって分類した同一陽子数の原子であり，同位体の原子核は核種である．

表 1-2. 水素の同位体の名称と記号

同位体	記号	英語名（英語の読み，日本語名）
$_1^1$H	H	Protium（プロチウム，軽水素）
$_1^2$H	D	Deuterium（ジュウテリウム，重水素あるいは二重水素）
$_1^3$H	T	Tritium（トリチウム，三重水素）

は，時間の経過とともに原子核が放射線を放出して自然に（自発的に（spontaneously））変化するもので，これを**放射性同位体**（radioisotope）という．

放射性同位体には，原子核中の陽子数と中性子数の両方または一方が増減して他の元素の同位体に変わるものの他に，他の元素に変わらないものも含まれる．これは次の項目1.2.2で述べる．

物質が放射線を放出する能力を**放射能**（radioactivity）という．放射性同位体は放射能をもち，安定同位体は放射能をもたない．同一元素の放射性同位体と安定同位体の性質は，放射能の有無以外はほとんど同じである．

天然に存在する放射性同位体を天然放射性同位体（natural radioisotope）といい，原子炉や粒子加速器のような特別な装置の中で人工的に作られる放射性同位体を人工放射性同位体（artificial radioisotope または synthetic radioisotope）という．人工放射性同位体にはテクネチウム（$_{43}$Tc）やプロメチウム（$_{61}$Pm）のような，天然にほとんど存在しない元素がある．TcとPmは，これまでに多くの種類の人工放射性同位体が作られ，単体（金属）と化合物も作られたが，のちに天然のウラン鉱石などの放射性鉱物中に，ごく微量存在することが判明した．

原子核を構成する陽子と中性子を，まとめて**核子**（nucleon）という．核子の数は原子の質量数と等しい．原子核の分類には同位体の他に，質量数が同じ同重体，中性子数が同じ同中性子体，原子核がもつエネルギーの高低が異なる核異性体（p.11の脇注を参照）などがある．核子の種類と数で原子核を分類する場合は，**核種**（nuclideあるいは nuclear species）という用語が用いられる．

これ以降は，同位体の実質的な同義語として核種も用いる．

1.2.2　放射崩壊

原子核が変化する現象を原子核反応（核反応）という．核反応にはいくつかの種類（形式）がある．放射性同位体は陽子数よりも中

性子数が過剰に多いか，あるいは少ない不安定な原子核をもつために，自発的に放射線を放出して安定な原子核に変化する．

核反応を起こす原子核を**親核種**（parent nuclide）といい，反応後に生成した原子核を**娘核種**（daughter nuclide）という．

放射線の放出を伴う自発的に起こる核反応を**放射崩壊**（radioactive decay）という．次に代表的な3種類の放射崩壊形式を記す．

放射崩壊は放射壊変や原子核崩壊ともいう．

・α崩壊（α decay）

原子核からヘリウム4の原子核（$^{4}_{2}\mathrm{He}^{2+}$）が放出される崩壊形式である．親核種がα崩壊すると，原子核から2個の陽子と2個の中性子が失われて原子番号が2減少し，質量数が4減少した娘核種が生成する．

α崩壊は一般に質量数が200を越える放射性同位体で起こる．たとえば，天然のウラン鉱石中のウラン238（$^{238}\mathrm{U}$）やウラン235（$^{235}\mathrm{U}$）はα崩壊を起こす．

ウラン鉱石（uranium ore）の代表例は，二酸化ウラン（酸化ウラン（IV），化学式 $\mathrm{UO_2}$）が成分の閃（せん）ウラン鉱（uraninite）である．

式（1-1）に親核種のラジウム226（$^{226}\mathrm{Ra}$）がα崩壊して娘核種のラドン222（$^{222}\mathrm{Rn}$）が生成する反応の化学反応式を示し，**図1-2-1**にα崩壊のイメージを示す．

$$^{226}_{88}\mathrm{Ra} \rightarrow {}^{222}_{86}\mathrm{Rn} + {}^{4}_{2}\mathrm{He}^{2+} \tag{1-1}$$

式（1-1）の娘核種の $^{222}\mathrm{Rn}$ も放射性同位体である．$^{222}\mathrm{Rn}$ はα崩壊してポロニウム218（$^{218}\mathrm{Po}$）に変化する．$^{218}\mathrm{Po}$ も放射性同位体で，そのほとんど（99.98%）はα崩壊して鉛214（$^{214}\mathrm{Pb}$）に変わるが，少数（0.02%）は次に述べるβ崩壊を起こしてアスタチン218（$^{218}\mathrm{At}$）に変わる．一般に，質量数が大きい放射性同位体には，2種類か，それ以上の種類の核反応を起こすものがある．

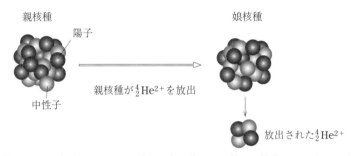

図1-2-1. α崩壊によって原子核の一部が崩れてα粒子が放出されるイメージ．

α崩壊で放出されるヘリウム4の原子核を**α粒子**（α particle）という．α粒子は，ヘリウム原子から2個の電子がすべて取り除かれた二価陽イオンである．α粒子の放射線を**α線**（α ray）という．

α粒子は荷電粒子（p.2の脇注を参照）であり，α線は粒子線（particle ray, particle beam）である．
α線を照射された物質中の，α粒子に衝突された原子は，電子をα粒子に奪い取られて電離することがあるので，α線は電離放射線（ionizing radiation）の1種である．

・β崩壊（β decay）

原子核中の1個の中性子から電子が1個放出されて，その中性子が陽子に変化する崩壊形式である．β崩壊では原子核の核子数が変化しないので質量数は変わらないが，陽子が1個増えるので原子番

号が1増加した原子（娘核種）が生成する.

β崩壊は質量数の大小にかかわらず，数多くの放射性同位体にみられる崩壊形式である．式 (1-2) に水素 3（^{3}H，トリチウム（T））がβ崩壊してヘリウム 3（^{3}He，安定同位体）が生成する反応の反応式を示し，**図 1-2-2** にβ崩壊のイメージを示す．

$$^3_1\text{H(T)} \rightarrow {}^3_2\text{He} + \text{e}^- \qquad (\text{e}^- \text{は電子}) \qquad (1\text{-}2)$$

親核種　　陽子　　　　　　　　　　　　　　　娘核種

中性子　　　　中性子が電子を放出　　　　　　　放出された電子
　　　　　　　して陽子に変わる

図 1-2-2. 式 (1-2) の反応を例とした β 崩壊のイメージ.

β粒子は荷電粒子.
β線は粒子線であり，電離放射線である.

β崩壊で放出された電子を**β粒子**（β particle）といい，β粒子の放射線を**β線**（β ray）という．

β崩壊には，その他の形式もある．上記のようなβ崩壊をβ$^-$崩壊という．β$^-$崩壊する放射性同位体が多いため，一般にβ$^-$崩壊をβ崩壊といっている．本章末の**付録 1.1**（p. 25）に，その他のβ崩壊のβ$^+$崩壊と電子捕獲を記した．

・γ崩壊（γ decay）

放射線を放出するが，原子番号と質量数が変化せず，他の元素に変化しない崩壊形式である．

エネルギー的に最も安定な状態を基底状態（ground state）という.

α崩壊やβ崩壊した直後の娘核種の原子核には，過剰なエネルギーが残っている状態のものがある．これを原子核の**励起状態**（excited state）という．一般に励起状態の原子核は不安定であり，過剰なエネルギーを**電磁波**（electromagnetic wave）の形で放出して，よりエネルギーが低く，より安定な原子核に変化してゆく．このとき放出される電磁波を**γ線**（γ ray）という．γ線は原子核から放出される電磁波の名称である．励起状態の原子核がもっている過剰なエネルギーは，一般にかなり大きいので，γ線は波長がきわめて短い高エネルギーの放射線である．

電磁波のγ線も電離放射線である. 荷電粒子線のα線やβ線と比べて電離作用は弱いが，物質を透過する能力は抜群に高い.

α崩壊やβ崩壊した直後にγ崩壊を起こす放射性同位体が多い．例として，**図 1-2-3** にセシウム 137（^{137}Cs）がβ崩壊して生成する励起状態のバリウム 137m（^{137m}Ba）のγ崩壊を示す（m の意味は左の脇注に記した）．

励起状態に留まる時間が，おおむね 10^{-6} 秒を越える原子核は準安定状態（metastable state）にあるとみなして，質量数のあとに m を付して表す.

$$^{137}_{55}\text{Cs} \xrightarrow{\quad \beta \text{ 崩壊} \quad} {}^{137m}_{56}\text{Ba} \xrightarrow{\quad \gamma \text{ 崩壊} \quad} {}^{137}_{56}\text{Ba}$$

γ 線を放出　　　安定同位体

γ 線のエネルギーは
0.66MeV

図 1-2-3. セシウム 137 が β 崩壊して生成するバリウム 137m の γ 崩壊.
次の項目で述べる半減期は ^{137}Cs が 30.08 年，^{137m}Ba が 2 分 33 秒.

図 1-2-3 中の ^{137m}Ba と ^{137}Ba は互いに核異性体（nuclear isomer）という関係にある.
核異性体の間の転移現象を核異性体転移（nuclear isomeric transition）といい，通常は γ 崩壊して転移する.

1.2.3 放射崩壊の半減期

すべての放射性同位体は，時間の経過とともに，それぞれ固有の速さで崩壊する．崩壊の速度は化学反応速度論によって説明される．放射崩壊の反応物は 1 種類の親核種だけであるから，その反応速度は崩壊する前の親核種の量（数）に依存しない．次の式 (1-3) は放射崩壊の反応速度を表す理論式である．

$$N = N_0 \exp(-\lambda t) \qquad (1\text{-}3)$$

t は時間，N_0 は反応開始前（$t = 0$）の親核種の数である．N は時間 t が経過した時点で崩壊せずに残っている親核種の数である．λ は崩壊定数という．すべての放射性同位体はそれぞれ固有の λ の値をもち，その値が大きいほど崩壊速度は速い.

親核種の数 N が，放射崩壊が始まる前の最初の数 N_0 から半分の $N_0/2$ に減少するまでに要する時間を**半減期**（half life）という．半減期 $t_{1/2}$ と，崩壊定数 λ の関係は，次の式 (1-4) で表される．

$$t_{1/2} = \frac{\ln 2}{\lambda} = \frac{0.693}{\lambda} \qquad (1\text{-}4)$$

化学反応速度論は，反応が進む速さを測定し，解析して説明する理論である.
放射崩壊のような，反応物が 1 種類だけの反応を一次反応という.

注意：λ は第 2 章で述べる波の波長の記号にも用いられる．同じ記号の使い分けに留意する.

指数関数 $y = e^x$ の e の肩の x に式を書く場合は，$y = \exp(x)$ と表記することがある（exp はネイピア定数 e を底とする指数関数（exponential function）を示す記号）.

半減期をギリシャ文字の τ を用いて $\tau_{1/2}$ と表す書籍も多い.

式 (1-4) 中の対数記号 ln は，自然対数（底がネイピア定数 e の $\log_e x$）のラテン語 logarithmus naturalis の，2 つの単語の頭文字を用いた記号である.

図 1-2-4 は式 (1-3) のグラフ表示である．親核種の数 N は，半減期 $t_{1/2}$ の時点で半数の $N_0/2$ まで減少し，$t_{1/2}$ の n 倍の時間が経過すると $(1/2)^n \times N_0$ まで減少する．半減期は崩壊定数 λ の値が大きいほど短い．半減期は崩壊の速度を反映するので，時間の経過による放射性同位体の，量の減少の速さは，λ よりも半減期 $t_{1/2}$ を用いる方が直感的にわかりやすい.

放射性同位体の半減期はさまざまである．たとえば，ビスマス 209（^{209}Bi）が α 崩壊して安

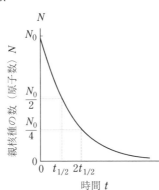

図 1-2-4. 式 (1-3) のグラフ表示．時間（横軸）が経過すると反応物の放射性同位体の数 N（縦軸）が減少する様子．半減期 $t_{1/2}$ と，その 2 倍の $2t_{1/2}$ 経過時点の N を書き込んでいる.

半減期が極端に短いと，親核種がなくなってしまう時間も短い．ところが，式 (1-3) と図 1-2-4 では，親核種の数はいつまでもゼロにならない．放射崩壊が起こるか起こらないかは確率を用いて表されるので，理論上は永遠に放射崩壊しない原子が存在してよいが，現実はゼロになる．このように，数学を用いて導かれる理論式には，しばしば現実と合致しない状況が含まれてしまうことがある.

Bi は 2003 年に放射性元素とされた．それまでは放射性元素ではなかった.

^{14}C は β 崩壊して安定同位体の窒素 14 (^{14}N) に変化する.

放射性同位体の存在期間の長短を相対的に比較する場合に,「短寿命」と「長寿命」がよく使われる.

安定同位体と放射性同位体という分類には曖昧さがある. 半減期がきわめて長いビスマス ($_{83}$Bi) やトリウム ($_{90}$Th), ウラン ($_{92}$U) などの天然放射性同位体は, 存在できる時間がきわめて長いために安定同位体とみなされることがある. 一般に, 安定同位体は放射能を持たない (放射線を放出しない) 非放射性の同位体であるが, その半減期が無限大 (∞) と書かれることもある. これは, 理論上は永久に安定な同位体はなく, 遠い未来には原子核が崩壊すると考えられているからである.

原子核が 3 つ以上の娘核種に分裂する反応も希に起こる.

娘核種を核分裂片ともいう.
一般に, 核分裂や放射崩壊などの核反応では, ニュートリノや γ 線も放出される (本章末の**付録 1.1** (p.25) や**付録 1.3** (1) (p.28) を参照).

α 崩壊 (p.9) は自発核分裂の 1 つの形であるが, 生成物の一方が必ず α 粒子であるために, 独立した 1 つの核反応として取り扱われている.

核分裂は, 娘核種が一定の核種に限定されない核反応である.
核分裂と同時に飛び出す中性子を即発中性子 (prompt neutron) という.

定同位体のタリウム 205 (^{205}Tl) に変化する反応の半減期は 2.01×10^{19} 年であり, きわめて長い. 式 (1-1) (p.9) の ^{226}Ra の半減期は約 1600 年, 式 (1-2) (p.10) の ^{3}H(T) は約 12 年 4 ヵ月, 古代遺跡出土品の年代推定に利用されている ^{14}C の半減期は約 5700 年である. 天然放射性同位体や人工放射性同位体には, 半減期がきわめて短いので速やかに消失してしまうものが少なくない. たとえば, ハロゲン元素のアスタチン ($_{85}$At) の同位体はすべて放射性である. そのほとんどは半減期が数秒や 1 秒未満と非常に短く, 長いものでアスタチン 210 (^{210}At) の約 8 時間である. At の単体は固体 (金属) であるが, きわめて短寿命の放射性同位体しか存在しないために, 物理的性質や化学的性質の詳細は解明できてない.

天然の ^{238}U は, 段階的に放射崩壊をくり返して 10 種類の元素の放射性同位体に変化しながら, 長い時間を経て鉛の安定同位体の ^{206}Pb に到達する. このような変化の全過程を放射崩壊系列という. 本章末の**付録 1.2** (p.26) に, 放射崩壊系列と, いくつかの天然放射性同位体の崩壊形式と半減期, 天然存在度 (1.2.5 (p.16) で述べる) を示した.

1.2.4　核分裂と核融合

項目 1.2.2 で述べた放射崩壊以外の核反応の例として, 核分裂と核融合を述べる.

・核分裂 (nuclear fission)

原子核が分裂する反応である. 一般的な反応は, 親核種が 2 つの娘核種に分裂し, 分裂と同時に 1 個以上の中性子を放出する反応である. 核分裂によって生成した娘核種と中性子を, 核分裂生成物 (fission product) という.

核分裂の代表的な形式は, **自発核分裂** (spontaneous fission) と**誘導核分裂** (induced fission) である.

自発核分裂は, 原子核が突然, 自発的に分裂する反応である. 図**1-2-5** に自発核分裂のイメージを示す. 核分裂すると 2 つの娘核種が互いに反対方向に勢いよく飛び出し, 数個の中性子も飛び出す.

親核種の核子数と, 核分裂生成物の核子数は等しい. すなわち, 2 つの娘核種の陽子数の合計は親核種の陽子数と等しく, 放出された中性子の数と 2 つの娘核種の中性子数の合計は, 親核種の中性子数に等しい.

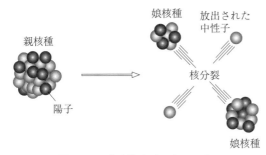

図 1-2-5. 自発核分裂のイメージ.

　自発核分裂は，質量数が 230 を超える放射性核種で起こるが，このような重い核種は，通常は α 崩壊や β 崩壊を起こしている．自発核分裂が起こる頻度は，α 崩壊や β 崩壊が起こる頻度と比べてかなり低い．

　自発核分裂を起こす核種の代表例は，ウランの天然放射性同位体の ^{238}U，^{235}U，^{234}U である．これらの半減期はそれぞれ 44.68 億年，7.04 億年，24.55 万年である．いずれも α 崩壊を起こすが，ごく希に自発核分裂も起こしている．2 つの娘核種の質量数の比は約 3：2 の場合が多く，親核種の質量数の二等分または二等分に近い質量数や，質量数の差がきわめて大きい 2 つの娘核種に分裂する頻度は小さい．ウランの自発核分裂によって生成する多種多様な娘核種の中に，項目 1.2.1 で述べた Tc と Pm の同位体も含まれる（p. 8）．

　誘導核分裂は，原子の外から飛来した中性子が，原子核に衝突して吸収された直後に起こる反応，すなわち，原子核の中性子吸収によって瞬時に誘起（誘導）される核反応である．**図 1-2-6** に誘導核分裂のイメージを示す．核分裂生成物の挙動は自発核分裂と同じである．

原子番号が 93 以上の核種は，自発核分裂の頻度が少し高くなる．たとえば，中性子源に利用されるカリホルニウム 252（^{252}Cf，半減期 2.645 年）は，α 崩壊が 96.91 ％，自発核分裂が 3.09 ％ の割合で起こる．

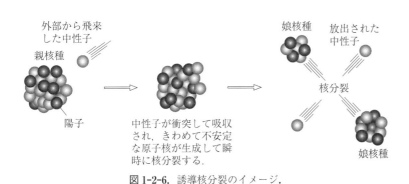

中性子が衝突して吸収され，きわめて不安定な原子核が生成して瞬時に核分裂する．

図 1-2-6. 誘導核分裂のイメージ.

一般に，誘導核分裂は外部から原子核にエネルギーが与えられて起こる核反応である．反応が起こるか起こらないかは，外部から与えられるエネルギーの量と親核種の種類によって決まる．本文に述べた中性子の吸収による誘導核分裂は，衝突した中性子の速度（運動エネルギー）が高いと起こる．

式 (1-5) 中の中性子 n には仮の質量数 1
と，仮の原子番号 0 を付けている．
各反応では，^{235}U の原子核に中性子が
吸収されると ^{236m}U（半減期 100〜120
ナノ秒）が生成して，これが直ちに核分
裂を起こす．

反応物の核子数の和 = 生成物の核子数
の和は，ラボアジェの質量保存の法則
（p. 5）に従っている．

^{238}U や ^{235}U の自発および誘導核分裂で
は約 1000 種類の核種が生成するが，質
量数が 140 前後と 95 前後の放射性の娘
核種 2 個を生成する反応が起こる確率が
高い．

生物の体内では，アルカリ金属元素のセ
シウムイオン（Cs^+）は同族のカリウム
イオン（K^+）と置換（substitution）する
ことが知られている．
体の内側からの放射線被爆を体内被爆や
内部被爆という．

複数の核種（同位体）の，質量数の大小
を相対的に比較した場合に，よく「重
い」と「軽い」が使われる．

式 (1-5) に，^{235}U の誘導核分裂によって 2 個，3 個，4 個の中性
子が放出される反応の例をそれぞれ 1 つ示す．

$$^{235}_{92}\text{U} + {}^{1}_{0}\text{n} \longrightarrow \begin{cases} {}^{103}_{39}\text{Y} + {}^{131}_{53}\text{I} + 2\,{}^{1}_{0}\text{n} \\ {}^{92}_{36}\text{Kr} + {}^{141}_{56}\text{Ba} + 3\,{}^{1}_{0}\text{n} \\ {}^{95}_{37}\text{Rb} + {}^{137}_{55}\text{Cs} + 4\,{}^{1}_{0}\text{n} \end{cases} \quad (1\text{-}5)$$

式 (1-5) の左辺の反応物と右辺の生成物の，質量数の合計値 236
および原子番号の合計値 92 はいずれも等しい（自発核分裂も誘導
核分裂も反応物と生成物の核子数は等しい）．

ウランのような質量数が大きい放射性核種が核分裂すると，さま
ざまな元素の同位体が生成する．核爆発実験や原子力施設の原子炉
事故などによって，自然環境にさまざまな放射性同位体が大量に放
出されると，半減期が短いものは短期間で他の元素の安定同位体に
変わるので，人間を含む動物や植物などの生態系において放射線の
被爆（exposure）による悪影響は長くは続かない．ところが，半減
期が長いものが多量に放出されると，その悪影響は長期間続く．自
然環境に放出された放射性同位体の例に，式 (1-5) 中のヨウ素 131
（^{131}I）と ^{137}Cs（図 1-2-3（p. 11）を参照）が挙げられる．これらは
自然環境中で，それぞれ主に陰イオンと陽イオンの形で存在する．
^{131}I は β 崩壊して気体のキセノン 131m（^{131m}Xe）に変わり，大気
中に拡散する．^{131m}Xe は γ 崩壊して安定同位体の ^{131}Xe に変わる．
^{131}I と ^{131m}Xe の半減期は，それぞれ約 8 日と約 12 日であり，これ
らは比較的短期間で消失する．^{137}Cs の半減期は約 30 年である．
その量が 1/8 に減少するまでの時間は人間の平均寿命よりも長い約
90 年であり，自然環境への悪影響は長く続くことになる．

原子力発電所などの原子炉（atomic reactor）は，誘導核分裂から
生じる核分裂エネルギーを利用する装置である．本章末の**付録 1.3**
(1)（p. 28）に，核分裂エネルギーとその関連事項を記した．

・核融合（nuclear fusion）

核融合は，質量数が小さく軽い原子核どうしが結びついて融合
し，より質量数が大きい，重い核種を生成する反応である．核融合
によって生成した直後の原子核は，大過剰のエネルギーをもつので
きわめて不安定であり，瞬時に放射崩壊や核分裂を起こし，放射線
を放出して安定な原子核に変化する．

次に，水素の同位体の核融合反応の例を 5 つ示す．

(1) 2個の ^{1}H の原子核（陽子 (p)）の反応

$$p + p \rightarrow {}^2H(D) + e^+$$

重水素 (D) が 1 個生成し，+1 の正電荷をもつ**陽電子**（positron）（記号は e^+）が 1 個放出される．

(2) 重水素の原子核と陽子の反応

$$D + p \rightarrow {}^3He + \gamma$$

^{3}He が 1 個生成して γ 線が放出される．

(3) 2個の重水素の原子核の反応

$$D + D \rightarrow {}^3H(T) + p \quad \text{および} \quad D + D \rightarrow {}^3He + n$$

三重水素（トリチウム (T)）と陽子が 1 個ずつ生成する反応と，^{3}He と中性子が 1 個ずつ生成する反応が同時に並行して起こる．

(4) 2個の ^{3}He どうしの反応

$$^3He + {}^3He \rightarrow {}^4He + 2p$$

^{4}He が 1 個生成して陽子が 2 個放出される．

(5) 重水素と三重水素の反応

$$D + T \rightarrow {}^4He + n$$

^{4}He が 1 個生成して中性子が 1 個放出される．

　核融合は，原子からすべての電子を取り去った原子核どうしが押しつけられると起こる．正電荷をもつ 2 個の原子核の間には，強い静電反発力が働いて互いに遠ざかろうとするので，この反発力を超える力を外部から加え，原子核どうしが引き合う強大な引力である核力（nuclear force）が発生するまで接近させねばならない．原子からすべての電子を取り除いて原子核だけにするには大量のエネルギーが必要であり，核力が働き始めるまで原子核どうしを接近させるには，さらに大量のエネルギーを必要とするので，核融合を起こすためには莫大なエネルギーが必要である．

　(1)～(5) の反応は，太陽などの恒星のエネルギーを生み出す主要な核融合反応である．恒星は内部の温度と圧力および構成物質の密度がきわめて高く，莫大なエネルギーを超高温，超高圧のかたちで与えられた原子核どうしの核融合が常に進行している．

　人工的な核融合は，原子炉の中や，原子に莫大なエネルギーを与えることができる粒子加速器（atomic accelerator）などの特別な装置を用いて行われる．粒子加速器は，真空にしたリング状の管の内部

（1）の反応を水素核融合や p-p 反応という．この反応では，電荷をもたない素粒子の 1 つである中性微子 ν（ニュートリノ）も 1 個放出される．放出されるニュートリノの種類は電子ニュートリノである．陽電子と電子ニュートリノは，本章末の**付録 1.1**（p.25）に述べている．

（3）の反応を重水素核融合や D-D 反応という．

（4）の反応で放出された 2 個の陽子は（1）の反応を起こし，（2）と（4）の反応がくり返される．（1），（2），（4）の反応サイクルを陽子-陽子連鎖反応（p-p chain reaction）という．

（5）の反応を D-T 反応という．この反応は過去に大量破壊兵器の水素爆弾に利用された．

静電反発については第 2 章の章末**付録 2.2**（p.92）を参照．

付録 1.4（p.30）に，核分裂エネルギーの量と核融合エネルギーの量に関する概説を記した．

項目 1.3.1（p.20）に，恒星内部の核融合反応の概略が述べられている．

で2種類の原子核を互いに反対方向に飛翔させ，猛烈な速度に加速して莫大な運動エネルギーをもたせたのち，それらの軌道を重ねて衝突させることで核融合を起こさせる大規模な装置である．この装置によって，原子番号が100を超える元素の原子核が作られている．これらの元素はすべて放射性核種であり，半減期はきわめて短い．

核融合で放出される核融合エネルギーの利用に向けた研究が行われている．本章末の**付録1.3**（2）と（3）（p.30）に，それぞれ核融合エネルギーの利用の試みと，その他の核反応の例として中性子捕獲と核破砕を記した．

1.2.5　元素の天然存在度と原子量

天然に存在する元素は，ある一定の割合で同位体が存在する．各元素における個々の同位体の割合を天然存在度（natural abundance）といい，一般に原子百分率で示される．各元素の同位体の原子百分率は，すべての同位体の推定原子数に対する個々の同位体の推定原子数の割合を％で表した値である．

表1-3に，原子番号1の水素から21のスカンジウム（$_{21}$Sc）までと，ヨウ素，セシウム，トリウム，ウランの26種類の元素の，天然に存在する同位体の質量と天然存在度を示す．なお，同位体の質量については次の項目1.2.6で述べる．

表1-3のような天然同位体の表には，通常は天然存在度がきわめて小さい同位体は記載されてなく，いくつかの元素は1種類の同位体のみが天然存在度100％とされている．記載されてないものは，地球規模の推定存在量がきわめて少なく，多量に存在する他の天然同位体の存在度に影響しない同位体である．たとえば，水素は^{3}H（T）の天然存在度が10^{-17}程度ときわめて小さい．フッ素は安定同位体のフッ素19（^{19}F）の天然存在度が100％である．^{19}F以外の，天然に生成したり人工的に作られる同位体はすべて放射性であり，半減期は長いものでフッ素18（^{18}F）の約110分，フッ素21（^{21}F）やフッ素22（^{22}F）は約4秒と短い．したがって，これらは天然で生成しても，速やかに別の元素に変化して消滅するので天然存在量がきわめて少なく，その推定は困難である．

放射性同位体のみが存在するトリウム（$_{90}$Th）やウラン（$_{92}$U）は，存在量が比較的多いことと，半減期がきわめて長いので放射崩壊の頻度が小さく，放射性物質取り扱い施設で安全に取り扱うこと

天然存在度を天然存在比ということも多い．

同位体の種類は，主に質量分析装置（mass spectrometer）を用いた質量の測定によって調べられている．

^{3}H(T)の天然存在量は10kg程度と推定されている．

^{18}Fはβ^+崩壊と電子捕獲（章末**付録1.1**（p.25）を参照）を起こして酸素18（^{18}O）に変化する．^{21}Fと^{22}Fはβ崩壊して，それぞれネオン21（^{21}Ne）と22（^{22}Ne）に変化する．

放射性物質の取り扱いや保管，製造，輸出入は世界各国で法律によって厳しく規制され，管理されている．

天然存在度100％の^{209}Biは半減期が非常に長く（p.11を参照）めったにα崩壊しないので，単体と化合物は安全とみなされて，放射性物質として取り扱われない．

ができるので，各同位体の正確な質量と天然存在度が求められている（半減期は ^{232}Th が 140 億年，^{234}U，^{235}U，^{238}U は，それぞれ 24.55 万年，7.04 億年，44.68 億年（すべて α 崩壊する））．

表 1-3 の水素からカルシウム（$_{20}$Ca）までの，原子番号が小さい元素の天然の同位体は陽子数と中性子数が等しいか，中性子数がわずかに多い．スカンジウム（$_{21}$Sc）以降の元素は陽子数よりも中性子数が多い同位体ばかりであり，原子番号（陽子数）が 1 増えると中性子数は 1 以上増える明確な傾向がある．この傾向は，カリウム

表 1-3. 天然に存在する同位体の質量と天然存在度．
放射性同位体は質量数の右肩に＊印を付けている．

同位体		質量（u）	天然存在度（%）	同位体		質量（u）	天然存在度（%）
記号	質量数			記号	質量数		
$_1$H	1	1.00783	99.972-99.999	$_{16}$S	32	31.97207	94.41-95.29
	2	2.01410	0.001-0.028		33	32.97146	0.729-0.797
$_2$He	3	3.01603	0.0002		34	33.96787	3.96-4.77
	4	4.00260	99.9998		36	35.96708	0.0129-0.0187
$_3$Li	6	6.01512	1.9-7.8	$_{17}$Cl	35	34.96885	75.5-76.1
	7	7.01600	92.2-98.1		37	36.96590	23.9-24.5
$_4$Be	9	9.01218	100	$_{18}$Ar	36	35.96755	0.3336
$_5$B	10	10.01294	18.9-20.4		38	37.96273	0.0629
	11	11.00931	79.6-81.1		40	39.96238	99.6035
$_6$C	12	**12.00000**	98.84-99.04	$_{19}$K	39	38.96371	93.2581
	13	13.00335	0.96-1.16		40*	39.96400	0.0117
$_7$N	14	14.00307	99.578-99.663		41	40.96183	6.7302
	15	15.00011	0.337-0.422	$_{20}$Ca	40	39.96259	96.941
$_8$O	16	15.99491	99.738-99.776		42	41.95862	0.647
	17	16.99913	0.0367-0.0400		43	42.95877	0.135
	18	17.99916	0.187-0.222		44	43.95548	2.086
$_9$F	19	18.99840	100		46	45.95369	0.004
$_{10}$Ne	20	19.99244	90.48		48	47.95252	0.187
	21	20.99385	0.27	$_{21}$Sc	45	44.95591	100
	22	21.99139	9.25	$_{26}$Fe	54	53.93961	5.845
$_{11}$Na	23	22.98977	100		56	55.93494	91.754
$_{12}$Mg	24	23.98504	78.88-79.05		57	56.93539	2.119
	25	24.98584	9.988-10.034		58	57.93327	0.282
	26	25.98259	10.96-11.09	$_{53}$I	127	126.90447	100
$_{13}$Al	27	26.98154	100	$_{55}$Cs	133	132.90545	100
$_{14}$Si	28	27.97693	92.191-92.318	$_{83}$Bi	209*	208.98040	100
	29	28.97649	4.645-4.699	$_{90}$Th	230*	230.03313	0.02
	30	29.97377	3.037-3.110		232*	232.03805	99.98
$_{15}$P	31	30.97376	100	$_{92}$U	234*	234.04095	0.0054
					235*	235.04393	0.7204
					238*	238.05079	99.2742

同位体の種類，質量，天然存在度の詳細なデーターは市販のデーターブック（理科年表（国立天文台編）など）を参照．
天然存在度の値は地球規模の平均値である．
表 1-3 中の 10 元素（H，Li，B，C，N，O，Mg，Si，S，Cl）は天然存在度が変動範囲で示されている．その理由は，これらの元素の原子量が変動範囲で示されるようになったからである．原子量が変動範囲で示される元素は，本書のうら表紙見返しの表と解説を参照していただきたい．
天然存在度が変動範囲で示されていない元素の場合，地域によって各同位体の存在度（同位体組成）が少し異なる元素がある．たとえば，ウランの 3 種類の天然同位体の存在度は，地域によって異なる．

表 1-3 の質量の単位 u は次節 1.2.6 を参照．

表 1-3 中のトリウム 230（$^{230}_{90}$Th）の半減期は 75400 年．

40 (^{40}K) などの少数の例外を除くと，一般に天然放射性同位体は陽子数と比べて中性子数が過剰に多いこと，および，質量数が大きく中性子数が過剰な同位体の原子核は不安定で，自発的に放射崩壊することを示唆している．

すべての元素の同位体の，原子核の質量は，原子核中のすべての陽子と中性子の質量の和よりもごくわずかに小さい．本章末の**付録 1.4**（p. 30）に，その原因である質量欠損と関連事項を記した．

1.2.6 原子量と物質量

各元素の原子量は天然存在度を用いて求められている．以下に，原子の質量と原子量，および，関連する量について述べる．

現在の原子質量の基準は 1960 年に定められた．それ以前は，酸素が基準の時期もあった．

統一原子質量単位は，複数の定義が存在した原子質量単位（記号 amu）を統一したものである．現在は amu の使用は推奨されてなく，u が用いられる．この統一単位は，近代原子説提唱者の名前を冠してダルトン（単位の記号 Da）ともいう．

原子の質量の単位は炭素 12（^{12}C）を基準とし，^{12}C 原子 1 個の質量の 1/12 と定義されている．これを**統一原子質量単位**（unified atomic mass unit）といい，単位の記号は u である．1 u を質量の SI 基本単位の kg で表すと 1.66054×10^{-27} kg であり，これを原子質量定数という（精密な値は**巻末付録の付表 8**（p. 220）を参照）．

原子量（atomic weight）は，kg で表した原子 1 個の質量の，原子質量定数に対する比である（原子の質量（kg）$/1.66054 \times 10^{-27}$ kg）．したがって，原子量は単位がない無名数（無次元の量）であり，原子量を相対原子質量ということがある．前項目の**表 1-3**（p. 17）中の，各同位体の質量の値は，単位 u で表した同位体原子の原子量（相対原子質量）の値である．

各元素の原子量の精密な値は，本書のうら表紙見開きの表を参照．

各元素の同位体原子の原子量と天然存在度の積の総和は，元素の平均原子量であるが，これを習慣的に元素の「原子量」といっているのである．

原子量（平均原子量）の計算例として，次の式（1-6）に，**表 1-3** の ^{12}C と ^{13}C の質量と天然存在度の値を用いた炭素の原子量の概算を示す．

$$\text{炭素の原子量} = \{(12.00000 \times 0.9893) + (13.00335 \times 0.0107)\}$$
$$= 12.011 \tag{1-6}$$

原子量と関連が深い**アボガドロ定数**（Avogadro constant）の定義は，0.012 kg の ^{12}C の中に存在する原子の数である．その単位は mol^{-1} であり，mol は物質量（amount of substance）を表すモル（mole）の単位記号である．1 mol の定義は，0.012 kg の ^{12}C の中に存在する原子の数と等しい数の要素で構成された物質の量であ

モル数の比をモル比（molar ratio）ということがある．

り，化学物質における要素は，原子や分子，イオンである．したがって，1 mol の物質はアボガドロ定数個の構成要素を含んでいる．

原子量の値は，1 mol の原子の質量を g（グラム）単位で表した値になる．したがって，分子量（molecular weight）などの，化合物の**化学式量**（chemical formula weight）は，化学式中の各元素の原子量と原子数の積の和であり，化学式量の値は，物質 1 mol の質量を g で表した場合の値となる．

化学式中の各構成元素の数は，化合物に含まれる各元素の数の割合，すなわち，各成分元素のモル数の比であり，これを化学量論比（stoichiometric ratio）という．

1.3　元素の存在と分布

原子と元素の生成，および宇宙と地球の元素の存在と分布について述べる．

1.3.1　原子と元素の生成

原子と元素の生成は，宇宙論（cosmology）に基づいて説明されている．

古代から 20 世紀前半までの長い間「宇宙は常に静かで不変（定常的）であり，その始まりも終わりもない」という思想（宇宙観）が定着していた．1927 年，ルメートル（Lemaître, î はベルギー文字）は宇宙膨張の概念（膨張宇宙論）を公表した．その後，ハッブル（Hubble）の天体望遠鏡による宇宙観測結果から宇宙の膨張が確認されると，1931 年に「宇宙はある 1 点が爆発して始まった」という，それまでの宇宙観を覆す宇宙創生の仮説を提唱した．膨張宇宙論は，1940 年代にガモフ（Gamow）らが大きく発展させて，ビッグバン（big bang）理論という現代の最も有力な宇宙論になっている．

ルメートルは「ある 1 点」を「原始的原子」と表現した．膨張宇宙論はしばらく異端視された（主に「宇宙は神が創造した」という宗教的理由による）．この理論の基盤である一般相対性理論（1916年）の提唱者アインシュタイン（Einstein）も初めは否定したが，のちに認めた．
ハッブルは天文学者であり，1929 年に天文学の重要な法則（ハッブルの法則）を発表した．

ビッグバン理論によれば，いまから約 137 億年前に，宇宙のすべての要素を含む超高温（10^{28} K），超高密度の真空中の 1 個の点が大爆発を起こし，急激な温度低下を伴う宇宙の全要素の飛散，すなわち宇宙の膨張が始まった．**表 1-4** に，宇宙観測結果とビッグバン理論から推測された，物質の構成粒子の生成時期や宇宙の温度などを示す．

次に，宇宙における元素生成の概要を述べる．

ビッグバンの直後に，素粒子である 6 種類のクォーク，ニュートリノ，電子が続けて誕生し，複数のクォークが集まって陽子と中性子が生成した．温度が 10^9 K まで低下すると，陽子と中性子が結びついて重水素（D）とヘリウム（He）の原子核の形成が始まった．D と He の原子核や陽子（H の原子核）は，電子と分離したプラズマ

古代からの宇宙観に基づく宇宙論を定常宇宙論という．ビッグバン（大爆発）は定常宇宙論者のホイル（Hoyle）が，1950 年に膨張宇宙論を批判したときの揶揄の言葉であり，これをガモフが好んで用いて定着した．なお，宇宙の元素生成の説明はホイルが行った．

プラズマは，負電荷をもつ電子と正電荷をもつ原子核が，互いに静電引力によって強く束縛されてなく，つかず離れず存在する状態と考えればよい．

表 1-4 中の時期などのデータは，宇宙観
測技術や理論の進歩によって時々更新さ
れている．

表 1-4. 宇宙における物質の構成粒子の生成時期

時　期	温　度	出　来　事
137 億年前	10^{28} K	ビッグバン（膨張宇宙の始まり）
ビッグバンから		
$10^{-35}\sim$		数十種類の素粒子の生成と消滅．
10^{-10} 秒後		クォーク，ニュートリノ，電子の生成．
10^{-4} 秒後		陽子，中性子の生成．
10^{-2} 秒後	10^{11} K	陽子と中性子がほぼ同数存在．
1 秒後	10^{10} K	陽子と中性子の存在比約 5：1（中性子の陽子と電子への分解による）．
3〜5 分後	10^9 K	重水素，ヘリウムの原子核の生成．
10 万年後	4000 K	水素原子，ヘリウム原子の生成．
1〜10 億年後		原始星（恒星）の誕生，原始銀河の形成．
50〜100 億年		超新星爆発による重元素の生成．

(plasma) の状態で存在した．温度が 4000 K 程度に下がると，H，D，He の原子核に電子が静電的に捕捉（束縛）され始め，やがて莫大な量の H，D，He 原子が生成した．これが宇宙における第 1 期の元素生成である．

　水素とヘリウムの 2 種類の元素は恒星の原材料になった．これらの原子は，原子間に働く静電引力によって集まり，壮大な規模の気体集団（ガス星雲）が形成された．ガス星雲の密度が高い部分に重力が生じ，原子の集合が続いて重力が強くなり，やがて高密度の星の芯が形成されて第一世代の恒星が誕生した．

　恒星の内部は高温，高圧，高密度のため，前節で述べた H や He の核融合反応（p. 14〜p. 15）が起こって C，O，Ne，Si などの元素が生成し，さらに核融合が進んで原子番号 26 の鉄（Fe）までの元素が生成した．核融合原料の水素とヘリウムがなくなると，内部圧力が増して収縮圧力を上回るようになり，やがて第一世代の恒星は爆発（超新星爆発）して一生を終えた．鉄よりも原子番号が大きく重い元素は，超新星爆発の際に生じた想像を絶する高圧力などの莫大なエネルギーによって，鉄までの元素どうしの核融合や，原子核に複数個の陽子や中性子が取り込まれることで生成した．これが宇宙の第 2 期の元素生成である．

　恒星の爆発でばらまかれて宇宙を漂う，鉄よりも軽い元素や重い元素を含んだ星くずなどのさまざまな物質（星間物質）は，やがて集合して次世代の恒星を形成した．

恒星の内部で最初に起こった主な核融合反応は，項目 1.2.4（3）の重水素どうしの反応（p. 15）と考えられている．この反応は温度が 250 万 K を超えると始まる．

恒星の温度が 1000 万 K を超えると，項目 1.2.4（1）の軽水素（陽子）どうしの反応（p. 15）が始まる．

鉄までの元素は，質量が太陽の 3 倍を超える，内部温度と圧力がきわめて高い恒星の中心部で生成したと考えられている．

恒星の最期は質量によって異なる．超新星爆発は，太陽の 3 倍を越える質量の恒星が起こすと考えられている．なお，太陽の推定質量は 1.989×10^{27} t（トン）である．

1.3.2 太陽系の元素組成

太陽は約50億年前に誕生した第二世代の恒星であり，太陽系のすべての星の材料は，星間物質で構成された原始太陽系星雲と考えられている．

太陽系全体の各元素の存在度（元素組成）は，炭素質コンドライトという，原始太陽系星雲当時の元素組成を反映していると考えられる隕石や，太陽大気という，太陽の表面部分の元素組成などの解析データーを基にして推定されている（炭素質コンドライトと太陽大気の推定元素組成は，本章末の**付録1.5**(1)(p.33)に記す）．

図1-3-1に太陽系の元素組成のグラフを示し，**表1-5**に存在度が大きい10種類の元素を示す．

太陽の表面は温度6400 K，圧力13000 Pa（約0.13 atm），密度0.0027 kg m^{-3}，中心部は温度1580万K，圧力2.4×10^{16} Pa（約2400億atm），密度1.56×10^5 kg m^{-3}と推定されている．

原始地球が形成された時期，すなわち地球の誕生は約46億年前と推測されている．

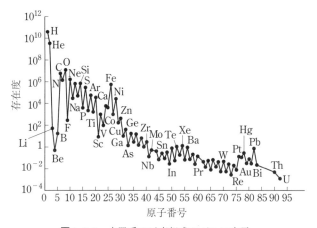

図1-3-1. 太陽系の元素組成のグラフ表示.

表1-5. 存在度が大きい太陽系の元素（10番目まで）.

順位	元素	存在度
1	H	29300×10^6
2	He	2470×10^6
3	O	15.7×10^6
4	C	7.19×10^6
5	Ne	3.29×10^6
6	N	2.12×10^6
7	Mg	1.03×10^6
8	Si	1.00×10^6
9	Fe	0.848×10^6
10	S	0.421×10^6

図1-3-1と**表1-5**の存在度は，太陽系に存在するケイ素原子の数を1×10^{6}個と仮定し，これを基準に他の元素の原子数を表した相対原子数である．このデーターから，太陽系の元素組成の特徴は次のように要約される．

この相対原子数は，ケイ素原子の数を1×10^{6}個と仮定して基準とし，「規格化（normalization）」したものである．

(1) HとHeの存在度は，他の元素と比べて圧倒的に多い．

(2) 原子番号の増加とともに，元素の存在度は指数関数的に減少してゆく大まかな傾向がある．なお，Beの存在度は例外的に小さい．

(3) HやHe，Beなどの少数の元素を除き，偶数原子番号の元素は，周期表で隣り合った奇数原子番号の元素よりも存在度が大きいという明確な傾向がある．

オッド-ハーキンスの法則は，1914 年にオッド，1917 年にハーキンスがそれぞれ独立に発表した規則性（傾向）の名称である．当初はランタノイドなどの，地球上の限られた元素の組成にみられる傾向として報告された．

この特徴は「一般に偶数原子番号の元素は，周期表で隣り合う両側の奇数原子番号の元素よりも存在度が大きい」という**オッド-ハーキンスの法則**（Oddo-Harkins rule）によく合致する．

太陽は宇宙の平均的な恒星とみなされるので，太陽系の元素組成は宇宙の平均的な元素組成と考えられている．

（1）〜（3）の特徴は原子核の安定性に依存する．すなわち，安定同位体や，半減期がきわめて長い放射性同位体の量が多い元素ほど，存在度は大きい．

1.3.3 地球の元素組成

地球の元素組成は，太陽系を含む宇宙全体の平均的な元素組成そのものと考えられているが，元素の分布は均一ではない．

地球の構造は層状である．図 1-3-2 に地球の構造を示す．

図 1-3-2 の地球内部の層状構造は，内部を通り抜ける地震波の解析から推定されている．

その他の地球のデーターをいくつか下に示す（すべて推定値）．
質量：5.972×10^{21} t（トン）
質量割合：地殻 0.4 %，マントル 67.2 %，核 32.4 %.
高度 100 km までの大気の全質量：5.3×10^{15} t
海洋の体積：1349.929×10^6 km^3
表面積の割合：海洋 71 %，陸地 29 %.
中心部圧力：約 400 万気圧
中心部温度：約 6000 K.

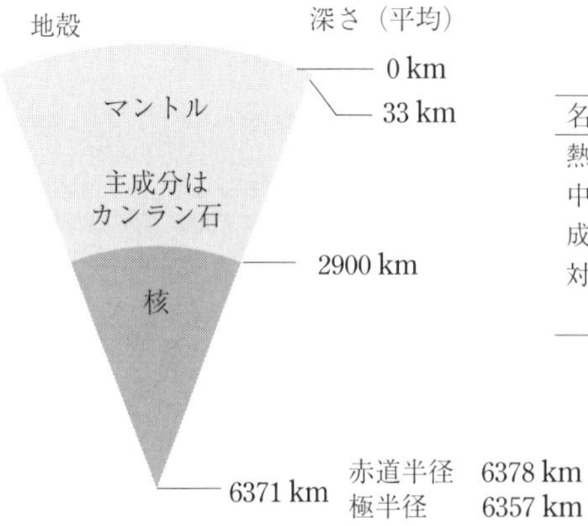

大気圏の区分	
名　称	地表からの高度
熱　圏	80〜1000 km
中間圏	50〜80 km
成層圏	10〜50 km
対流圏	0〜10 km（平均）
	（極地 8 km, 赤道 17 km）

図 1-3-2. 地球の構造の概略と大気圏の区分．

中心から約 1200 km までの内核は，超高圧のため高温の固体と推測されている．

地球は，中心から核（core），マントル（mantle），地殻（crust），大気（atmosphere）の順で構成されている．中心部に広がる核は，高温の固体の内核と液体の外核から成り，主成分は鉄，コバルト，ニッケルと推定され，マントルはカンラン石（M_2SiO_4（M は二価の金属イオン）の組成をもつ鉱物）が主成分の固体と推定されている．

物質の三態で地球表層部を区分する場合は，気体の大気部を大気圏，液体の海洋部や大きい湖沼や河川部を水圏，固体の地表部分を地圏や岩石圏という．

地球を包む地殻は，地球全体の質量の約 0.4 % を占めるにすぎない固体の薄い膜である．大気は，重力によって引き寄せられた地球表面（地表）を覆う気体である．地球の大気の部分（大気圏）は，図 1-3-2 中の挿入表のような層状構造である．

地殻は，ボーリングなどの掘削手段によって地質試料を入手できるわずかな部分である．人類は，地殻から有用元素を資源として多量に入手しているので，その元素組成と分布を知ることは重要である．**図 1-3-3** に地殻の元素存在度（地殻存在度（crustal abundance））を円グラフで示す．H から U までの元素の地殻存在度について，本章末の**付録 1.5**（2）（p. 34）に記した．

本文中の大気を，より正確にいうと地球大気（earth's atmosphere）である．
大気は「地表を覆う気体」を指す場合に用いる．
空気（air）は，われわれの身の回りに存在する大気や，まとまった一定量の大気を指す場合に用いられる．空気の成分のデーターを**付録 1.5**（2）の**表 1A5-2**（p. 35）に示した．

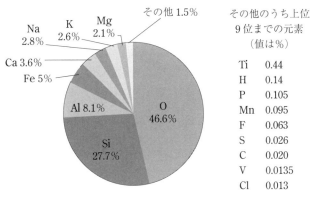

その他のうち上位
9位までの元素
（値は%）

Ti	0.44
H	0.14
P	0.105
Mn	0.095
F	0.063
S	0.026
C	0.020
V	0.0135
Cl	0.013

図 1-3-3. 元素の地殻存在度．値は質量百分率（質量 %）．

地殻の元素組成は，大気圏と水圏を除いた地圏（大陸部と海底部）の組成である．

O から Mg までの 8 種類の元素は，全元素の地殻存在度の約 98.5 % を占める．地殻には大半の元素の酸化物が存在し，その量が群を抜いて多いので O の地殻存在度は最大である．第 2 位の Si と第 3 位の Al は，地殻を構成する岩石や土壌の主成分である二酸化ケイ素（SiO_2）やケイ酸塩，および Al を含むケイ酸塩のアルミノケイ酸塩として大量に存在する．第 4 位の鉄は，鉄鉱石中に酸化物や硫化物（Fe_2O_3 や FeS_2 など）として大量に存在する．

人類は鉱工業技術を発展させ，地殻から採取した鉱石を精錬して金属元素の単体や化合物を取り出し，さまざまな利用方法を開拓して物質文明を発展させてきた．古代から現在まで大量に消費される Fe や Al の地殻存在度は大きいが，銅（Cu）や亜鉛（Zn）は小さく，金（Au）や銀（Ag），白金（Pt）などの貴金属元素やランタノイド，ウラン（U）などの天然のアクチノイドはさらに小さい．

3 族元素のランタノイドの地殻存在度は，オッド–ハーキンスの法則（p. 22）がよく成り立つ．**図 1-3-4** に，ランタノイドの地殻存在度を示す．

偶数原子番号のランタノイドの存在度は，それぞれ両側の奇数原子番号のランタノイドよりも大きい．

第 3 族元素の地殻存在度はきわめて小さい．
第 3 族のスカンジウム（Sc），イットリウム（Y），ランタノイドをまとめて希土類元素という（本書のおもて表紙見返しの「元素の分類」を参照）．

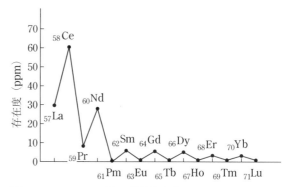

図 1-3-4. ランタノイドの地殻存在度.
値は質量百万分率. 数値データーは本章末の付
録 1.5（2）の表 1A5-1（p. 35）を参照）.

図 1-3-4 中のプロメチウム（$_{61}$Pm）は安
定同位体がない放射性元素である（p. 8
の脇注を参照）. 天然では放射性鉱物中
に微量の $_{61}$Pm が存在するが, 地殻存在
度はゼロに近い値である.

　ランタノイドのうち, いくつかの元素は電子機器などの製造原料
として不可欠であるが, 天然資源に乏しい我が国では, その鉱業資
源の安定的な確保が重たい課題になっている.

　地殻の元素分布は均一ではない. 特に, 金属元素は地殻中の狭い
範囲に濃縮され, 鉱床を形成しているので多量に採取できる. 金属
元素の濃縮による鉱床形成の機構は, まだ十分に解明されてない.
人類の物質文明の維持と発展には, 革新的な資源探査技術と深海底
や, 地殻深部からの資源採取や鉱石採掘技術の開発が必要不可欠で
ある. 鉱床形成機構の解明は, 新たな資源探査技術の開発につなが
ると期待されている.

　本章の 2 節からこの 3 節にかけて, 地球では核反応によってさま
ざまな元素の同位体の生成と消滅が常に起きていることと, 地球が
さまざまな元素から構成されていることを述べてきたが, 人類は,
まだ地球表層部のわずかな部分の元素しか活用できてないのであ
る.

　次の第 2 章では, 原子核の周囲に存在する電子に焦点を当てる.
原子中の電子に注目する場合は, 原子核を原子の中心に存在する,
正電荷をもつ「1 個の微小な点」と考える.

β崩壊は原子番号が1変化（増減）するが，質量数は変わらない放射崩壊形式全体の名称である．本文 p. 10 の β^- 崩壊は原子番号が1増加するが，以下の2種類のβ崩壊形式では，原子番号が1減少する．

・β^+ 崩壊（β^+ decay）

原子核中の1個の陽子から，+1の陽電荷をもつ陽電子（p. 15 を参照）が1個放出されて，その陽子が中性子に変化する崩壊形式である．β^+ 崩壊した原子は，原子核の核子数が変わらないので質量数は変わらないが，陽子が1個減少するので原子番号が1減少した原子に変化する．

放出された陽電子を β^+ 粒子といい，そのビームの放射線を β^+ 線という．β^+ 線は荷電粒子線の電離放射線である．

陽電子は通常の電子の反粒子（antiparticle）であり，反物質（antimatter）の1種である．

β^+ 崩壊では，電子ニュートリノという中性微子も放出される．この中性微子は，β^- 崩壊で放出される反電子ニュートリノと反粒子の関係にある（反粒子どうしが衝突すると，それぞれの質量がエネルギーや他の粒子に変換される．陽電子1個と通常の電子1個が衝突すると，それぞれの質量が（光子に変化して）電磁波の γ 線として放出される．このような現象を対消滅（annihilation）という）．

・電子捕獲（electron capture）　　軌道電子捕獲や ε（イプシロン）崩壊ともいう．

原子核中の1個の陽子が，原子の電子殻（電子の軌道）にある電子1個を取り込んで吸収（捕獲）して中性子に変わる．電子捕獲を起こした原子は，原子核の核子数が変わらないので質量数は変わらないが，陽子が1個減少するので原子番号が1減少した原子に変化する．

電子捕獲の反応機構は，高等学校化学で学んだ原子構造の知識を用いて容易に理解できる．図 1A1-1 に，放射性同位体のカリウム 40（^{40}K）の原子を例とする電子捕獲の反応機構を示す．

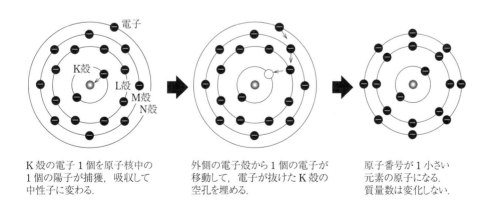

K殻の電子1個を原子核中の1個の陽子が捕獲，吸収して中性子に変わる．

外側の電子殻から1個の電子が移動して，電子が抜けたK殻の空孔を埋める．

原子番号が1小さい元素の原子になる．質量数は変化しない．

図 1A1-1. 電子捕獲の反応機構のイメージ．

中央の図は，電子1個が抜けたK殻の空孔（正孔（positive hole）という）にL殻，M殻，N殻の電子が順送りに移動する様子を表す．電子のエネルギーは，移動前の電子殻と移動後の電子殻で異なるため，そのエネルギー差に相当するX線が電子の移動と同時に放出される（K殻とL殻，L殻とM殻，M殻とN殻の電子のエネルギー差に相当する，波長（エネルギー）が異なる3種類のX線が次々と放出される）．これらのX線を，その原子の特性X線という（X線もγ線と同じく，原子から放出される電磁波の放射線であるが，発生原因はγ線とは異なり，原子中の電子のエネルギー変化である）．

原子核に捕獲される電子はK殻の電子に限らず，L殻やM殻の電子が捕獲されることもある．この原因は，第2章3節（p.47）で述べる原子中の電子の軌道に存在する電子が，原子核の表面まで近づくことであり，電子捕獲では，偶然に原子核の表面に接触した電子が捕獲される．

β^-崩壊は，陽子数と比べて中性子数が過剰に多い放射性同位体で起こる傾向がある．

β^+崩壊と電子捕獲は，陽子数と比べて中性子数が少ない放射性同位体や，中性子数が，原子核の安定性が最も高い放射性同位体の中性子数よりも少ない放射性同位体で起こる傾向がある．

放射性同位体には，電子捕獲だけを起こすもの，β^-崩壊と電子捕獲の両方を起こすもの，β^+崩壊と電子捕獲の両方を起こすもの，β^-，β^+，電子捕獲の3種類のβ崩壊を起こすものがあるが，β^+崩壊だけを起こすものは知られてない．

1つの放射性同位体が，2種類以上の形式の崩壊を起こすことを分岐崩壊という．^{40}Kはβ^-崩壊と電子捕獲の両方を起こす代表例であり（半減期12.48億年），β^-崩壊では^{40}Ca（安定同位体），電子捕獲では気体の^{40}Ar（安定同位体）が生成する（**付録1.5（2）**（p.34）と関連する）．^{40}Kのβ^-崩壊と電子捕獲は，それぞれ89.3％と10.7％の割合で起こる．この割合を分岐率や崩壊比率という．

その他に，α崩壊とβ^-崩壊の両方を起こすもの（次の**付録1.2**を参照），α崩壊と自発核分裂（p.12）を起こすもの，電子捕獲と核異性体転移（γ崩壊）(p.10)の両方を起こすものや，電子捕獲とα崩壊を起こすものなど，分岐崩壊する放射性同位体は数多い．

本文の**図1-2-3**（p.11）のような，2種類以上の形式の崩壊が連続して起こる場合は連続崩壊という．分岐崩壊と連続崩壊を混同しないように注意していただきたい．

付録*1.2* 天然放射性同位体の分類と関連事項

天然放射性同位体を起源の違いで分類すると，以下の(1)と(2)の2つに大別される．

(1) 約46億年前に誕生した地球の原料である原始太陽系星雲中に存在し，半減期がきわめて長いために，現在も多量に残っている放射性同位体．原始放射性同位体ともいわれる．

(2) 半減期が短いかそれほど長くないので，地球誕生当初に存在した分は消失したが，大気圏上層部（高層大気）で宇宙線によって引き起こされる大気成分の核反応や，放射性鉱物で起こる核

反応などによって生成し，地球上に継続的に供給される放射性同位体．

以下に，(1)の放射性同位体と関連事項を述べる．

天然の ^{238}U は，複数回の段階的な放射崩壊によって原子番号 91 のプロトアクチニウム 234（^{234}Pa）から，原子番号 80 の水銀 206（^{206}Hg）までの 10 種類の元素の放射性同位体へと変化し，長い時間を経て安定同位体の鉛 206（^{206}Pb）に到達する．このような，最終的に安定同位体に到達する過程を放射崩壊系列といい，親核種（出発核種）が ^{238}U，^{235}U，トリウム 232（^{232}Th），ネプツニウム 237（^{237}Np）の，4 種類の放射崩壊系列が知られている．

出発核種が ^{238}U の系列をウラン系列という．**図 1A2-1** にウラン系列の概略を示す．

^{235}U から出発する放射崩壊系列をアクチニウム系列といい，途中に 11 種類の元素を生じて安定同位体の ^{207}Pb に到達する．出発核種が ^{232}Th の系列はトリウム系列といい，途中に 8 種類の元素を生じて ^{208}Pb に到達する．出発核種が ^{237}Np の系列はネプツニウム系列といい，途中に 12 種類の元素を生じて ^{205}Tl に到達する．

天然の放射性鉱物中では，このような放射崩壊系列によって気体のラドン（Rn）や半減期が短い固体のアスタチン（At）などの，原子番号も質量数も大きい元素の同位体と，α 崩壊で放出された α 粒子からできたヘリウム ^{4}He の生成が続いている．その他に，自発核分裂（p. 12）や，放出された α 線や β 線，γ 線によって引き起こされた周囲の元素の核反応により，天然ではさまざまな元素の同位体が生成している．

4 種類の放射崩壊系列中では生成しない，長寿命の天然放射性同位体も多い．そのいくつかの崩壊形式と半減期，天然存在度を**表 1A2-1** に示す．

^{40}K は地球誕生当初の量の，9 割を超える量が消失したにもかかわらず，存在量が多かったために，まだ大量に残っている天然放射性同位体の 1 つである．

4 種類の放射崩壊系列や，その他の天然放射性同位体の詳細は，市販のデータブック（理科年表など）や専門書を参照していただきたい．

以下に，(2)の放射性同位体と関連事項を述べる．

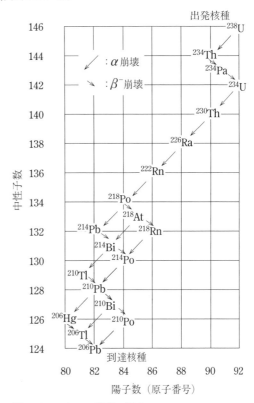

図 1A2-1. ウラン系列の概略．
主な放射崩壊の α 崩壊と β^- 崩壊を記入した図．^{234}Th の β^- 崩壊では ^{234}Pa の他に核異性体の ^{234m}Pa も生成する．これが核異性体転移して ^{234}Pa に変わる過程もこの系列に含まれる．

表1A2-1. 放射崩壊系列に属さない天然放射性同位体の例.

同位体	崩壊形式[a]	半減期（年）	天然存在度（%）[b]
^{40}K	β^-, EC	1.248×10^{9}	0.0117(1)
^{87}Rb	β^-	4.81×10^{10}	27.83(2)
^{113}Cd	β^-	8.04×10^{15}	12.227(7)
^{115}In	β^-	4.41×10^{14}	95.719(52)
^{138}La	β^-, EC	1.03×10^{11}	0.08881(71)
^{144}Nd	α	2.29×10^{15}	23.798(19)
^{147}Sm	α	1.06×10^{11}	15.00(14)
^{176}Lu	β^-	3.76×10^{10}	2.599(13)
^{187}Re	β^-	4.33×10^{10}	62.60(5)
^{190}Pt	α	6.5×10^{11}	0.012(2)

a) 崩壊形式の EC は電子捕獲（**付録1.1**を参照）.
b) 天然存在度の（　）中の値は，最後の1桁あるいは2桁
　目までの不確かさ.

このカテゴリー中の軽い同位体が生成する主な原因は，高層大気中の窒素（N_2）や酸素（O_2），He，Ne，Ar などの原子核に，宇宙の彼方から到来した宇宙線（主に陽子や中性子）が衝突して起こる核反応である（反応は次の**付録1.3**(3)（p.30）を参照）.

高層大気中では ^{3}H(T)，^{10}Be，^{14}C，^{22}Na，^{32}P，^{35}S，^{36}Cl などのさまざまな放射性同位体が生成し（^{13}C などの安定同位体も生成する），その一部が対流圏に降下して地表に降りてくる. これらの放射性同位体の生成速度と，放射崩壊による消失速度は同じ（地球規模の化学平衡がある）とみなされるので，消失分が定常的に補給されると考えられている. これらの同位体のほとんどは存在量がきわめて少ないが，存在量が比較的多い同位体は一定の割合で定常的に存在するとみなされて，天然存在度が求められているものがある.

付録1.3　核分裂と核融合の関連事項および中性子捕獲と核破砕

(1) 核分裂エネルギーとその利用

^{235}U を例に，核分裂エネルギーとその利用を概説する.

自発核分裂や誘導核分裂が起こると，放射性の娘核種と中性子の他にγ線やニュートリノも放出される. これらのエネルギーをまとめて核分裂エネルギーという.

1個の ^{235}U 原子の核分裂エネルギーは約 200×10^6 eV である（単位は電子ボルト）. この値を J（ジュール）単位で表すと約 3.2×10^{-11} J になる（eV から J への換算は**巻末付録**の**付表9**（p.221）を参照）. これにアボガドロ定数を乗じた 1 mol の ^{235}U（質量は 235.044 g）の核分裂エネルギーは約 19.3 TJ mol^{-1}（T はテラ（10^{12}））である. これは同じ質量のガソリンの燃焼エネルギーの約 200 万倍にもなる莫大な量のエネルギーである.

表1A3-1 に，^{235}U 原子1個の核分裂エネルギーの成分と割合を示す.

表中の5種類の成分のうち，放出された中性子の運動エネルギー以外の4種類が熱エネルギーへの転換が可能である. 火力発電は石油や天然ガス，石炭などの燃焼熱を利用するが，これらの化石

表 1A3-1. ^{235}U 原子の核分裂エネルギーの内訳

成　分（エネルギー量の平均）	割　合
娘核種の運動エネルギー（約 170 MeV）	約 84 %
γ 線（約 5 MeV）	約 3 %
ニュートリノ（約 10 MeV）	約 5 %
娘核種からの放射線（約 10 MeV）	約 5 %
放出された中性子の運動エネルギー（約 5 MeV）	約 3 %

燃料と比べて，少量のエネルギー源から大量の熱エネルギーが得られるため，核分裂エネルギーは原子力発電（原子炉を用いる発電）に利用されている．

　原子炉は，核分裂の連鎖反応（chain reaction）を適切に制御する装置である．**図 1A3-1** に ^{235}U の核分裂連鎖反応のイメージを示す．1 個の ^{235}U 原子が核分裂（図では誘導核分裂）を起こし，放出された中性子が近くの ^{235}U 原子に衝突して誘導核分裂を起こす．これがくり返されて次々と誘導核分裂が起こる．

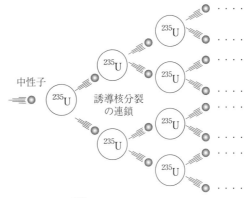

図 1A3-1. ^{235}U の核分裂連鎖反応のイメージ．

　本文の **表 1-3**（p. 17）から，天然ウランの大半は ^{238}U であり（天然存在度 99.27 %），^{235}U の天然存在度はきわめて小さい（0.72 %）．ウラン鉱石中では，^{235}U の量（濃度）がきわめて小さいので核分裂連鎖反応は起きない．さらに，^{238}U は核分裂で生じた中性子を吸収（次の（3）の中性子捕獲）するが，誘導核分裂は起こさない．したがって，ウランを用いる原子炉では，一般に ^{235}U の濃度を 2〜4 % に高めている（これを濃縮ウランという）．この濃度では，適切に制御すれば核分裂連鎖反応が爆発的に進行せず，ほぼ一定量の核分裂エネルギーを継続的かつ安定的に取り出すことができる．

（2）核融合エネルギーの利用に向けた試み

　核分裂エネルギーの利用において，反応後に生成する有害な放射性核種の安全な処理は非常に重たい課題である．そこで，核分裂を大きく上回る量のエネルギーが得られ，有害物質が生成しない種類の核融合反応の放出エネルギーの利用に向けて，核融合炉という装置の実現を目指した基礎的な研究が行われている．

　D と T の反応（p. 15 の反応（5））は，核融合を起こすために必要なエネルギーが最も小さい．この反応を用いる核融合炉の開発研究が主に行われているが，実用化の壁は高く，反応容器内に D と T のプラズマ（p. 19 を参照）を閉じ込めておく（プラズマ状態を長く保つ）技術の開発などの解決すべき課題が多く，まだ実験段階である．

（3）その他の核反応

・中性子捕獲（neutron capture）

原子核が1個以上の中性子を捕獲吸収して，より質量数が大きい安定な原子核が生成する核反応である．中性子を吸収した原子核は励起状態になって速やかにγ崩壊し，その直後に他の核反応を起こして，より安定な核種を生成する場合が多い（誘導核分裂において，中性子を吸収した高エネルギー励起状態の不安定な原子核が生成する過程も中性子捕獲である）．質量数が大きいウランなどの原子核は，中性子捕獲によって生成した不安定な核種が，γ崩壊の他にα崩壊あるいはβ^-崩壊して重い放射性核種を生成する．その例として，ウランを用いる原子炉中で，^{238}Uの中性子捕獲によって生成した^{239}U（半減期23.45分）がβ^-崩壊し，生成した^{239}Np（半減期2.356日）がβ^-崩壊して生成するプルトニウム239（^{239}Pu，半減期2.411万年）などがある．

この反応は，人工放射性同位体の製造に利用される核反応の1つである．たとえば，テクネチウム99（^{99}Tc）は，安定同位体のモリブデン98（^{98}Mo）に1個の中性子を吸収させて生成した^{99}Moのβ^-崩壊（半減期は約66時間）で得られる．なお，^{99}Tcはウランやプルトニウムの核分裂生成物としても得られる．

中性子捕獲は恒星の内部で起こる核反応の1つである．さらに，次に述べる核破砕とともに，**付録1.2**（p.26）で述べたように，高層大気中でさまざまな核種が生成する原因の1つである．

たとえば，高層大気中で^{14}Nが1個の中性子を捕獲すると，^{1}Hを放出して炭素の天然放射性同位体の^{14}Cが生成する反応が起こる．この反応は定常的に起こっており，高層大気中で^{14}Cを含む二酸化炭素（^{14}CO$_2$）が生成する．これが対流圏に入ると雨に溶け込んで地表や海面に到達するので，海面近くの海水（表層海水）中の^{14}Cの量（濃度）は，どこでも一定とみなされている．

・核破砕（nuclear spallation）

原子核（標的原子核）が微粒子の衝突によって破壊され，複数個の原子核が生じる核反応である．高層大気中では，主に高速の陽子が星間物質の原子核に衝突して核破砕が起こっており，NやOの核破砕によってTや^{14}C，^{7}Be，^{10}Beなどのさまざまな核種が生成する．たとえば，^{39}Ar，^{36}Cl，^{35}S，^{33}P，^{32}P，^{32}Si，^{26}Al，^{22}Naは，主に高層大気中の^{40}Arの核破砕によって生成すると考えられている．

付録 *1.4*　質量欠損と原子核の結合エネルギー

質量欠損とは，原子核を構成する核子（陽子と中性子）の質量の和から，実際の原子核の質量を差し引いた質量の差ΔMであり，次の式（1A4-1）で表される．

$$\Delta M = (A \times m_\mathrm{p} + B \times m_\mathrm{n}) - M \tag{1A4-1}$$

Aは陽子数，Bは中性子数，m_pは陽子の質量，m_nは中性子の質量を，Mは実際の原子核の質量である．なお，質量数はXとする（$X = A + B$）．

次に，式（1A4-1）を用いて^{12}Cの原子核の質量欠損ΔMの概算値を求める．陽子，中性子，電子と炭素原子の質量は，それぞれ本文の**表1-1**（p.4）と**表1-3**（p.17）の値を用い，統一原子質量単位の1u（p.18）をkg単位に換算して用いる．

原子の質量から電子 6 個の質量を差し引いた ^{12}C の原子核の質量を 19.92636×10^{-27} kg とし，陽子と中性子の kg 単位の質量を用いると，^{12}C の質量欠損 ΔM の概算値は

$$\Delta M = (6 \times 1.67262 \times 10^{-27} + 6 \times 1.67493 \times 10^{-27}) - 19.92636 \times 10^{-27}$$
$$= 0.15894 \times 10^{-27} \ (\mathrm{kg})$$

である（精密な計算では，原子核と電子の間の静電引力に基づく束縛エネルギーなども考慮される）．

どの元素の同位体も，原子核の質量は ΔM だけわずかに小さい．平均的な ΔM は原子核の全質量の 1 % 未満と小さいが，原子核全体の質量を構成する核子の質量合算値の 1 % も小さいという事実は重要な意味をもつ．

原子核は核子を結びつける核力によって形成されている（p. 15）．原子核を分解して構成粒子（核子）を引き離し，ばらばらの状態にするために必要なエネルギーを原子核（核）の結合エネルギーという．ばらばらの核子が集まって原子核が形成されるときは，核の結合エネルギーと等価（equivalent）（等しい関係）なエネルギーが放出される．

アインシュタインは，核の結合エネルギー E と質量欠損 ΔM の間に，次の式 (1A4-2) の関係が成り立つことを見いだした．

$$E = \Delta M \times c^2 \tag{1A4-2}$$

c は光の速度である．この式は，核の結合エネルギーと質量欠損が等価であり，エネルギーと質量は互いに転換できることを示す（式 (1A4-2) の一般式は**付録 2.3** の式 (2A3-1)（p. 94）である）．したがって，核の結合エネルギー E は原子核の質量減少分の ΔM として観測され，ΔM の量が大きいほど E の量は大きい．

E の量は原子核の安定性の高低を反映し，その量が大きいほど原子核の安定性は高い．**図 1A4-1**

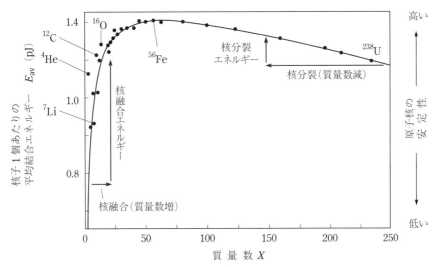

図 1A4-1. 核子 1 個あたりの平均結合エネルギーと質量数の間の関係．
縦軸のエネルギーの単位 pJ はピコジュール（10^{-12} J）．
図中に核の結合エネルギーと核分裂，核融合の方向と放出エネルギーの関係を描き入れている．

に E と質量数 X の関係を示す．なお，縦軸の E_{av} は E と X の比 E/X，すなわち，核子1個当たりの E の平均値（核の平均結合エネルギー）である．

図 1A4-1 の縦軸の上にゆくほど E_{av} は高く原子核は安定であり，下にゆくほど E_{av} は低く原子核は不安定である．図中の点 ($\bullet$) は，実験から求めた実際の原子核の E_{av}（実験値）であり，核種ごとに値が異なる．図中の曲線は理論計算から求めた E_{av}（理論値）であり，E_{av} の実験値と理論値はよい一致を示している．E_{av} は質量数50付近まで増大して最大になり，70付近から徐々に減少する．E_{av} は ^{56}Fe の原子核が最も大きい．このような E_{av} の変動から，質量数50〜60付近の原子核が最も安定性が高く，質量数が小さい He のような軽い元素と，質量数が大きい U のような重い元素の原子核は安定性が低いことが強く示唆される．

図 1A4-1 中の，曲線下の2ヵ所に引いた矢線を用いて，核分裂と核融合が起こる理由と，放出される核分裂および核融合エネルギーについて，次のような定性的な説明ができる．

図中の曲線の頂点から右側に遠く離れた重い原子核は核分裂して，より軽い原子核になる傾向がある．これは核分裂してエネルギー的に安定化する場合に起こる．実際に，分裂前の親核種の質量欠損 ΔM の値よりも，分裂後の複数の娘核種の，ΔM の和の値が大きい場合に核分裂が起こる．なお，**付録 1.3** (1)（p. 28）に述べた核分裂エネルギーは，娘核種からの放射線エネルギーを除き，ΔM がエネルギーに変換されたものと考えてよい．核融合の場合は，核分裂とは逆に，図中の曲線の頂点から左側の，軽い元素の原子核は核融合して，より重い原子核を形成する傾向がある．したがって，核融合や核分裂をくり返すと，最終的に質量数50〜60付近の安定な原子核に到達するのであり，本文 p. 15 と p. 20 で述べた恒星内部の H や He の核融合によって，最終的に質量数50〜60の Fe までの元素が生成するが，U などの重い元素は生成しないことが説明される．

放射性核種が自発的に核反応を起こす理由も，質量欠損を用いて説明される．例として，次に α 崩壊が自発的に起こる理由の概説を述べる．

α 崩壊する親核種の質量欠損は，崩壊後に生成した娘核種と α 粒子（本文 p. 9）の質量欠損の和よりも小さい．親核種は，自身の質量欠損から娘核種と α 粒子の質量欠損の和を差し引いた質量分のエネルギーを余分にもっている．この余剰エネルギーは α 崩壊を引き起こす原因である．したがって，親核種は自発的に α 崩壊して余剰エネルギーを放出し，エネルギーが低く，より安定な娘核種へと変化する．

自発的に起こる放射崩壊や自発核分裂に，核融合を含めた核反応の反応終了後のエネルギーは，反応開始前のエネルギーよりも低くなる．したがって，核融合も自発的に起こってよさそうに思えるが，現実（常温常圧）では決して起こらない．

一般に，反応を起こすには，反応のエネルギー障壁（ポテンシャル障壁ともいう）を乗り越える必要がある．**図 1A4-2** は，化学反応速度論（本文 p. 11）で用いられるエネルギーの時間変化を示す図である．

図中の活性化エネルギー（activation energy）が反応のエネルギー障壁である．この障壁の高さ

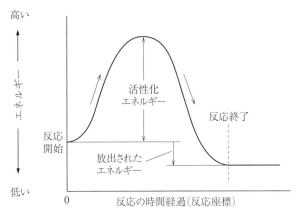

図 1A4-2. 反応の時間経過（反応速度）とエネルギー変化.

は，反応を起こすために外部から加える必要がある最小のエネルギーの量であり，障壁が高いほど反応を起こすために必要なエネルギーの量は大きくなる.

　核融合はエネルギー障壁がきわめて高い反応であり，反応が始まるまで原子核どうしを接近させるためには莫大な量のエネルギーが必要である（本文 p. 15）．Fe などの安定な原子核どうしを核融合させるには，きわめて高いエネルギー障壁を瞬時に超える，超新星爆発（本文 p. 20）で発生するような，人類の想像を絶する莫大なエネルギーが必要なのである.

付録 *1.5*　太陽系および地殻と空気の元素組成

（1）炭素質コンドライトと太陽大気の元素組成

　地球に落下する隕石のうち，炭素質コンドライトという種類は原始太陽系星雲の元素組成を保持している原始的隕石と考えられ，太陽大気という太陽の表面部分は，太陽系形成当時の状態を現在まで維持していると考えられている．したがって，炭素質コンドライトの元素組成の分析結果と，太陽大気中の原子から放出されて地球に到達する電磁波（原子スペクトルの分光分析）の解析から求められた太陽大気の元素組成は，太陽系の元素組成を反映すると考えられている．**図 1A5-1** に，炭素質コンドライトと太陽大気の元素組成を示す.

　この図は，縦軸の太陽大気中と横軸の炭素質コンドライト中のケイ素原子の存在度を，ともに 1 とおいて基準とし，他の元素の太陽大気中と炭素質コンドライト中の，それぞれの相対的な存在度を計算してプロットしたものである．図中の右上に向けて引かれた対角線は，存在度が等しいことを示す.

　Li，B，C，N を除くと，ほとんどの元素の相対的存在度の点がほぼ対角線上にあり，異なる 2 種類の分析結果はよく一致している．このようなよい一致から，炭素質コンドライトと太陽大気の元素存在度は，太陽系の元素組成を反映すると考えられている.

　太陽系の元素組成の推定には，太陽風という太陽表面から噴出して地球に到達するプラズマの元素組成データーも利用されている．なお，地球から太陽までの距離は約 1.5 億 km である.

　第 2 章で述べる水素原子の発光スペクトル（p. 37）は，上述の原子スペクトルの一例である．太

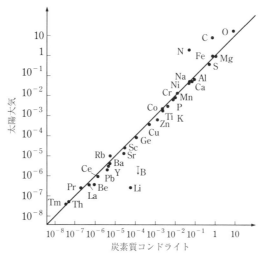

図 1A5-1. 炭素質コンドライトと太陽大気の元素組成.

陽大気の元素組成は，太陽から地球にもたらされる原子スペクトルと，地球上で実験装置を用いて測定した各元素の原子スペクトルとの比較と解析から推定されている．

(2) 元素の地殻存在度と空気の成分

　表 1A5-1 に，H から U までの地殻の元素存在度を示す．値は質量百分率（質量 %）または質量百万分率（ppm，**巻末付録** p. 219 参照）で表したものである．地殻存在度がきわめて小さい元素と，気体として存在する希ガス元素は値が示されてない（存在度欄に—を記入）．

　大気圏の地表付近の空気は，人類を含む多種多様な生物の生存に必要不可欠な物質である．**表 1A5-2** に，乾燥空気の主要な成分の存在度（大気組成）と，大気圏における成分の全質量の推定値を示す．なお，乾燥空気とは，人類の生産活動などで排出される大気汚染物質の気体と水蒸気を含まない空気である．

　乾燥空気中のアルゴン（Ar）の存在度は 3 番目に大きく，そのほとんどは安定同位体の ^{40}Ar である（天然存在度 99.6 %．本文の**表 1-3**（p. 17）を参照）．その原因は，^{40}Ar が放射性同位体の ^{40}K の放射崩壊によって定常的に生成していることである（**付録 1.1** の電子捕獲（p. 25）を参照）．

　表中の CO_2 の存在度は 2012 年の値である．化石燃料の消費量増加によって，地球温暖化物質の CO_2 の排出量は年々増加している．水蒸気の存在度は地域差があり，季節によって変動するので，1～2.8 % と見積もられている．

表 1A5-1. 元素の地殻存在度（表中に％を示したもの以外の単位は ppm）

原子番号	元素	存在度	原子番号	元素	存在度	原子番号	元素	存在度
1	H	1400	32	Ge	1.5	63	Eu	1.2
2	He	—	33	As	1.8	64	Gd	5.4
3	Li	20	34	Se	0.05	65	Tb	0.8
4	Be	2.8	35	Br	2.5	66	Dy	4.8
5	B	10	36	Kr	—	67	Ho	1.2
6	C	200	37	Rb	90	68	Er	2.8
7	N	20	38	Sr	375	69	Tm	0.5
8	O	46.60 %	39	Y	33	70	Yb	3.0
9	F	625	40	Zr	165	71	Lu	0.5
10	Ne	—	41	Nb	20	72	Hf	3
11	Na	2.83 %	42	Mo	1.5	73	Ta	2
12	Mg	2.09 %	43	Tc	—	74	W	1.5
13	Al	8.13 %	44	Ru	0.01	75	Re	0.001
14	Si	27.72 %	45	Rh	0.005	76	Os	0.001
15	P	1050	46	Pd	0.01	77	Ir	0.001
16	S	260	47	Ag	0.07	78	Pt	0.01
17	Cl	130	48	Cd	0.2	79	Au	0.004
18	Ar	—	49	In	0.1	80	Hg	0.08
19	K	2.59 %	50	Sn	2	81	Tl	0.5
20	Ca	3.63 %	51	Sb	0.2	82	Pb	13
21	Sc	22	52	Te	0.01	83	Bi	0.2
22	Ti	4400	53	I	0.5	84	Po	—
23	V	135	54	Xe	—	85	At	—
24	Cr	100	55	Cs	3	86	Rn	—
25	Mn	950	56	Ba	425	87	Fr	—
26	Fe	5.00 %	57	La	30	88	Ra	—
27	Co	25	58	Ce	60	89	Ac	—
28	Ni	75	59	Pr	8.2	90	Th	7.2
29	Cu	55	60	Nd	28	91	Pa	—
30	Zn	70	61	Pm	—	92	U	1.8
31	Ga	15	62	Sm	6.0			

表 1A5-2. 乾燥空気中の主要な成分の存在度と全質量の推定値.

成　分		存在度（体積 %）	全質量推定値（t（トン））
窒素	N_2	78	3.85×10^{15}
酸素	O_2	21	1.18×10^{15}
アルゴン	Ar	0.93	6.5×10^{13}
二酸化炭素	CO_2	0.039[a]	3.0×10^{12}

a) 2012 年の値．増加しつつある．

表 1A5-3 に，地球表層部大気（乾燥空気）と，気体であるために地殻存在度が求められてない希ガス元素の密度と比重を示す．表中の比重（specific gravity）は温度 0℃，気圧 1 atm の乾燥空気の密度を 1 とした場合の，希ガス元素気体の密度の比である．

地球表層部の対流圏の気体物質は，大気の対流に乗って成層圏までもち上げられ，一部が成層圏に移り，さらに高層大気へと逃げる（拡散する）．特に，地球表層部の空気と比べて密度（比重）が小さい He と Ne は拡散速度が速く，地表から宇宙へ拡散する量が多い．

表 1A5-3. 地表付近の乾燥空気と希ガス元素気体の密度と比重（0℃，1 atm）.

気体	密度（$kg\,m^{-3}$）	比重
乾燥空気（平均）	1.293	1
He	0.1785	0.138
Ne	0.8999	0.696
Ar	1.7837	1.380
Kr	3.739	2.891
Xe	5.887	4.553

第2章　原子の電子構造

原子の電子構造と元素の周期律について，周辺知識を含めて紹介する．

高等学校化学で学ぶ原子の電子配置のような，原子中の電子の存在状態を原子の電子構造といい，現代化学では，極微な粒子の微視的（ミクロな）世界を解釈する量子論（量子力学）によって，原子中の電子が示す波の性質に基づいて説明される．

元素の周期表は，原子の電子配置に沿って元素を並べたものであり，周期律は電子配置の周期性に基づいて説明される．

本章は，波と電磁波に関する基礎知識が必要な項目を含んでいる．本章末の**付録2.1**（p.82）に，波と電磁波に関する基礎的事項をいくつか記した．

2.1　原子の電子構造と量子化

ラザフォードによる原子核発見の直後から，原子中の電子の存在状態（存在位置と運動の状態），すなわち，原子の電子構造を解明しようとする研究が急速に展開された．ところが，科学技術が発達した現在も，原子中の電子の存在状態を直接かつ正確に観測する方法は見いだされてない．原子の電子構造の解明は完璧ではないが，本質に迫る説明がなされている．その説明は，原子核発見の2年後にボーア（Bohr）が提案した水素原子の電子構造模型から始まった．この模型には，当時の新しい概念である**量子化**（quantization）が導入されていた．本節では量子化の概念を把握していただきたい．

1911年の原子核の発見は，第1章1節（p.2）に述べている．

2.1.1　ボーアの水素原子模型

原子核の周囲に電子が存在するラザフォードらの原子模型（p.3）は，原子の構造の本質を捉えていたが，これらの模型は，当時の物理学上の，原子の電子構造に直接関係する2つの問題を解決できなかった．その1つは，負電荷をもつ電子が原子核の周囲の正電場の中を運動すると，電子は電磁波を放出しながら徐々にエネルギーを失って原子核に近づき，最後は原子核に吸収されてしまうので原子自体が存在できないことになるという難問である．もう1つは，**原子の発光スペクトル**（atomic emission spectrum）という現象を説明できないことである．これらの難問に挑戦したボーアは，1885年にバルマー（Balmer）が発表した，水素原子の発光スペクトルに

ラザフォードらの原子模型では，原子中の電子が原子核の周囲に存在することだけが示されていた．

バルマーが発表した式は，次の項目 2.1.2（p. 41）で述べる．

プランクの仮説の概要は，本章末の**付録 2.3**（p. 93）を参照．

図 2-1-1 の電子の円軌道をボーア軌道（Bohr orbit）という．

原子核は，原子の中心に存在する正電荷をもつ 1 個の点と考える．無数の円軌道は，すべて原子核が中心の同心円である．

専門性が高い書籍では，**図 2-1-1** のような図中の電子を，電子の記号 e や，電荷を付して e⁻ と書き表しているものが多い．

$n = \infty$ は，電子が原子核から遠く離れて，原子核の正電荷に束縛されなくなった状況を表すと考えればよい．

原子中の電子のエネルギーは負の値をとる．その理由は本章末の**付録 2.2**（p. 92）を参照．

みられる規則性を表す式中の「整数値だけをとる変数」が，1900 年にプランク（Planck）が発表した仮説に含まれていた量子化の概念に結びつくと考え，1913 年に量子化を導入した水素原子の電子構造模型を提案して 2 つの難問を一挙に解決した．

図 2-1-1 にボーアの原子模型のイメージを示す．次の（1）と（2）は，この模型の要点の一部である（要点（3），（4），（5）を，次の項目 2.1.2 で述べる）．

（1）水素原子には，同一平面上に原子核（陽子）を中心とする円軌道が無限大（∞）個存在し，

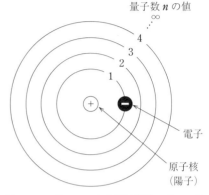

図 2-1-1. ボーアの水素原子模型のイメージ．

1 個の電子は円軌道上を一定速度で運動（等速円運動）する．これらの軌道は互いにつながってなく不連続で，各軌道の大きさは離散的（とびとび）である．図中の 1，2，3，4，…，∞ の 1 以上の整数値を，電子の**量子数**（quantum number）といい，記号 n で表す．

量子数 n は，高等学校化学で学ぶ**電子殻**（electron shell）と次のように対応する．

n の値（電子殻）：1（K 殻），2（L 殻），3（M 殻），4（N 殻），….

軌道の大きさは $n = 1$ が最も小さく，n の値が大きくなるにつれてとびとびに大きくなってゆく．

（2）水素原子中の電子は，等速円運動する軌道によって決まる一定量のエネルギーをもつ．電子のエネルギーは，原子核に最も近く，最も小さい軌道に存在する $n = 1$ のとき最も低い．n の値が 2 以上の軌道に存在するときの電子のエネルギーは，n の値が大きくなる（電子が原子核から遠ざかる）につれてとびとびに高くなってゆく．なお，電子のエネルギーは次の項目で述べる．

ボーアの原子模型の，各円軌道の大きさと，円運動する電子のエネルギーは，いずれもとびとびで量子化されている．次に量子化の定義を述べる．

量子とは，注目する量（物理量）または実体（物体）の最小単位である．**図 2-1-1** の円軌道に注目すると，その大きさの最小単位は

$n = 1$ の円軌道の半径を用いて表される．これを**ボーア半径**（Bohr radius）といい，値は約 52.9 pm である（記号 a_0）．n が 2 以上の電子の円軌道半径は，ボーア半径の n の 2 乗倍の $n^2 a_0$ である．たとえば，$n = 2$ と $n = 3$ の電子の円軌道半径は，それぞれ $4a_0$（約 211.7 pm）と $9a_0$（約 476.3 pm）であり，いずれも a_0 の整数倍でとびとびの値をとる．

電子の等速円運動で生じる，円軌道半径を含むさまざまな物理量は，すべてとびとびの値をとる．物理学における量子化とは，注目する物体に固有のさまざまな物理量の値（**固有値**（eigenvalue））を，2 種類の固有値 1 組に限定することである．ボーアの原子模型における 1 組の固有値は，電子の量子数 n で決まる円軌道半径と，その軌道上を運動する電子のエネルギーの 2 種類である．電子のエネルギーは，$n = 1$ では約 -2.17×10^{-18} J（単位はジュール）であり，n が 2 以上では，$n = 1$ の場合の $1/n^2$ 倍になる（$1/n^2 \times$ 約 -2.17×10^{-18} J）．たとえば，$n = 2$ の電子のエネルギーは，$n = 1$ の $1/4$ 倍の約 -0.54×10^{-18} J であり，$n = 3$ では $1/9$ 倍の約 -0.24×10^{-18} J となる．したがって，水素原子中の電子の 1 組の固有値は，$n = 1$ ではボーア半径 a_0（約 52.9 pm）とエネルギーの約 -2.17×10^{-18} J であり，$n = 2$ では $4a_0$ と約 -0.54×10^{-18} J，$n = 3$ では $9a_0$ と約 -0.24×10^{-18} J である．これらの 2 種類の電子の固有値は，量子数 n の値が決まれば同時に決まるのである（その他の物理量の固有値も同時に決まる）．

次に，水素原子の発光スペクトルについて述べる．

2.1.2　水素原子の発光スペクトルと電子のエネルギー

原子が光を放射する現象を原子発光という．光は原子中の電子のエネルギー変化によって放出され，その電子がどのような状態であるかを教えてくれる．19 世紀後半以降，物理学者は**分光器**（spectrograph, spectrometer）という装置を用いて原子発光を観測（測定）する実験を行い，得られた実験データーである原子発光の**スペクトル**（spectrum）を解析して，間接的に原子の電子構造を解き明かそうとした．**図 2-1-2** に，水素原子の発光スペクトルが測定された分光器の，基本的構造の概略を示す．

図 2-1-2 左端の水素放電管は，内部を真空にしたガラス製放電管にごく少量の水素ガス（H_2）を封入し，放電により H_2 に電気エネルギーを与えて水素原子に解離させる部品である．放電管中では陰極から陽極に向かって電子ビーム（陰極線（p.2））が放射されて，

ボーア半径 a_0 は，現在の物理定数の 1 つである．a_0 の精密な値は巻末付録の**付表 8**（p. 220）を参照．

1 組の固有値に限定する量子化は，物理学的な量子化である．数学上の量子化（数学的量子化）は，値を基本単位の整数倍に限定することである．

一般に，物理量が量子数に基づいてとびとびの値をとっていることを「量子化されている」と表現している．

自然界で生成，消滅，変化するすべての物理量は，それぞれの量の量子の整数倍になっているのである．

分光器の原型は，万有引力を発見したニュートン（Newton）が，太陽光の分光に用いた装置といわれる．

スペクトルとは，物質科学では一般に，物質から発生する物理的な信号（signal）などの情報を成分ごとに分け，各成分の強弱，大小にしたがって配列したものであり，グラフを用いて表されることが多い．

気体を封入した放電管を一般に気体放電管という（p.2 の放電管も気体放電管）．水素放電管中の水素ガスの気圧は 0.001 atm 程度．

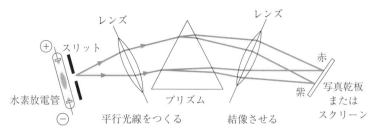

図 **2-1-2.** 水素原子の発光スペクトルが測定された分光器の構造の概略.

水素分子 H_2 の共有結合の切断（解離反応）をルイス式（高等学校化学の電子式）で表すと，$H:H \rightarrow H\cdot + \cdot H$ である.
ルイス式は第 3 章 2 節（p.123）を参照.

水素原子中の電子のエネルギーが高い状態は，のちに述べる電子励起状態（p.42）である.

猛烈な速さで電子が流れ飛ぶ．この電子が水素分子に衝突すると，化学結合（共有結合）が切断されて水素原子が生じる．生成した水素原子のほとんどは再び結合して水素分子に戻るが，一部の水素原子はさらに電子ビームの電子と衝突し，その運動エネルギーの一部を水素原子中の電子が吸収してエネルギーが高い状態になる．この高いエネルギーの状態はきわめて不安定で，水素原子中の電子は吸収したエネルギーを光（電磁波）の形で放出し，より安定な状態に移る．このような，原子中の電子のエネルギー変化に基づく光の放出が原子発光である．

スリットから右側のレンズまでは，光を波長が異なる成分に分ける（分光する）部分である．写真乾板は光の成分の検出部であり，乾板上に塗られた薬剤の感光によってスペクトルが写し出される.

図 **2-1-3** に水素原子の発光スペクトルを示す.

図 **2-1-2** のプリズムでは，光は波長の長短によって折れ曲がる（屈折する）度合いが異なるので，光がプリズムを通過すると，波長が異なる光の成分が分離してスペクトルが表れる.
屈折の度合いは波長が短いほど大きい.

分光器を駆使して原子や分子の発光に関する実験的研究を行う学問分野を，原子分光学や分子分光学という．これらの学問分野は，当時の物理学の実験的研究分野の 1 つであった.

図 **2-1-3.** 写真乾板に記録された可視光から紫外光までの領域の水素原子の発光スペクトル.
それぞれの線スペクトルの下部に光の波長を記した．波長の単位は nm（ナノメートル，10^{-9} m）．線スペクトルの上に光の色を記した．スペクトルの解説は以下の本文中に述べる.

天然にみられる七色の虹は，可視光の連続スペクトルである.

太陽の光（自然光）や白熱電球から放射される光を分光すると，連続した波長の光（連続光）で写真乾板は 1 本の帯状に感光する．これを連続スペクトルという．ところが原子発光では，写真乾板上に波長が異なる複数の光の成分が，とびとびの線の組のスペクトル

系列として観測された．前述したように（p.37），当時の理論では，原子は連続光を放出して連続スペクトルが観測されることになるので，実験で観測されたスペクトルが**線スペクトル**（line spectrum）である理由も，とびとびの波長の線スペクトル系列が現れる理由もまったく説明できなかった．

次に，ボーアが原子模型を考案する際に重要な役割を果たした，水素原子の線スペクトル系列の規則性を示す式について述べる．

バルマーは，**図2-1-3**の最も長波長側の 656.28 nm（赤色の光）と 486.13 nm（青色），434.05 nm（青紫色），410.17 nm（紫色）の4本の線スペクトルの波長の間に，次の式（2-1）で表される規則性を見いだした．

$$\lambda = \frac{364.56 \times 10^{-9} \times n^2}{(n^2 - 4)} \quad (n = 3,\ 4,\ 5 \cdots)（単位は m） \quad (2\text{-}1)$$

左辺の λ は光の波長である．

その後の 1890 年，リュードベリ（Rydberg）は波長の逆数（$1/\lambda$）の波数（記号 $\tilde{\nu}$）を用いて，式（2-1）を定数 R を含む式（2-2）に書き直した．R をリュードベリ定数という（$R = 1.097 \times 10^7\ \mathrm{m}^{-1}$）．

$$\tilde{\nu} = R\left(\frac{1}{2^2} - \frac{1}{n^2}\right) \quad (n = 3,\ 4,\ 5 \cdots)（単位は \mathrm{m}^{-1}） \quad (2\text{-}2)$$

やがて，分光器の性能（分解能（resolution））が向上し，さらに電磁波の新しい検出方法も開発され，水素原子から波長が長い赤外線（infrared ray）や，波長がより短い紫外線（ultraviolet ray）領域の電磁波も放出されることが見いだされた（**図2-1-5**（p.44）を参照）．これらも線スペクトル系列であり，式（2-2）の規則性を示したので，式（2-2）は次の式（2-3）の一般式に書き直された．

$$\tilde{\nu} = \frac{1}{\lambda} = R\left(\frac{1}{m^2} - \frac{1}{n^2}\right) \quad (m = 1,\ 2,\ 3 \cdots,\ m < n) \quad (2\text{-}3)$$

式（2-1）や式（2-2），式（2-3）の n や m が整数値をとる理由は，当時はまだ量子化の概念がなかったので謎であった．ボーアは整数値だけをとる n や m を，プランクが発表した次の式（2-4）と結びつけた．

$$E = h\nu \quad (2\text{-}4)$$

左辺の E は電磁波のエネルギー，右辺の ν は電磁波の**振動数**（frequency），h は，のちに**プランク定数**（Planck constant）と名づけられた比例定数である．この式は，電磁波のエネルギーが振動数に比例することを示している．

式（2-1）や式（2-3）の m と n が整数値だけをとる理由の説明は，

可視光領域に現れる水素原子の4本の線スペクトル系列を，バルマー系列という（のちの**図2-1-5**（p.44）にも示されている）．

波数 $\tilde{\nu}$ は本章末の**付録2.1**（4）（p.84）を参照．

リュードベリ定数 R も，ボーア半径 a_0 と同じく物理定数の1つである．精密な値は巻末付録の**付表8**（p.220）を参照．

式（2-2）と式（2-3）はリュードベリの式といわれる．

式（2-4）をプランクの法則や，プランクの公式という．
本章末の**付録2.3**（p.93）に，この式の物理学上の意味の概説を記した．

次のボーアの原子模型の要点 (3)，(4)，(5) で，理解に必要な知識を紹介したのちに述べる．

(3) 一定量のエネルギーが原子の外部から与えられない限り，電子は原子核に最も近い量子数 $n = 1$ の円軌道を等速円運動する．このような電子の状態を，**電子基底状態**（electronic ground state）という．

(4) 原子の外部から一定量のエネルギーが与えられると，それを吸収した電子はエネルギーが高くなって外側の軌道に飛び移る．電子のエネルギーが高くなることを電子励起（electronic excitation）や単に励起といい，電子が軌道間を移動することを**電子遷移**（electronic transition）や単に遷移という．電子が外側の軌道に遷移した状態を，**電子励起状態**（electronic excited state）という．

外部から与えられるエネルギーの量が，電子が内側の軌道に存在するときと，外側の軌道に存在するときのエネルギーの量の差（電子の軌道間エネルギー差）に等しい場合のみ，電子は遷移して励起状態になるが，外部から与えられるエネルギーの量が，軌道間のエネルギー差よりも多い場合も少ない場合も，電子は遷移しない．

(5) 外部からのエネルギーの供給が途切れると，電子は外側の軌道から内側の軌道に戻る．この現象を電子のエネルギー**緩和**（relaxation）といい，緩和するときに，電子は吸収していた一定量の余分なエネルギーを電磁波の形で放出する．その電磁波のエネルギーは，電子の軌道間エネルギー差に等しい．

次の**図 2-1-4** は，図 2-1-1（p.38）を用いて要点 (3)，(4)，(5) を表したものである．円軌道図の下の，横線をとびとびに引いて重ねた図を，電子の**エネルギー準位図**（energy level diagram）という．おのおのの横線は，電子が量子数 n の軌道に存在するときのエネルギーを示し，これらを電子のエネルギー準位という．

エネルギー準位図のとびとびの横線は，電子のエネルギーが量子化されていることを示している．おのおのの横線の上下の位置関係は，電子のエネルギーの相対的高低を示す．原子中の電子のエネルギーは負の値をとるので，電子のエネルギー準位は n の値が大きいほど高く，n の値が小さいほど低い．エネルギー準位図の隣り合う上下の横線の間隔は，n の値が大きくなるほど狭くなる．これは，n と $n+1$ の電子とのエネルギーの差が，n の値が大きくなるほど小さくなるからである（p.39 の $n = 1, 2, 3$ の，電子のエネルギーの値を参照）．

原子中の電子に注目する場合は，基底状態や励起状態の電子という意味で，単に基底状態や励起状態ということが多い．原子全体に注目する場合は，第 1 章（p.10）で述べた原子核の基底状態と励起状態があるので，その原子の電子基底状態や電子励起状態のように使い分けるとよい．

電子が励起して，エネルギーが高い状態に移ることを昇位（promotion）ともいう．

原子中の電子のエネルギーが負の値である理由は，本章末の**付録 2.2**（p.92）を参照．

水素原子の発光スペクトルが線スペクトルになる理由は，**図2-1-4**を用いて次のように説明される．

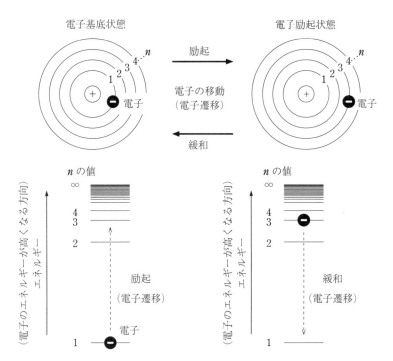

図 2-1-4. ボーアの原子模型による水素原子の，電子のエネルギーの吸収と放出の過程のイメージと，電子のエネルギー準位図．
左図は電子のエネルギーが最も低い量子数 $n=1$ の電子基底状態を表し，右図は $n=3$ の電子励起状態を表している．

量子数 n が異なる電子のエネルギーの差は，線スペクトルの電磁波のエネルギーとして観測される．$n=1$ の基底状態の電子に，外部から $n=1$ と $n=3$ の間のエネルギー差（$\Delta E_{3\to1}$ と表す）に等しい量のエネルギーが与えられて，それを電子が吸収すると励起し，$n=3$ の軌道に遷移して励起状態になる．励起状態の電子は，外部から $\Delta E_{3\to1}$ に等しいエネルギーが連続して供給される間は $n=3$ の軌道に留まるが，供給が断ち切られると，吸収していた $\Delta E_{3\to1}$ の量のエネルギーを電磁波の形で放出して緩和し，$n=1$ の軌道に移って基底状態に戻る．

図2-1-4 より，励起と緩和による電子の移動（遷移）の組み合わせが無数にあることは一目瞭然であり，電子のエネルギー準位図を用いれば線スペクトル系列が現れる理由が説明できる．**図2-1-5** は，水素原子の電子のエネルギー準位図に，4組の線スペクトル系列と，これらの系列が出現する原因である励起状態の電子の緩和過

図 2-1-4 のエネルギー準位図は，縦軸にエネルギーの量の単位も目盛もない，エネルギー準位の相対的な高低の順序を示すだけの「定性的」な図である．

「定性」とは性質や順序，サイズ，傾向などの外見的な事項を決定づけることである．
定性の対義語は「定量」であり，量を決定して数値などで具体的に示すことである．

エネルギー準位図はすべて**図 2-1-4** のように，その横にエネルギーが高くなる方向を示した上向きの矢線を引き，矢線の横に「エネルギー」またはその記号の E を記す．

原子中の電子の，エネルギー量の絶対値は n の値が小さいほど大きく，n の値が大きいほど小さい．

前項目（p.39）で述べたように，n と $n+1$ の電子のエネルギーの値は，n の値が大きくなるにつれて $1/n^2$ 倍に小さくなるので，n と $n+1$ の電子のエネルギーの差であるエネルギー準位の間隔の値も，n の値が大きくなるにつれて $1/n^2$ 倍になる．したがって，**図 2-1-4** ではエネルギー準位を表す横線の間隔が，n の値が大きくなるほど $1/n^2$ 倍に狭くなる．図の上部では横線が密に重なってあたかも連続しているようにみえるが，それでもとびとびである．

右上の注記：
656.28 nm
の赤色光放出

（図中の縦書きラベル）
エネルギー

ライマン系列（紫外線）
バルマー系列（可視光線）
パッシェン系列（近赤外線）
ブラケット系列（赤外線）

（エネルギー準位）
$n = 6$
$n = 5$
$n = 4$
$n = 3$
$n = 2$
$n = 1$

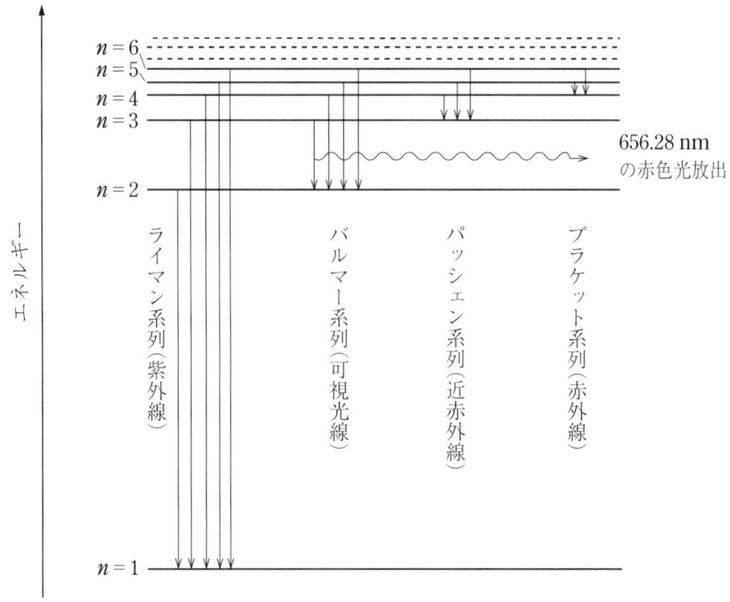

図 2-1-5. 電子のエネルギー準位図を用いた水素原子の 4 組の線スペクトル系列と発光の過程の表現（励起した電子の緩和による電磁波の放出過程）.

図 2-1-5 の各系列の発表年：
ライマン（Lyman）系列　1906 年
パッシェン（Paschen）系列　1908 年
ブラケット（Brackett）系列　1922 年
プント（Pfund）系列　1924 年

その他に，遠赤外線領域のハンフリーズ（Humphreys）系列が 1953 年に報告された.
電磁波の名称と波長の領域は**巻末付録 A4（2）**（p. 223）を参照.

波長 656.28 nm の光のエネルギーは，本章末の**付録 2.1**（4）（p. 84）の，電磁波のエネルギー E と波長 λ の関係式 $E = hc/\lambda$ を用いれば容易に計算できる.

原子中の電子のエネルギー準位は，軌道間のエネルギー差を示す線スペクトルの，光のエネルギーから決められた.

程を，下向きの矢印で描き入れたものである.

　図 2-1-5 中のバルマー系列は，**図 2-1-3**（p. 40）の可視光領域に現れる 4 本の線スペクトル系列である. この系列は，$n = 3, 4, 5, 6$ のそれぞれの軌道に存在する励起状態の電子が緩和して，$n = 2$ の軌道に移るときに放出する光の線スペクトル系列である.

　バルマー系列の 656.28 nm の線スペクトルの光は，$n = 3$ の軌道から $n = 2$ の軌道に電子が移るときに放出される. これを例に，放出された光のエネルギーが，$n = 2$ と $n = 3$ の電子の，軌道間のエネルギー差に相当することを確認する.

　$n = 3$ と $n = 2$ の軌道に存在する電子のエネルギーは，p. 39 に記したように，それぞれ約 -0.54×10^{-18} J と約 -0.24×10^{-18} J である. 電子の軌道間のエネルギー差 $\Delta E_{3 \to 2}$ は約 0.30×10^{-18} J（$= -0.24 \times 10^{-18} - (-0.54 \times 10^{-18})$ J）であり，波長 656.28 nm の光のエネルギー約 0.30×10^{-18} J に等しい. その他の線スペクトルからも同様に，光のエネルギーと電子の軌道間のエネルギー差が等しいことが確認できる.

　以上が，ボーアによって初めて説明された，原子の発光スペクトルが線スペクトル系列として観測される理由である.

ボーアの原子模型をより深く理解したい場合は，本章末の**付録 2.4**（p.95）を参照していただきたい（ボーアが実際に量子化した物理量は，電子の軌道角運動量である）.

　前項目 2.1.1 から述べてきたように，ボーアは 2 つの難問を解決したが，それは水素原子の場合のみであり，多電子原子という，電子を 2 個以上もつヘリウム以降の原子の，多数の線スペクトルが現れる複雑な発光スペクトルを説明できなかった. ボーアの原子模型では，原子は円盤状の 2 次元の物体と仮定されていたが，実際の原子は立体的な 3 次元の物体である. 1916 年，ゾマーフェルト（Sommerfeldt）は楕円軌道を含む 2 次元の原子模型を考案してボーアの原子模型を修正し，さらに 3 次元の原子模型も提案したが，その 10 年後に原子模型は大きく描き換えられた（本章 3 節で述べる）. 次節では，原子模型を一変させた科学史上の出来事を概観する.

ゾマーフェルトは 3 次元の原子模型において，軌道の形と方向の概念を導入した. ボーアの量子数 n は，主量子数と名づけられた（p.49 を参照）.

2.2　電子の波動性

　原子模型の電子構造は，運動する電子が波の性質（波動性）を示すことが発見されて描き換えられた. 電子の波動性は初めに理論から予測され，その後まもなく実験によって立証された.

2.2.1　ド・ブロイの物質波

　電子は質量をもち，1 個，2 個と個数を数えることができる微小な物体（粒子）である. 電子が物体としての性質（粒子性）をもつことは明白であり，運動すると発生する運動量（記号 p）などの物理量は，精密な観測によって，電子の正確な位置と速度を同時に測定すれば決めることができるはずである. ところが，電子はあまりにも小さく，その実体（形と大きさ）の影すら捉えることができないので，運動で発生する物理量を粒子性の観点から決めることができない.

　現在は，電子のような微小粒子が運動すると波の性質（波動性）を示すことが常識とされ，原子中の電子の運動は波動として説明されているが，運動する電子が粒子性と波動性の両方をもつという概念は，1920 年代中頃までまったくなかった. その波動性は，1924 年にド・ブロイ（de Broglie）が提唱した**物質波**（material wave）という概念によって予測された（この概念の導出過程などの概説を本章末の**付録 2.5**（p.97）に記した）.

　次の式（2-5）は，物質波の波長を表すものである.

物体の正確な位置と速度を同時に測定し，それらの値を決定すれば，物体の運動は古典力学の公式を用いて解釈できる. 公式の代表例の 1 つは，物体の運動エネルギーを表すニュートンの運動方程式 $E = \dfrac{1}{2}mv^2$ である.

物質波をド・ブロイ波ともいう

式 (2-5) は左辺が波長で波動性を示し，右辺は運動量で粒子性を示す．すなわち，波動性と粒子性を関係づける式である．

$$\lambda = \frac{h}{mv} = \frac{h}{p} \qquad (2\text{-}5)$$

λ は波長，h はプランク定数，m は質量，v は運動の速度，p は運動量（$p = mv$）である．次に，一定速度で運動する重い物体と軽い物体の，式 (2-5) を用いた物質波の波長の計算例を示す．なお，h は 4 桁の値を用い，計算値は有効数字 3 桁で求めて，式中の（　）内に単位を示した．

(1) $400\,\mathrm{ms^{-1}}$ の速度（秒速）で等速直線運動する質量 $25000\,\mathrm{kg}$ の飛行機．

$$\lambda = \frac{6.626\times10^{-34}\,(\mathrm{Js})}{25000\,(\mathrm{kg})\times400\,(\mathrm{ms^{-1}})} \fallingdotseq 6.63\times10^{-41}\,(\mathrm{m})$$

エネルギーの単位 J（ジュール）の SI 単位による表現は $\mathrm{m^2\,kg\,s^{-2}}$ である．

(2) $5.931\times10^7\,\mathrm{ms^{-1}}$ の速度（秒速）で等速直線運動する電子．電子の質量は 4 桁の値 $9.109\times10^{-31}\,\mathrm{kg}$ を用いる．

$$\lambda = \frac{6.626\times10^{-34}\,(\mathrm{Js})}{9.109\times10^{-31}\,(\mathrm{kg})\times5.931\times10^7\,(\mathrm{ms^{-1}})} \fallingdotseq 1.23\times10^{-11}\,(\mathrm{m})$$

（$= 12.3\,\mathrm{pm}$．電磁波の X 線の波長領域に入る長さ）

(2) の $5.931\times10^7\,\mathrm{ms^{-1}}$ は，電位差（電圧）が 10000 V の電場の中で加速されて飛翔する電子の速度である．この速度の求め方を以下に記す．
電場中の電子のエネルギー E は電気素量 e と電位差の積の $E = e\times\mathrm{V}$ で表される．この式と，物体の運動エネルギーを表すニュートンの運動方程式 $E = \frac{1}{2}mv^2$ を結びつけて $\frac{1}{2}mv^2 = e \times\mathrm{V}$ として速度 v について整理し，その式に電気素量と電位差，電子の質量の値を代入すれば速度が求められる．

X 線の波長領域は，**巻末付録 A4**(2) の図（p.223）を参照．

計算例 (1) より，質量が大きい物体の物質波の波長は極端に短いので，見かけ上は波動性が観測されない．このような重い通常の物体は，大きさや形が明瞭な実体をもち，正確な位置と速度を同時に測定できるので，その運動をわざわざ波で表現する必要はなく，波動性は無視できる．ところが，計算例 (2) の電子のように，質量がきわめて小さい微小物体が高速で運動すると，物質波の波長は電磁波の X 線の波長ほどに長くなるので波動性が現れると考える．したがって，粒子としての実体が不明な電子のような微小粒子は，正確な位置と速度が決められない以上，その運動を波で表現せざるを得ないのである．

なお，電子のような微小粒子は，その影すら観測できないことが，1927 年にハイゼンベルク（Heisenberg）が発表した**不確定性原理**（Uncertainty principle）で示唆された．この原理の概説を本章末の**付録 2.6**（p.100）に記した．

2.2.2　電子回折

電子回折を電子線回折ともいう．
波の回折と干渉は，それぞれ本章末の**付録 2.1**(5)（p.85）と (6)（p.87，金属箔に X 線を照射した結果の部分）を参照．

ド・ブロイが電子の波動性を予測したのち，これを確認しようとする実験が集中的に行われ，1927 年，デビッソン（Davisson）とジャーマー（Germer）が共同で発表した**電子回折**（electron diffraction）という実験の結果から決定的な証拠がもたらされた．

波の物理学（波動力学）によれば，波は回折と干渉という 2 つの

特徴的な現象を起こす．回折は，たとえば，非常に狭い隙間を光の波が通過したときに，光の成分が波長の違いによって分かれて分光される現象である．干渉は，2つの波がぶつかって重なると互いに強め合ったり弱め合ったりする現象である．彼らは，ニッケルの薄い結晶（金属箔）に電子ビーム（電子線）を照射し，高速で直進する電子がニッケル箔を通過すると回折して進行方向が少し変わり，回折した電子ビームが互いに干渉することを発見した．この実験結果は，電磁波の X 線を金属箔に照射した場合と同じであったことから，運動する電子が波に特徴的な性質，すなわち，波動性をもつことを明示する直接的な証拠であり，ド・ブロイの予測は的中したのである．

デビッソンとジャーマーは 1925 年頃に電子回折を発見して 1927 年に発表した．少し遅れて同じ 1927 年にトムソン（G. P. Thomson，電子の発見者 J. J. Thomson の子息）が金箔を用いた結果を発表し，翌 1928 年に菊池正士が雲母の薄片を用いた結果を発表した．

運動する電子が波動性をもつことが確実になると，それまで質量をもつ物体の運動として説明されていた原子中の電子の運動は波で表現されることになり，粒子の電子が原子核の周囲を回る原子模型は大きく改められた．

次節では，波で描き換えられた原子の電子構造を概観する．

原子の電子構造は，原子核の構造（p.3）が解明される前に明らかになった．

2.3　シュレディンガー方程式とその解

本章 1 節のボーアの水素原子模型（これ以降は「ボーア模型」という）は，水素原子の発光スペクトルの説明に成功したが，2 個以上の電子をもつ多電子原子の発光スペクトルは説明できなかった．1926 年，シュレディンガー（Schrödinger）はド・ブロイの電子の波動性の予測を取り入れて，ボーア模型の粒子としての電子の円運動を，3 次元の波の運動（波動）で表現した．この理論は量子力学の飛躍的発展の端緒を開き，原子中の電子の波動力学（wave mechanics）といわれるようになった．本節では，波で描かれた原子中の電子の描像を，ボーア模型と対比させながら眺めてみる．はじめに，電子の粒子性を波動性に置き換えた物理学の基礎方程式と解について紹介するが，その導出や解法，解の物理学的な意味の理解には，高度な数学と物理学の知識が必要なため，本節ではその概観を述べることにする．

シュレディンガーは 3 次元の定常波を用いた．
1 次元の定常波のイメージは，本章末の**付録 2.1**（7）（p.89）を参照．

ボーア模型と少し詳しく比較する場合は，本章末の**付録 2.4**（p.95）を参照．

シュレディンガーは式（2-6）のような，水素原子中の電子の，3 次元の波動方程式（wave equation）を導き出した．この式をシュレディンガー方程式という．多電子原子の発光スペクトルは，式（2-6）を解いて得られた答え（解）を基に説明された．

式（2-6）の導出や解法などの概要を知りたい場合は，本書の姉妹書『基幹教育シリーズ化学　基礎化学結合論』などの専門性がやや高い書籍を参照していただきたい．

$$\left(\frac{\partial^2}{\partial x^2}+\frac{\partial^2}{\partial y^2}+\frac{\partial^2}{\partial z^2}\right)\Psi+\frac{8\pi^2 m}{h^2}(E-V)\Psi=0 \qquad (2\text{-}6)$$

この式の左辺第1項の括弧内は，偏微分という数学操作の記号（ラプラシアンといわれる微分演算子）であり，第2項中の h はプランク定数，V は電子のポテンシャルエネルギー（位置エネルギー），E は水素原子中の電子がもっているすべてのエネルギー（全エネルギー）である．Ψ は電子の波動を表す**波動関数**（wave function）という（振幅を表す古典力学（波動力学）の関数）．量子力学では，電子のような極微な粒子の波としての運動（波動）を，関数で表現するのである．

ボーア模型では，量子化された電子の，物理量の1組の固有値（p.39）は，量子数 n の値によって同時に値が決まる円軌道半径 $n^2 a_0$ と，全エネルギーのエネルギー固有値（energy eigenvalue）であった．式（2-6）の解は，同時に求まる電子の波動関数 Ψ とエネルギー固有値 E の1組である．ところが，Ψ は1つの値が決まる物理量ではなく，原子中の電子の波動を表す関数であるため，ある1つの E と組を作る波動関数 Ψ を，そのエネルギーをもっている電子の**固有関数**（eigenfunction）という．

式（2-6）の解のエネルギー固有値 E は，ボーア模型における電子の全エネルギーと同じである．E は量子数 n で量子化されたとびとびの値をもち，次の式（2-7）のような一般式で表される．

$$E_n=-\frac{m_e e^4}{8\varepsilon_0{}^2 h^2 n^2} \quad (n=1,\ 2,\ 3,\ \cdots,\ \infty) \qquad (2\text{-}7)$$

m_e と e は，それぞれ電子の質量と電気量（電気素量），ε_0 は真空の誘電率，h はプランク定数，n はボーア模型で用いられた量子数である．

もう1つの解の Ψ も量子化されており，Ψ_n（$n=1,\ 2,\ 3,\ \cdots,\ \infty$）と書き表すことができる．エネルギー固有値 E_n と固有関数 Ψ_n の組は，たとえば，$n=1$ の場合は E_1 と Ψ_1 である．E_n と Ψ_n の組は，ボーア模型と同様に無数にある．

式（2-6）の解の E_n は量子数 n で決まるが，Ψ_n は3次元の波動であるため，もう2種類の量子数によって量子化されている．なお，この電子の波動関数 Ψ を英語で orbital（オービタル）というが，一般に，日本語でオービタルを「軌道」といっているので，これ以降は Ψ を原子の**電子軌道**（electron orbital）といい，しばしば軌道ともいう．また，Ψ は**原子軌道**（atomic orbital）ともいわれる．

シュレディンガー方程式は，古典力学の物体の運動エネルギーを表す運動方程式 $E=\dfrac{1}{2}mv^2$ と並ぶ，現代物理学の基礎方程式の1つである．

式（2-6）の V は付録 **2.4** の式（2A4-3）右辺第2項の $e^2/4\pi\varepsilon_0 r$ と同じであり，E は左辺の E と同じである．

式（2-6）は振幅を表す古典力学（波動力学）の波動関数から導かれた．1次元の波の波動関数 Ψ の基本形を**付録 2.1**（3）（p.82）に記した．

式（2-6）の解法はいくつか知られているが，いずれも高度な数学が使用され，さらに，物理学上の仮定もいくつか含まれている．

式（2-7）は，本章末の**付録 2.4** の，ボーア模型の E_n を表す式（2A4-8）（p.96）と同じである．

m_e, e, ε_0, h の値は，**巻末付録の付表 8**（p.220）を参照．

真空の誘電率 ε_0 の簡単な説明を**付録 2.2**（p.92）中に記している．

形容詞の orbital の和訳は「軌道の」であるが，電子の軌道のような波動関数 Ψ の名称として使用されている．

本書では，主に原子の「電子軌道」と「軌道」を用いるが，次の第3章では「原子軌道」も用いる．

次に，n を含む3種類の量子数の名称と記号，取りうる整数値，および，それぞれの量子数の値が示す事象について述べる．

主量子数（principal quantum number）（記号 n）

n の値は1から ∞ までの整数（$n = 1, 2, 3, \cdots, \infty$）．
ボーア模型の量子数 n である．電子軌道の広がりの大きさを示し，n の値が大きいほど軌道の広がりは大きい．

方位量子数（azimuthal quantum number）（記号 l）

l の値は0から $n-1$ までの整数（$l = 0, 1, 2, \cdots, n-1$）．
l の値は n の値から生じ，それぞれの値は軌道の広がりの形を示す．$l = 0$ の軌道のみ球状（球対称）であり，その他の値の軌道はそれぞれ別の形をもつ．

ゾマーフェルトは，方位量子数と磁気量子数の概念を取り入れた，3次元の原子模型を考案した（p. 45 を参照）．

磁気量子数（magnetic quantum number）（記号 m_l）

m_l の値は0を含む $-l$ から l までの整数（$m_l = -l, \cdots, -1, 0, 1, \cdots, l$）．
m_l の値は l の値から生じ，軌道の広がりの方向を示す．

磁気量子数 m_l は，原子を磁界（磁場）の中に置いたときに，そのエネルギーが磁場の方向によって変化する現象から導き出された．

以上に述べたように，3種類の量子数 n, l, m_l は，この順序の階層構造をもつので，電子の波動関数の記号 Ψ_n を，Ψ_{n,l,m_l} と書き直すことにする．Ψ_{n,l,m_l} は，3種類の量子数が，ある整数値の組み合わせをとる場合のみ，式（2-6）の解としてエネルギー固有値 E_n と同時に求まるのである．

それぞれの Ψ_{n,l,m_l} には，3種類の量子数に基づいた軌道の記号が与えられている．その1つは，方位量子数 l の値により，$l = 0$ が s，$l = 1$ が p，$l = 2$ が d，$l = 3$ が f と決められている．これらの記号の前に主量子数 n の値を付けて，軌道の記号および呼称（名前）とする．たとえば，$n = 1$，$l = 0$ の軌道の記号は 1s，名前は 1s 軌道であり，$n = 2$，$l = 1$ の軌道の記号は 2p，名前は 2p 軌道である．

図 2-3-1 に，$n = 1, 2, 3$ の場合の n, l, m_l の値の組み合わせの階層構造と，それぞれの組み合わせで決まる軌道の記号と個数，名前を示す．なお，これ以降は n, l, m_l の値の組み合わせを（n, l, m_l）と書き表す．

3種類の量子数の，整数値以外の値を用いて式（2-6）の解を求める理論計算を行うと，発散して収束しないので解が得られない．この結果は電子の波動関数 Ψ_{n,l,m_l} が量子化されている証拠でもある．

s, p, d, f は，それぞれ原子の個々の線スペクトル（輝線）の状態（輝き具合）を表す sharp, principal, diffuse, fundamental の頭文字に由来する．
$n = 5$ の場合に生じる $l = 4$ の軌道の記号は g，$n = 6$ の場合に生じる $l = 5$ の軌道の記号は h であるが，電子基底状態で g 軌道や h 軌道に電子が存在する原子は，少なくとも地球上では発見されてないので，本書では触れない．

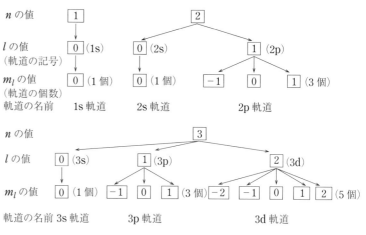

図 2-3-1. $n = 1, 2, 3$ の場合の，量子数 n, l, m_l の組み合わせの階層構造と軌道の記号，個数，名前．上図は $n = 1$ と 2 の場合．下図は $n = 3$ の場合．

周期表に記載されているローレンシウム（Lr）までの元素は，原子の電子基底状態で 5f 軌道まで電子が存在するものである（本章の 6 節 4 項までを学んだのちに **付録 2.11**（p. 106）を参照するとよい）．

この図より，方位量子数 l の値が同じ軌道が，m_l の値の個数分存在することがわかる．すなわち，主量子数 n の値にかかわらず s 軌道は 1 つ存在し，p 軌道は 3 つ，d 軌道は 5 つ存在する．なお，f 軌道は 7 つ存在する．

主量子数 n の値が同じ軌道は，組み合わせ (n, l, m_l) の数の n^2 個存在する（これを電子軌道の n^2 則という）．

$n = 1$ の場合は (n, l, m_l) が $(1, 0, 0)$ の 1 通りだけなので，1s 軌道は 1 つだけ存在する．$n = 2$ の場合は $(2, 0, 0)$ の 2s 軌道が 1 つと，$(2, 1, -1)$，$(2, 1, 0)$，$(2, 1, 1)$ の 2p 軌道が 3 つの，計 4 つの軌道が存在する．$n = 3$ の場合は 9 通りの (n, l, m_l) があり，3s 軌道 1 つ，3p 軌道 3 つ，3d 軌道 5 つの，計 9 つの軌道が存在する．図に記載されてない $n = 4$ の場合は 16 通りの (n, l, m_l) があり，4s 軌道 1 つ，4p 軌道 3 つ，4d 軌道 5 つ，4f 軌道が 7 つの，計 16 の軌道が存在する．

5 つの d 軌道と 7 つの f 軌道には，方向の他に形も異なる軌道がある．これらの軌道の記号の，下つき添え字の意味と決め方の理解には，やや高度な数学の知識が必要である．知りたい場合は，専門的な化学結合論などの教科書を参照していただきたい．

n と l の値が同じ 3 つの p 軌道，5 つの d 軌道，7 つの f 軌道には，それぞれ磁気量子数 m_l の値に基づいて，たとえば $2p_x$ のように，軌道の記号のあとに x, y, z を用いた下つき添え字の記号が付けられる．この添え字は，m_l の値が異なるために，それぞれ方向（方位）が異なる複数の，n と l の値が同じ軌道を区別する記号である（軌道の形や方向は次節 2.4 で述べる）．たとえば，3 つの p 軌道は np_x，np_y，np_z と書き表して区別する．d 軌道や f 軌道では，添え字の記号はやや複雑である．

表 2-1 に，$n = 1, 2, 3$ の場合の (n, l, m_l) と軌道の記号などを

まとめた．この表では，主量子数 n に対応する電子殻の記号と，のちの6節で述べる，各軌道が収容できる電子の最大数も記している．

原子中の電子の量子数にはもう1つ，本章の5節で述べるスピン量子数がある．原子中の電子の波動とエネルギーは，4種類の量子数によって記述される．

表2-1. $n = 1, 2, 3$ の場合の n, l, m_l の組み合わせと原子の電子軌道の記号．

主量子数 n	電子殻	方位量子数 l	軌道の記号（収容電子数）	磁気量子数 m_l	方位を表す軌道の記号
1	K	0	1s (2)	0	1s
2	L	0	2s (2)	0	2s
		1	2p (6)	0	$2p_z$
				$+1, -1$	$2p_x, 2p_y$
3	M	0	3s (2)	0	3s
		1	3p (6)	0	$3p_z$
				$+1, -1$	$3p_x, 3p_y$
		2	3d (10)	0	$3d_{z^2}$
				$+1, -1$	$3d_{xz}, 3d_{yz}$
				$+2, -2$	$3d_{xy}, 3d_{x^2-y^2}$

m_l の値と軌道の記号の間の関係は単純ではない．たとえば，2p軌道では $m_l = 1$ と $m_l = -1$ が，それぞれそのまま $2p_x$ と $2p_y$ に対応するのではない．式 (2-6) の解の波動関数は，実数だけの関数（実関数）の他に虚数単位の i を含む関数（虚関数）として得られるものがある（m_l がゼロ以外の値の波動関数は虚関数である）．一般に用いられる波動関数は，これらの関数を結合させるなどの数学的処理を施して，虚関数を実関数に変換したものである．したがって，**図2-3-1** と**表2-1** では m_l の個数と軌道の個数のみが対応しているだけである．

表2-1 より，高等学校化学で学ぶ電子殻のK殻は，1つの1s軌道だけで構成され，L殻は1つの2s軌道と3つの2p軌道から，M殻は1つの3s軌道，3つの3p軌道，5つの3d軌道から構成され，それぞれの電子殻は電子を2個，8個，18個まで収容できることがわかる．なお，表に記載されてない主量子数 $n = 4$ のN殻が32個まで電子を収容できる理由は，$n = 4$ で生じる7つのf軌道が，計14個まで電子を収容できることから容易に説明できる．

本章末の**付録2.7**に，水素原子の1個の電子の1s軌道，2s軌道，3つの2p軌道の数式による波動関数 Ψ_{n,l,m_l} の表現の例を示した．

式 (2-6) のシュレディンガー方程式は，水素原子のような電子が1個だけの場合のみ完璧に解くことができる（厳密な解が得られる）．ところが，多電子原子のように2個以上の電子をもつ場合は，物理学上の制約によって厳密な解が得られないので，物理学的に妥当と考えられる近似（approximation）的手法から解が求められている．この近似解の波動関数とエネルギー固有値は，すべての多電子原子の電子構造を説明する描像を与えた．

波動関数 Ψ_{n,l,m_l} は，電子が波として運動する原子核の周囲の空間を表していると考えることができる．次節では，電子軌道の波動

量子力学では，1個の電子と1個の原子核からなるような，2個の物体（二体）間の問題（相互作用）は厳密に説明できるが，3個以上の物体間の相互作用は厳密に説明できない．これを物理学の多体問題という．

多電子原子のシュレディンガー方程式の近似的解法はいくつかあり，主に量子化学（quantum chemistry）という分野で研究され，開発されている．

関数によって表される空間と，その解釈について述べる．

2.4 電子の存在確率と電子軌道の表現

シュレディンガーは，原子中の電子の波動関数 Ψ_{n,l,m_l}（以降は Ψ と書く）の物理的な意味を述べなかった．ボルン（Born）は 1927 年に，波動関数の 2 乗（Ψ^2）が，原子核を中心とする空間の，ある領域に電子が存在する確率を表すという解釈を提案した．これはボルンの確率解釈といわれ，同年にハイゼンベルグが提案した不確定性原理（p.46）に基づいている．この原理の要約は，「原子中で原子核の周囲を運動する極微な粒子の電子の位置と速度を，同時に正確に決めることは不可能」である．ボルンは，Ψ で表された原子中の電子の運動について知ることができるものは，原子核が中心の空間の，ある位置に電子が存在する確率であると考えて，Ψ^2 が，その空間に電子が存在する確率の分布（probability distribution）を表すと大胆に解釈（仮定）したのである．この Ψ^2 を**確率密度関数**（probability density function）という．次に，確率解釈の要点を述べる．

原子中の，微小な体積 ΔV の空間の中に電子を見いだす確率（電子の存在確率）を $\Psi^2 \Delta V$ であるとし，Ψ^2 を全空間にわたって積分すると，その値は式（2-8）のように 1 になる（1 は確率 100 %）．

$$\int \Psi^2 dV = 1 \tag{2-8}$$

次に，水素原子の 1s 軌道に存在する 1 個の電子の存在確率を考えてみる．

1s 軌道の電子の波動関数 Ψ_{1s} は，次の式（2-9）のように書き表される．

$$\Psi_{1s} = \frac{1}{\sqrt{\pi}} \left(\frac{1}{a_0} \right)^{\frac{3}{2}} \exp\left(-\frac{r}{a_0} \right) \tag{2-9}$$

a_0 はボーア模型のボーア半径（$a_0 = 52.9\ \text{pm}$（p.39））であり，r は原子核の中心を原点とした，電子の原点からの距離である．なお，Ψ_{1s} の 3 次元のグラフを描くと，のちの**図 2-4-2** に示すような球状になる（1s 軌道は原点を介した球対称の電子軌道である）．

式（2-9）の Ψ_{1s} は変数が距離 r だけの関数である．ここで，電子が運動する空間を球状として，半径 r の球の表面に対して厚さ Δr の，きわめて薄い球状の殻（球殻）を考えると，原点からの距離が r と $(r+\Delta r)$ の間の球殻の中に電子を見いだす確率は，球殻の体積 $4\pi r^2 \Delta r$ に確率密度関数 $\Psi_{1s}{}^2$ を乗じた $4\pi r^2 \Delta r \Psi_{1s}{}^2$ になる．この

波動関数は波の振幅を表す関数である（p.48 の脇注を参照）．シュレディンガーは，電子の波動関数の物理的な意味を説明できなかったといわれる．その意味づけは当時の理論物理学者の間で真剣に議論され，Ψ^2 の解釈についても激しく議論された．なお，確率解釈に疑問をもったアインシュタインは「神はサイコロを振らない」といった．

本来は，Ψ^2 は絶対値 $|\Psi^2|$ と書き表される．p.51 の脇注に述べたように，式（2-6）の解の Ψ の中には虚関数がある．数学では虚関数の Ψ の 2 乗は，その複素共役関数 Ψ^* との積 $\Psi\Psi^*$ であり，$\Psi\Psi^*$ の値は負である．ある空間に物体を見いだす確率は実数の正の値でなければならないので，本来は $|\Psi^2|$ であるが，本書では単純化のため Ψ^2 を用いる．

数学では，確率密度関数は，確率分布関数を 1 つの変数で 1 回（一階）微分した導関数である．

球殻の厚さ Δr は無視できるほど薄いと仮定する．

本文中の球殻の体積 $4\pi r^2 \Delta r$ は，$\frac{4}{3}\pi(r+\Delta r)^3 - \frac{4}{3}\pi r^3 = 4\pi r^2 \Delta r + 4\pi r (\Delta r)^2 + 4\pi (\Delta r)^3$ の右辺第 2 項と 3 項の $(\Delta r)^2$ と $(\Delta r)^3$ が，きわめて値が小さいので無視されて残った第 1 項である．

$4\pi r^2 \Psi^2$ を**動径分布関数**（radial distribution function）という.

図 **2-4-1** は，水素原子の
1s軌道に存在する電子の動
径分布関数 $4\pi r^2 \Psi_{1s}^2$ のグラ
フである．なお，これ以降は
1s軌道に存在する電子を1s
電子という.

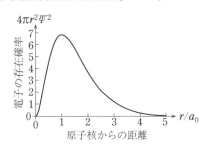

図 2-4-1. 水素原子の1s電子の動径分布関数の2次元グラフ表示.

図の横軸の目盛の値は，原
子核の中心（原点）からの電
子の距離 r をボーア半径 a_0
（52.9 pm）で割ったものであり，電子の存在確率の高低を把握する
ために付けられた任意の値と考えればよい．動径分布関数の値は，
原点の座標の原点の，原子核の中心はゼロであるが，そのすぐ近傍
では値が生じて，ボーア半径 a_0 の球殻上で最大値をとり，その球
殻から遠ざかるにつれて徐々に低くなる.

このグラフから，水素原子の1s電子は，主にボーア半径に等し
い半径 a_0 の球殻上とその近傍の空間を運動していること，および，
きわめて希に，原子核に近づいてその表面に接触したり，原子核か
らかなり遠く離れた空間をも運動していることが示唆される.

1s電子が存在する空間の1s軌道は，ある大きさをもった球で表
現される．その表現には，電子の存在確率を表す確率密度関数 Ψ^2
の3次元グラフが用いられる．図 **2-4-2** に，球対称の水素原子の
1s軌道と2s軌道の，Ψ^2 の3次元グラフを示す．白抜きの球の図
は，軌道の形と大きさを表す球面表示である．点描画の図（ドット
(dot)図）は，点の濃淡で Ψ^2 の値の大小を示す表示法であり，点
の密度が高く，濃く見える領域ほど電子の Ψ^2 の値が高い.

本章末の**付録 2.8**（p.102）に，水素原子
の1s電子の波動関数と確率密度関数，
動径分布関数の2次元グラフをまとめた
図を載せた.

1s電子は，ボーア模型における量子数
$n=1$ の円軌道に存在する水素原子の電
子基底状態の電子である（本章1節の図
2-1-4（p.43）を参照）.

波動関数 Ψ の値は，原子核からの電子
の距離 r が ∞ でもゼロではなく，きわめ
て小さい値を持つので，確率密度関数
Ψ^2 と動径分布関数 $4\pi r^2 \Psi^2$ の値も，r
が ∞ でもゼロではない．これは理論上，
電子が原子核から宇宙の果てまで無限遠
に離れても，原子核の正電荷にきわめて
弱く束縛されることになる.

数学を用いた理論では，しばしば現実と
はかけ離れた状況が含まれることがある．
同様な例は，第1章2節の，放射性核種
の半減期の理論式（1-4）である（p.11）.

図 **2-4-2** の1s軌道と2s軌道の Ψ^2 の
球面表示は，Ψ^2 の値が等しい面（等値
面）を表したものである．s軌道の Ψ^2
の等値面の形は原子核が中心の球である
が，次の図 **2-4-3**（p.54）に示すp軌道
やd軌道の Ψ^2 の等値面は，涙滴やどん
ぐりのような曲面をもつ突起物の2つ
が，それぞれの突端でつながった形であ
る．本書では，このような等値面の表示
を「曲面表示」ということにする.

前の脇注で述べたように，Ψ^2 の値は理
論上，電子が原子核から無限遠に離れて
もゼロではない．この状況は，現実的な
化学の物質観とはかけ離れているので，
通常は，量子力学の理論の厳密さを重視
して，電子の存在確率である Ψ^2 の値
がきわめて小さい領域（空間）までも考
慮する必要はない.

化学では，簡略化した軌道の絵（図）を
用いることが多く，特に，s軌道の球面
表示を含む Ψ^2 の曲面表示は，各軌道
の大まかな形や大きさを容易にすばやく
表現できるので，よく用いられている.

Ψ^2 の球面表示や曲面表示は，式（2-8）
の電子の存在確率の積分値が，たとえば
0.9（90%）になるまでの空間を囲んだ
ものと考えればよい.

ドット図は，電子の存在確率 Ψ^2 の値
の高低を，黒点の描画の密度で表現して
いることから，Ψ^2 やその値は電子密度
（electron density）や電子の確率密度と
いわれている.

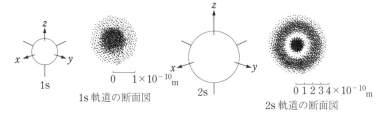

図 2-4-2. 確率密度関数 Ψ^2 の3次元グラフの球面表示と点描画（ドット図）に
よる水素原子の1s軌道（左）と2s軌道（右）の表現.

水素原子の2s電子は電子励起状態の電子である（本章1節の**図2-1-4**（p.43）を参照）。

電子軌道のサイズは、水素原子の場合のみ主量子数nの2乗（n^2）倍に大きくなってゆくが、多電子原子の場合はn^2倍ではなく、そのサイズの増大の説明はやや複雑である。本章6節4項の、核電荷の遮蔽（p.74）が関係する。

2s電子が見いだされる空間は、1s電子よりも大きな球で表される（2s軌道は1s軌道よりも大きい）。

確率密度関数Ψ^2の3次元グラフの形状は電子軌道の形とみなされており、球などの立体図形による表示や、点描画のドット図のような電子軌道のΨ^2のグラフを化学では**電子雲**（electron cloud）といっている。初学者は、電子雲の大きさと形を、原子中の電子が運動する主要な空間の大きさと形であるとみなしてよい。これ以降は、Ψ^2のグラフの形を、軌道の電子雲の形や、電子軌道の形ということにする。

図2-4-3に、水素原子の1s軌道、2s軌道と3つの2p軌道、5つの3d軌道の電子雲を示す。この図では、立体感を出すために、1s軌道と2s軌道の球面と2p軌道と3d軌道の曲面に濃淡のグラデーションをつけている。

図2-4-3には、3s軌道と3p軌道の電子雲は描かれていない。
主量子数の値が大きくなるほど軌道の広がりは大きくなるとともに、軌道の「くびれ」の数が増えるので、s軌道以外は形がやや異なってくる。たとえば、2p軌道と3p軌道は、それぞれの3つの軌道の方向と大まかな形は変わらないが、3p軌道の方が大きく、くびれの数も多い。
軌道のくびれは、本章末の**付録2.1**（3）（p.82）に述べている波の「節」である。波の節は振幅がゼロの場所であり、この場所では電子の波動関数Ψも存在確率を表す確率密度関数のΨ^2もゼロになる。したがって、理論上は節には電子が存在しないことになるが、粒子である電子の運動は波動なので、波として振幅がゼロになる節を通過すると考えればよい。

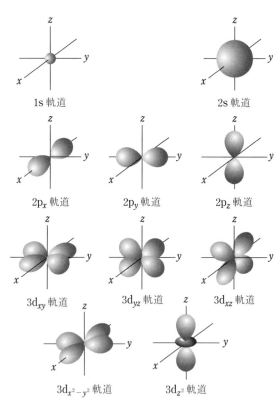

図2-4-3. 水素原子の1s軌道、2s軌道、3つの2p軌道、5つの3d軌道の電子雲の形と軌道の記号。

p軌道やd軌道は電子雲の形が球状ではない。また、前節で述べたように（p.51）、これらの軌道には、m_lの値が異なるので、それ

ぞれ方向（方位）が異なる軌道が複数存在する．したがって，電子軌道を表す場合は，その方位を考慮する必要がある．軌道の方位は，図 2-4-3 中の s 軌道の電子雲に記したように，原子核の中心が原点の直交座標を用いて示す．

多電子原子の電子軌道の記号と形は，これまで述べてきた水素原子と同じである．原子の電子軌道の形や大きさ，方位は，第 3 章で述べる原子間の化学結合（特に共有結合と配位結合）の形成や，化学反応の機構の解釈や説明に用いられる重要な要素である．

本節では，3 種類の量子数で決まる原子中の電子の波動関数 Ψ と，Ψ が表す電子軌道の描像を述べたが，原子中の電子は，次節で述べるもう 1 つの量子数をもっている．

本書の第 3 章で学ぶ化学結合は，結合を形成する原子の電子軌道を用いて解説され，化学結合（特に共有結合）の形成については，図 2-4-3 の 1s 軌道，2s 軌道，$2p_x$，$2p_y$，$2p_z$ の 3 つの 2p 軌道の電子雲の形（各 2p 軌道の電子雲の向き（方位）を含む）を記憶しておくと理解しやすい．履修者の皆さんには，これら 5 つの軌道の，電子雲のおよその形を手描きで描くことができるようになっておいていただきたい．

2.5 電子スピン

1922 年，シュテルン（Stern）とゲルラッハ（Gerlach）は，平行に置いた長い N 極と S 極をもつ磁石の一方の端を開き気味にし，両極の間に銀の原子のビームを通すと，N 極の方に曲がるビームと S 極の方に曲がるビームがあることを発見した．水素原子などの原子ビームも同じ結果であった．この実験結果の説明に取り組んだハウトスミット（Goudsmit）とウーレンベック（Uhlenbeck）は 1925 年に，原子中の電子は自転しながら運動しており，量子化された 2 つの方向の自転のみが許されるという考え方を提案した．すなわち，原子中の 1 個の電子は，地球が地軸を中心に自転（rotation）するように，どちらか一方の方向にくるくる回って，スピン（spin）していると考えるのである．この概念を**電子スピン**（electron spin）という．

電子スピンには，記号 s で表される**スピン量子数**（spin quantum number）という量子数が与えられたが，s の値は半整数の 1/2 だけである．これでは 2 つのスピンの方向を説明できないが，s には記号 m_s で表されるスピン磁気量子数（spin magnetic quantum number）がある．m_s は，電子軌道の方位量子数 l に対する磁気量子数 m_l に相当する．量子数の刻みは 1 でなければならないので，m_s の値は 1/2 と $-1/2$ の 2 つだけである（$m_s = -s, s$）．したがって，電子スピンの 2 つの方向は $m_s = 1/2$ と $m_s = -1/2$ を用いて区別される．なお，電子スピンの区別には m_s の値を用いるので，習慣的に m_s をスピン量子数といっている．本書も，これ以降は m_s をスピン量子数ということにする．

長い棒状の N 極と S 極を平行に置くと両極の間隔はどこでも同じなので，それらの間の磁力（磁場）の強さはどこも同じである（均一磁場）．棒状の両極の，一方の端の間隔を少し開くと，それらの間の磁場の強さはどこも不均一になる（不均一磁場）．

物質がもつ磁石の性質を磁性（magnetism）という．磁性の簡単な概説が，第 3 章の章末付録 3.4（p. 176）に記されている．

電子スピンの概念は，シュレディンガーが波動力学による原子の電子構造の説明を発表する前に提唱されていた．ハウトスミットとウーレンベックは，電子スピンの概念を用いて，ボーア模型を基本とする当時の原子模型では説明できなかったナトリウム原子の発光スペクトルの，D 線という黄橙色の光の線スペクトルが，わずかなエネルギー差の 589.6 nm（D1 線）と 589.0 nm（D2 線）の 2 本の線に分裂する理由を説明した．

原子中の電子の波動関数 Ψ には，のちにスピン関数というスピン量子数を含む関数が付け加えられ，原子中の電子の運動は本章3節で述べた3種類の量子数 n，l，m_l とスピン量子数 m_s の，4種類の量子数によって記述されることになった．

スピン量子数 m_s の値 1/2 と $-1/2$ には，それぞれ α スピンと β スピンという名前が付けられている．次節の 2.6.3（p.58）で述べる，電子軌道のエネルギー準位図を用いた原子の電子配置の表現では，$m_s = 1/2$ の α スピンをもつ電子を上向き矢印の↑，$m_s = -1/2$ の β スピンをもつ電子を下向き矢印の↓で書き表して区別している．

電子スピンを理解するには，電気と磁気の関係を説明する電磁気学の知識が必要である．少し深く理解したい場合は，本章末の**付録2.9**（p.103）を参照していただきたい．

> 電子スピンの解釈には，スピノール（spinor）という数学が用いられた．「スピン」は，この数学の名称に由来するといわれる．

2.6　原子の電子配置と周期表

2.6.1　電子軌道のエネルギー準位

電子軌道を用いる原子の**電子配置**（electronic configuration）の表現は，軌道のエネルギー準位図を描くことから始める．電子軌道のエネルギー準位図は，本章1節で述べたボーア模型の場合の**図2-1-4**（p.43）と**図2-1-5**（p.44）と同様であるが，軌道の種類も数も多くなる．

図2-6-1 は，電子が1個だけの水素原子と，電子を2個以上もつヘリウム以降の多電子原子の電子軌道のエネルギー準位図である．

図より，水素原子と多電子原子では，エネルギー準位の高低の順序が異なる電子軌道があることがわかる．水素原子では，主量子数 n の値が同じ電子軌道は，方位量子数 l の値が異なってもエネルギー準位は同じであるが，多電子原子の場合は，l の値が異なる軌道のエネルギー準位に高低の差がある．これは，原子中の電子が2個以上になると，それらの電子どうしが相互作用するためである（主に静電反発）．

図2-6-2 に，原子の原子番号と各電子軌道のエネルギー準位との関係を示す．

図より，原子番号が大きくなって原子の電子数が増えるにつれて，各電子軌道のエネルギー準位が低下してゆく明確な傾向が認められるが，すべての軌道のエネルギー準位が一様に低下するのでは

(a)   (b)

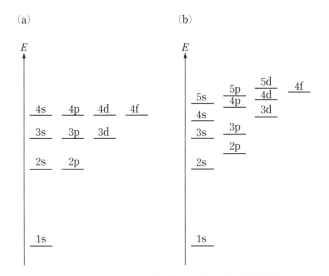

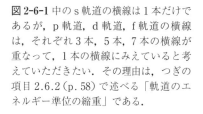

図 2-6-1 中の s 軌道の横線は 1 本だけであるが，p 軌道，d 軌道，f 軌道の横線は，それぞれ 3 本，5 本，7 本の横線が重なって，1 本の横線にみえていると考えていただきたい．その理由は，つぎの項目 2.6.2（p.58）で述べる「軌道のエネルギー準位の縮重」である．

図 2-6-1. (a) 水素原子の電子軌道のエネルギー準位図と，(b) 多電子原子のエネルギー準位図の例．
いずれも縦軸のエネルギーの目盛がない定性的な図である．

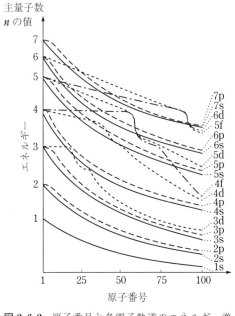

図 2-6-2 では，原子の種類（元素）によって，それぞれの軌道のエネルギー準位の高低が少し異なることを知っていただきたい．

図 2-6-2. 原子番号と各電子軌道のエネルギー準位の関係．

なく，その高低が入れ換わっている部分がある．

多電子原子の電子軌道の，一般的なエネルギー準位の高低の順序は，次の式 (2-10) のようになる．

1s→2s→2p→3s→3p→4s→3d→4p→5s→

→4d→5p→6s→4f→5d→6p→7s→5f→6d→7p　　　(2-10)

この順序は，軌道のエネルギー準位図を描いて原子の電子配置を表現する場合に重要である．多電子原子の電子配置は，**図 2-6-1**（b）のそれぞれの軌道に電子を配置してゆくと表現できる．次の項目では，原子が最も安定な，電子基底状態の電子配置を表現する原理を紹介する．

2.6.2　電子配置の構成原理

図 2-6-1（b）の，多電子原子の電子軌道のエネルギー準位図に電子を記入して，原子の電子基底状態の電子配置を表現する原理がある．これを電子配置の**構成原理**（construction principle）や築き上げの原理（building-up principle）という．この原理は，次の（1）〜（3）の 3 つの規則からなっている．

（1）電子はエネルギー準位が低い軌道から順に配置されてゆく．

（2）電子は 1 つの電子軌道に 2 個まで配置されるが，1 つの軌道に電子が 2 個配置される場合は，互いにスピンの向きを逆にする．

　　この規則を**パウリの排他原理**（Pauli's exclusion principle）という．

（3）p 軌道，d 軌道，f 軌道には，エネルギー準位が同じ軌道がそれぞれ 3 つ，5 つ，7 つ存在する．複数の電子軌道のエネルギー準位が同じ場合は，それらの軌道のエネルギー準位は**縮重**（degenerate）しているという．縮重した複数の軌道に 2 個以上の電子が配置される場合は，スピンの向きが同じ電子の数が最大になるように配置される．

　　この規則を**フントの規則**（Hund's rule）という．フントの規則に従った電子配置は，複数の電子の間の静電反発が最も弱くなる状態である．スピンの向きによって電子のエネルギーはわずかに異なるので，エネルギーが低い方のスピンの電子を複数の軌道に 1 個ずつ配置すると，原子中のすべての電子のエネルギーの和が最も低い電子基底状態になる．なお，エネルギーが低い方の電子は $m_s = 1/2$（α スピン）（p.55）の電子とする．

2.6.3　原子の電子配置の構成

原子の電子配置を表すために用いる電子軌道のエネルギー準位図

本章末の**付録 2.10**（p.105）に，式（2-10）の順序を書き下す規則を記した．

式（2-10）の電子軌道のエネルギー準位の順序は，化学ではきわめて重要であり，本節の 4 項（p.63）で述べる周期表の元素の並び方を決める．

図 2-6-2 から読み取った順序とは部分的に一致しない元素もある．

電子配置の構成原理は原子の電子基底状態だけでなく，イオンや分子の電子基底状態の電子配置を構成する場合にも利用される重要な原理である．
分子の電子基底状態の電子配置の構成は，第 3 章（3.2.4（p.130））で述べる．

パウリ（Pauli）は 1925 年に排他原理を発見した．彼は，その前年にスピン量子数の存在を予測したが提案しなかった．

同時期に，フント（Hund）は原子の電子配置を決める 3 つの規則を発表している．一般に，フントの規則といっているものは，フントの第 1 則といわれる規則である．

主に静電反発に基づく複数の電子の間の相互作用を，電子間反発という．

は，式（2-10）（p.58）に従って描くが，**図2-6-1**（p.57）では，エネルギー準位が縮重しているので1本の横線で表されている3つのp軌道，5つのd軌道，7つのf軌道の3本，5本，7本の横線を，それぞれ同じ高さに横に並べて描く．なお，方位が異なる同種の軌道の横線は，エネルギー準位の縮重のために区別していない．次に，前節（p.55）で述べたように，電子スピンの向きを，$m_s = 1/2$の電子は上向き矢印↑，$m_s = -1/2$の電子は下向き矢印↓で表して区別し，電子配置の構成原理の3つの規則に従って各軌道のエネルギー準位の横線の上に，これらの矢印を記入して電子を配置してゆく．

　図2-6-3に，原子番号1の水素から10のネオンまでの原子の，電子配置の構成原理に従って描いた電子基底状態の電子配置を示す．図中のエネルギー準位図は，2p軌道までのエネルギー準位の高低の順を表すだけの定性的なものであり，電子配置のみを知るための図である．10種類の原子は原子番号順に，それと等しい数の電子が1s軌道，2s軌道，2p軌道の順に配置されてゆき，最後の希ガス元素のネオンで1s軌道から3つの2p軌道までの，すべての軌道が10個の電子で満たされる．

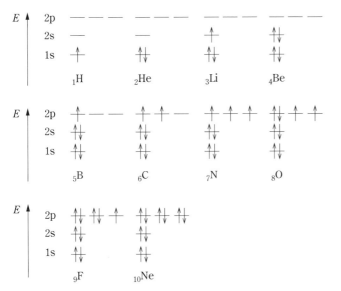

図2-6-3. 2p軌道までのエネルギー準位図を用いて表した，水素（H）からネオン（Ne）までの原子の電子基底状態の電子配置．

　図より，電子配置の構成原理の規則（1）に従い，周期表の第1周期の，原子番号1の水素（H）は，1s軌道に上向き矢印↑で表した

本書のエネルギー準位図を用いた電子配置の表現は，軌道のエネルギー準位を示す横線の上に，スピンの向きを矢印↑と↓で表した電子を描き込んで配置する様式である．他の教科書も本書と同じ様式か，類似の様式を用いて電子配置を表現している．

$m_s = 1/2$と$-1/2$の電子のわずかなエネルギー差は，それぞれのエネルギー準位の横線を引いて表現できるが，横線だけでこのわずかな差を表すよりは，電子を矢印で表す方が，個々の電子のスピンの向きと配置された軌道の両方が一目でわかるので，利便性は断然高い．

図2-6-3中の横線の1本は1つの軌道を表し，各横線の上下の位置は，各軌道のエネルギー準位の相対的な高低を表している．横線の位置が上にある軌道ほど，エネルギー準位は高い．

原子の電子基底状態の電子配置は，前述（p.54）した軌道の電子雲の形とともに，第3章で学ぶ化学結合の解釈を理解するために必須の基盤知識である．履修者の皆さんには，第3章を学ぶにあたり，**図2-6-3**のエネルギー準位図を用いて表した^{1}Hから^{10}Neまでの原子の電子配置，ならびに1s軌道，2s軌道，3つの2p軌道の電子雲の形（各2p軌道の電子雲の方位を含む）を描くことができるようになっておいていただきたい．

図2-6-3のような原子中の電子配置を表した定性的なエネルギー準位図を用いて，各原子の陽イオンと陰イオンの電子基底状態の電子配置も定性的に表すことができる（次節2.6.4で述べるイオン化エネルギーと電子親和力（p.66〜p.70），および2.6.4（p.76）のイオンの電子配置（p.76〜p.79）と関連する）．
たとえば，リチウムの1価陽イオンLi^+の電子配置は，2s軌道の1個の電子を取り去った図になり，フッ素の−1価陰イオンF^-の電子配置は，電子が1個だけ配置されている2p軌道に，さらに1個の電子をパウリの排他原理に従って下向き矢印↓で描き込んで配置した図になる．

電子軌道に電子を配置することを「充填する」ということもある．この言葉を用いる場合は，電子軌道に配置されている電子は「充填されている」という．

エネルギー準位が縮重した主量子数が同じ3つのp軌道，5つのd軌道，7つのf軌道に，それぞれ1個ずつ電子が存在し，各軌道の収容可能な電子数（最大電子数）の半数が配置された状況を，それらの軌道に電子が「半充填」されているということがある．また，p軌道，d軌道，f軌道が，それぞれ収容可能な最大電子数の6個，10個，14個の電子で完全に満たされた状況を，電子が「完全充填」されているということがある．

実際の原子の電子配置が，構成原理に従って表したものと少し異なる元素は，$_{24}$Cr，$_{29}$Cu，$_{41}$Nb，$_{42}$Mo，$_{44}$Ru，$_{45}$Rh，$_{46}$Pd，$_{47}$Ag，$_{57}$La，$_{58}$Ce，$_{64}$Gd，$_{78}$Pt，$_{79}$Au である．

まだ電子配置が確定してない元素がある．そのほとんどは放射性同位体のみが存在する放射性元素である（**付録 2.11**（p.106）を参照）．

電子が1個配置される．原子番号2のヘリウム（He）では，2個目の電子が規則（2）のパウリの排他原理に従って，先に配置された1個目の電子↑とはスピンの向きを逆にして，下向き矢印↓で配置され，1s軌道が2個の電子で満たされる．このような，1つの軌道に配置された2個の電子を**電子対**（electron pair）という．水素の1s軌道に配置された1個の電子のような，1つの軌道に1個だけ配置されて電子対を形成してない電子は**不対電子**（unpaired electron）という．

第2周期元素の電子を3個もつリチウム（Li）は，規則（1）と（2）に従って1s軌道に2個，2s軌道に1個電子が配置され，4個の電子をもつベリリウム（Be）は，Liと同じ順で2s軌道に2個まで電子が配置される．ホウ素（B）から，エネルギー準位が縮重した3つの2p軌道（$2p_x$，$2p_y$，$2p_z$）に電子が配置され始める．Bでは，↑で表した1個の電子が，3つの2p軌道のうちのどれか1つに配置される．次の炭素（C）では，電子配置の構成原理の，規則（3）のフントの規則に従って，↑で表した2個の電子が，3つの2p軌道のうちのどれか2つに1個ずつ配置される．窒素（N）も同様に，3つの2p軌道すべてに↑で表した3個の電子が1個ずつ配置される（電子基底状態のN原子は不対電子を3個もつ）．酸素（O）からは，↑の電子が1個ずつ配置された3つの2p軌道に，パウリの排他原理に従って↓の電子が配置されてゆき，フッ素（F）を経て，ネオン（Ne）で3つの2p軌道のすべてが電子（電子対）で満たされる．

このように，式（2-10）（p.58）に従って描いた軌道のエネルギー準位図に，電子配置の構成原理に従って電子を配置すれば，周期表のすべての元素の，電子基底状態の原子の電子配置を表すことができる．

本章末の**付録 2.11**（p.106）に，周期表の103種類の元素の，実際の電子配置を示した表を載せている．なお，構成原理に従って描いた電子配置と，実際の電子配置が少し異なる元素がある．この違いの理由の簡単な説明を，以下の，もう1つの電子配置の表現法の説明中に述べる．

文章中に原子の電子配置を書き表す場合は，本書では軌道の記号を両かっこでくくり，その右肩に配置されている電子数を記す様式を用いる．なお，この様式では，それぞれの電子のスピンは表現できない．次に，この様式の表記を用いて，周期表の第1周期から第

4周期までの元素の，原子の電子基底状態の電子配置の構成を眺めてみる．

第1周期元素のHの場合は$(1s)^1$と書き，1s軌道に1個電子が存在する電子基底状態の電子配置を示す．Heの場合は$(1s)^2$と書き，1s軌道に2個の電子が存在することを示す．

第2周期元素は，Liが$(1s)^2(2s)^1$，Beが$(1s)^2(2s)^2$，Bが$(1s)^2(2s)^2(2p)^1$と表される．Cは$(1s)^2(2s)^2(2p)^2$と表されるが，**図2-6-3**のエネルギー準位図で表したCの電子配置では，2個の電子がフントの規則に従って，3つの2p軌道のうち2つに1個ずつ配置されている．3つの2p軌道のエネルギー準位は縮重しているので，それぞれの軌道を区別することはできないが，より正確に表す場合は$(1s)^2(2s)^2(2p)^1(2p)^1$と書く．なお，電子が配置されてない軌道は，たとえば$(2p)^0$と書くことができるので，Cの電子配置を$(1s)^2(2s)^2(2p)^1(2p)^1(2p)^0$と表すこともある．Nは$(1s)^2(2s)^2(2p)^3$であるが，3つの2p軌道に1個ずつ電子が配置されているので$(1s)^2(2s)^2(2p_x)^1(2p_y)^1(2p_z)^1$と書くことができる．O，F，Neは，それぞれ$(1s)^2(2s)^2(2p)^4$，$(1s)^2(2s)^2(2p)^5$，$(1s)^2(2s)^2(2p)^6$となるが，Neの場合はNの場合と同様に$(1s)^2(2s)^2(2p_x)^2(2p_y)^2(2p_z)^2$と書くことができる．

これらの第2周期元素の電子配置の表現では，1s軌道に電子が2個配置されて満たされた$(1s)^2$を，第1周期のHeの電子配置を略記して[He]と書き表すことがある．たとえば，Liの電子配置は[He]$(2s)^1$と書く．1s軌道は電子殻のK殻（主量子数$n=1$の電子殻）を構成している．[He]はK殻が電子で満たされていることを示す表記法である．同様な理由で，第2周期の18族元素の，Neの電子配置も[Ne]と略記される．2s軌道と2p軌道はL殻（主量子数$n=2$の電子殻）を構成しているので，[Ne]はK殻とL殻が電子で満たされていることを示している．

第3周期元素の原子番号11のナトリウム（Na）から18のアルゴン（Ar）までの原子では，第2周期元素の場合と同様な過程で3s軌道，3p軌道に電子が配置されてゆく．Naの電子配置は$(1s)^2(2s)^2(2p)^6(3s)^1$であるが，Neの電子配置の略記[Ne]を用いて[Ne]$(3s)^1$と書くこともある．

第3周期の18族元素の，Arの電子配置の略記は[Ar]である．[Ar]は，K殻が2個，L殻が8個の電子で満たされ，電子を18個収容できるM殻（主量子数$n=3$の電子殻）の3s軌道と3p軌道が計8個の電子で満たされていることを示す．M殻の，電子を

水素から始まる周期表の各元素の，構成原理に従った原子の電子配置の構成順序が，次の項目の**図2-6-4**（p.63）にまとめられているので，この図を見たのちに，本文中の各元素の電子配置の説明を読むとよい．

Nの3つの2p軌道は電子が「半充填」されている．
Neの3つの2p軌道は電子が「完全充填」されている．
電子の「充填」の意味はp.60の脇注を参照．

10個まで収容できる5つの3d軌道には，次の第4周期で電子が配置されてゆく．

　第4周期元素の原子番号19のカリウム（K）からは，式（2-10）（p. 58）に従って，3d軌道ではなく，まず4s軌道に電子が配置される．Kの電子配置は[Ar](4s)^{1}であり，原子番号20のカルシウム（Ca）では[Ar](4s)^{2}となる．第4周期で初めて3族から12族までの元素が登場して，原子番号21のスカンジウム（Sc）から3d軌道への電子の配置が始まる．Scの電子配置は，軌道の主量子数の順に[Ar](3d)^1(4s)^{2}と表される．次のチタン（Ti）とバナジウム（V）は，それぞれ[Ar](3d)^2(4s)^{2}と[Ar](3d)^3(4s)^{2}である．次のクロム（Cr）の実際の電子配置は[Ar](3d)^5(4s)^{1}であり，構成原理に従って表した電子配置の[Ar](3d)^4(4s)^{2}とは少し異なる．原子番号25のマンガン（Mn）の電子配置は[Ar](3d)^5(4s)^{2}である．鉄（Fe），コバルト（Co），ニッケル（Ni）と3d軌道に電子が配置されてゆくが，原子番号29の銅（Cu）は実際の電子配置が[Ar](3d)^{10}(4s)^{1}であり，構成原理から表した[Ar](3d)^9(4s)^{2}とは少し異なる．12族元素の原子番号30の亜鉛（Zn）は[Ar](3d)^{10}(4s)^{2}である．原子番号31のガリウム（Ga）からは，第2，第3周期元素と同様な過程で4p軌道に電子が配置され，第4周期最後の，原子番号36のクリプトン（Kr）の電子配置は(1s)^2(2s)^2(2p)^6(3s)^2(3p)^6(3d)^{10}(4s)^2(4p)^{6}となる．Krは18族元素であり，その電子配置は[Kr]と略記されて第5周期元素の電子配置の表現に用いられる．[Kr]はK殻からM殻までが電子で満たされ，電子を32個収容できるN殻（主量子数$n = 4$の電子殻）の4s軌道と4p軌道が計8個の電子で満たされていることを表す．N殻の，電子を10個まで収容できる5つの4d軌道には，次の第5周期の3族元素イットリウム（Y）からカドミウム（Cd）にかけて電子が配置されてゆくが，電子を14個まで収容できる7つの4f軌道への電子の配置は，次の第6周期の3族元素まで待たねばならない．

　第5周期以降の電子配置は述べないが，第4周期と同様に電子が配置されてゆく．第6周期では，3族元素で4f軌道へ電子が配置され，第7周期も第6周期と同様に，3族元素から5f軌道へ電子が配置される．なお，第5周期以降の元素では，実際の原子の電子配置が，構成原理から表した電子配置とは少し異なる元素の数が増える．

以上に述べた各周期の元素の電子配置は，元素の分類や周期律を説明する．次の項目から，原子の電子基底状態の電子配置に基づいた元素の分類と，元素の性質の周期性（周期律）を紹介する．

2.6.4 電子配置と周期律

本書のおもて表紙見返しの周期表では，元素は18の族と7つの周期で分類されている．1族元素と2族元素，および，13族から18族までの族の1の位の数字は，高等学校化学で学ぶ電子殻の，最も外側の最外電子殻に配置されている電子の数と等しい．最外電子殻は最外殻と略称される．最外殻に配置されている電子は最外殻電子（peripheral electron）といわれる．原子の電子軌道のうち，最外殻の電子軌道を最外殻軌道という．周期の値は最外殻軌道の主量子数 n に対応する．最外殻電子は，化学結合の形成や化学反応が起こるときの主役となる原子価電子（valence electron）である．原子価電子は価電子と略称される．

下の**図2-6-4**は，元素の周期表の骨格図に，原子の電子配置の構成原理に従って電子軌道に電子が配置されてゆく順序を示したものである．

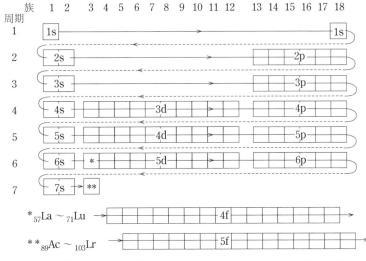

図2-6-4. 周期表に示した，原子の電子配置の構成原理に従った電子軌道への電子の配置の順序．原子番号104以降の元素は省略．

本書の周期表は，長周期型というものである．
短周期型という周期表があったが，長周期型の登場で用いられなくなった．

図2-6-4 の，第6周期と第7周期の3族元素のランタン（$_{57}$La）とアクチニウム（$_{89}$Ac）では，それぞれ5d軌道と6d軌道に電子が1個配置される．これらの原子の実際の電子配置も，それぞれ5d軌道と6d軌道に電子が1個配置されている（**付録2.11**（p.106）を参照）．

この図から，周期表は原子の電子配置に基づいて元素記号を並べたものであることがわかる．1族元素と2族元素は電子がs軌道に配置される．3族から12族までは電子がd軌道に配置され，13族

ランタノイドとアクチノイドは，それぞれの元素群の最初に現れる La と Ac に似た性質をもつ一群の元素という意味である．
これらの元素は，周期表の La と Ac のそれぞれの位置から垂直に描いて立体的に表すか，周期表の 3 族と 4 族の間の位置に 71 番のルテチウムまでを挿入して表す方が，より現実的であるが，平面の周期表では横に長くなり，みづらくなる．

から 18 族までは p 軌道に配置されてゆく．3 族元素のうち，第 6 周期の原子番号 57 のランタン（La）から，4f 軌道に電子が配置されてゆく 71 のルテチウム（Lu）までの 15 種類の元素と，5f 軌道に電子が配置されてゆく第 7 周期の，原子番号 89 のアクチニウム（Ac）から 103 のローレンシウム（Lr）までの 15 種類の元素は，周期表本体の外にまとめて示されている．第 6 周期の 3 族元素は**ランタノイド**（lanthanoids），第 7 周期の 3 族元素は**アクチノイド**（actinoids）といわれる．

図 2-6-4 のように，構成原理に従って電子が配置されてゆく軌道により，元素は次のように分類される．

s ブロック元素 　s 軌道に電子が配置されてゆく 1 族と 2 族の元素，およびヘリウム．

p ブロック元素 　p 軌道に電子が配置されてゆく 13 族から 18 族までの元素．

d ブロック元素 　d 軌道に電子が配置されてゆく 3 族から 12 族までの元素．

f ブロック元素 　f 軌道に電子が配置されてゆく 3 族の第 6 周期のランタノイドと第 7 周期のアクチノイド．

周期表の元素は，**典型元素**（typical element）と**遷移元素**（transition element）に大別されている．典型元素は，原子の d 軌道や f 軌道に電子が配置されてないか，あるいはそれらの軌道が電子で満たされている 1 族と 2 族の s ブロック元素と 13～18 族の p ブロック元素，および，d ブロック元素のうち 5 つの d 軌道が 10 個の電子で満たされた 12 族元素である．遷移元素は 3 族から 11 族までの d ブロック元素と，周期表本体の外に出された f ブロック元素のランタノイドとアクチノイドである．遷移元素の原子は，電子が満たされてない（不完全充填の）d 軌道や f 軌道をもつ．

周期表の 1 つの周期では，元素の族番号（原子番号）が 1 つ増えると原子の電子数が 1 個増えるために，元素の性質が変動してゆく．同じ族の元素（同族元素）は最外殻の電子数が同じであり，電子配置も似ているので性質が似ている．同一周期の元素（同周期元素）の，族番号の増大にともなう性質の系統的な変動と，周期が異なる同族元素の，性質の類似性の周期的なくり返しを，元素の**周期律**（periodic law）という．

周期律とは，周期表の全体を眺めた場合にみられる元素の性質などの周期的な変動や類似性の大まかな傾向のことである．

原子の物理的性質と化学的性質は，最外殻軌道に配置されている価電子数によって決まる．化学結合（特に共有結合）は，互いに結

合する各原子の価電子によって形成されることから，最外殻軌道の s 軌道，あるいは s 軌道と p 軌道に配置されている電子が価電子であり，これらの最外殻軌道を**原子価軌道**（valence orbital）という．

18 族元素（希ガス）の原子は s 軌道と p 軌道が電子で満たされ，完全充填されている．この場合は他の原子と化学結合する傾向がなく，化学的に非常に安定（化学的に不活性）であるため，一般に，希ガスは価電子をもたないとされており，価電子数は 0 個とされている．なお，希ガスの原子と同じ電子配置は，**希ガス型電子配置**や希ガス電子配置といわれる．

図 2-6-5 に，価電子数の周期性を表すグラフを示す．

「原子価」は，原子の酸化数（p.198）の同義語として用いられている．

1962 年以降，希ガスの Rn, Xe, Kr, Ar の化合物が合成された．これらの化合物は分子であり，原子間の化学結合（共有結合）を解釈する場合は，希ガスの価電子数を 8 個とする．
希ガスの化合物については，第 3 章の脇注にも述べている（p.141 を参照）．

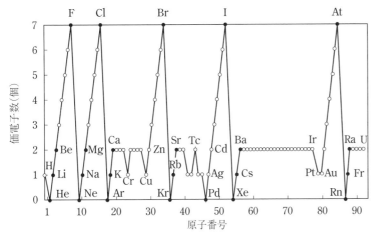

図 2-6-5. H から U までの原子の価電子数の変動．

図 2-6-5 は，付録 2-11（p.106）の，実際の原子の電子配置から読み取った価電子数をプロットしたものである．

上図より，典型元素では 1 族元素から 17 族元素まで価電子数は 1 個ずつ増えてゆき，17 族のハロゲンで最大の 7 個となる．

第 4 周期から現れる遷移元素の場合は，例外はいくつかあるが，ほとんどの元素の価電子数は 2 個である．第 4 周期では主量子数 4 の N 殻が最外殻なので，4s 軌道と 4p 軌道が原子価軌道になる．たとえば，第 4 周期の遷移元素の鉄（Fe）の原子は電子配置が $[Ar](3d)^6(4s)^2$ であり，4s 軌道の 2 個の最外殻電子が価電子になる．3d 軌道の 6 個の電子は，3d 軌道が 4s 軌道の内側の電子殻にある軌道（内殻軌道）であり，4s 軌道よりも空間的な広がりが小さいために，化学結合に関与しないものと考えて，価電子に数えない．

次に，原子の物理的性質の周期性を眺めてみるが，その変動は一

遷移元素の原子の価電子数は，場合によって増えることがある．たとえば，遷移元素の陽イオンが他の陰イオンや電気的に中性の分子と結合して，遷移金属錯体といわれる化合物を生成する場合は，d 軌道が原子価軌道になることがあるので，d 軌道の電子も価電子に数える．

様ではない．一部に傾向の逆転があったり，複雑な変動がみられることもあり，きれいな系統性を示しているとはいいがたいので，大まかな傾向を紹介する．

原子から1個の価電子を取り去るために，外部から原子に与える必要があるエネルギーを**第1イオン化エネルギー**（first ionization energy）という（記号I_1）．I_1は，原子のさまざまな性質の中では良好な周期性を示す．

式（2-11）は，原子から価電子が1個放出されて，+1価の陽イオンが生成するイオン化反応の過程を表す一般式である．

式（2-11）は熱化学方程式の一般式である．

$$\mathrm{M} + I_1 = \mathrm{M}^+ + \mathrm{e}^- \tag{2-11}$$

Mは電気的中性の原子，I_1は第1イオン化エネルギー，M^+は生成した1価陽イオン，e^-は原子から放出された1個の価電子を示す．原子のイオン化反応は，外部から原子にエネルギーを与えないと起こらない．すなわち，I_1に等しい量のエネルギーが原子の外から1個の価電子に与えられると，その価電子は原子から放出される．

図2-6-6に，原子番号1の水素（H）から92のウラン（U）までの原子の，I_1の値の変動を表すグラフを示し，**図2-6-7**に，周期表を用いて各元素の原子のI_1の値を示す．

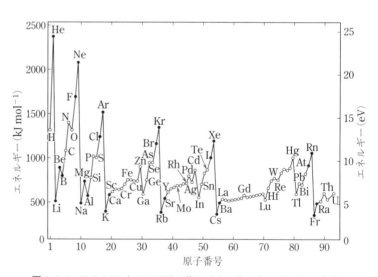

図2-6-6. HからUまでの原子の第1イオン化エネルギーI_1の変動．

のちに示す**図2-6-8**によって，**図2-6-6**中のHからNaまでのI_1の変動の傾向が説明される．

図より，各周期の典型元素では1族のアルカリ金属元素のI_1が最も小さく，2族から18族まで原子番号が大きくなるにつれてI_1

は大きくなり，18 族の希ガス元素で最大になる明確な傾向があることがわかる．I_1 の値の大小にかかわらず，各周期の典型元素の，I_1 の変動の傾向はよく似ている．同族の典型元素では，周期が大きくなるほど I_1 の値は小さくなってゆく．このような I_1 の変動の傾向は，各元素の原子から取り去られる価電子が配置された，原子価軌道のエネルギー準位によって説明される．

元素記号の下に I_1 の値を示した（単位：$\mathrm{kJ\,mol^{-1}}$）．
原子番号 104 以降の元素は省略．

1	2	3	4	5	6	7	8	9	10	11	12	13	14	15	16	17	18
H 1312.0																	He 2372.3
Li 520.2	Be 899.5											B 800.6	C 1086.5	N 1402.3	O 1313.9	F 1681.0	Ne 2080.7
Na 495.8	Mg 737.7											Al 577.5	Si 786.5	P 1011.8	S 999.6	Cl 1251.2	Ar 1520.6
K 418.8	Ca 589.8	Sc 633.1	Ti 658.8	V 650.9	Cr 652.9	Mn 717.3	Fe 762.5	Co 760.4	Ni 737.1	Cu 745.5	Zn 906.4	Ga 578.8	Ge 762.2	As 944.5	Se 941.0	Br 1139.9	Kr 1350.8
Rb 403.0	Sr 549.5	Y 599.9	Zr 640.1	Nb 652.1	Mo 684.3	Tc 686.9	Ru 710.2	Rh 719.7	Pd 804.4	Ag 731.0	Cd 867.8	In 558.3	Sn 708.6	Sb 830.6	Te 869.3	I 1008.4	Xe 1170.4
Cs 375.7	Ba 502.8	ランタノイド	Hf 658.5	Ta 728.4	W 758.8	Re 755.8	Os 814.2	Ir 865.2	Pt 864.4	Au 890.1	Hg 1007.1	Tl 589.4	Pb 715.6	Bi 702.9	Po 812.7	At 899.0	Rn 1037.1
Fr 393.0	Ra 509.3	アクチノイド															

ランタノイド	La 538.1	Ce 534.4	Pr 527.8	Nd 533.1	Pm 538.6	Sm 544.5	Eu 547.1	Gd 593.4	Tb 565.8	Dy 573.0	Ho 581.0	Er 589.3	Tm 596.7	Yb 603.4	Lu 523.5
アクチノイド	Ac 519.1	Th 608.5	Pa 568.3	U 597.6	Np 604.5	Pu 581.4	Am 576.4	Cm 578.1	Bk 598.0	Cf 606.1	Es 614.4	Fm 627.2	Md 634.9	No 639.3	Lr 478.6

図 2-6-7．周期表に示した各元素の第 1 イオン化エネルギー I_1 の値．

図 2-6-8 は，第 1 周期と第 2 周期の H から Ne，および，第 3 周期の Na と Cl の各原子の電子配置を表した電子軌道のエネルギー準位図を示したものである．式（2-11）のイオン化反応によって原子から取り去られる 1 個の価電子は，図中の電子軌道のうちエネルギー準位が最も高い原子価軌道に配置されている価電子である．

図 2-6-8 中の各原子の，最もエネルギー準位が高い原子価軌道から価電子 1 個を取り去るため，原子に外部から与える必要があるエネルギーが I_1 である．I_1 の量は，価電子 1 個が放出される原子価軌道の，エネルギー準位の横線の左右または上下に記入された，負のエネルギーの絶対値に相当する正の値のエネルギーの量である．すなわち，図 2-6-7 に示した各元素の第 1 イオン化エネルギー I_1 の値は，価電子 1 個が放出される原子価軌道のエネルギー準位に基づいており，図 2-6-6 は，各元素の原子の最も高い位置にある原子価軌道の，エネルギー準位の変動を定量的に示している．

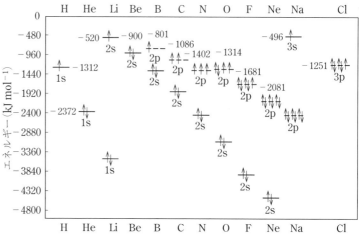

図 2-6-8. H から Ne までの原子と，Na と Cl の原子の電子軌道の，定量的な
エネルギー準位図を用いて表した電子配置.

図 2-6-8 は縦軸にエネルギーの目盛がある定量的なエネルギー準位図である.

　図 2-6-8 を用いると，図 2-6-6 中の H から Na までの I_1 の変動の傾向が容易に説明できる．図 2-6-8 中の H から Na までの各原子の，取り去られる 1 個の価電子が配置された原子価軌道の，エネルギー準位を示す横線の中央を直線で結んでゆき，その図を上下に反転させると図 2-6-6 中の H から Na までの I_1 の変動を示すグラフと同様な形のグラフになる．

電子が原子核に引きつけられる力が強くなるほど，イオン化エネルギーは大きくなる（p.74 の有効核電荷に関連する）．

　Be と B の間の，I_1 の値の高低の逆転は，B の 2p 軌道の方が Be の 2s 軌道よりもエネルギー準位が高いので，B の方が Be よりも I_1 が小さくなるために起こる．N と O の場合の逆転も同様に，価電子が放出される 2p 軌道のエネルギー準位は O の方が高いので，O の方が N よりも I_1 が小さくなるために起こるのである．

　次に，外部から原子に 1 個の電子を付け加えて，-1 価の陰イオンを生成させる反応において，外部から原子に与えたり，あるいは原子から放出される**電子親和力**（electron affinity）というエネルギーの周期性を眺める．

電子親和力 E_EA はエネルギーであり力ではない．これは affinity が力と和訳されたためである．

式 (2-12) も熱化学方程式の一般式である．

式 (2-12) の反応は，電子付着反応や電子付加反応といわれる．この反応は，第3章のイオン結合でも述べる（p.120）．

　式 (2-12) は，原子が 1 個の電子を獲得して -1 価の陰イオンが生成するイオン化反応の過程を表す一般式である．

$$X + e^- = X^- + E_\text{EA} \qquad (2\text{-}12)$$

　X は電気的中性の原子，e^- は原子が獲得した 1 個の電子，X^- は生成した 1 価陰イオン，E_EA は電子親和力である．E_EA が正の値であれば，X は電子を獲得するときにエネルギーを放出して，陰イオン X^- として存在できるが，負の値では瞬間的に X^- が生成しても，ただちに電子を放出して原子に戻る（E_EA は I_1 と比べて実

験で正確な値を決めることが困難であるため，値が不明確な元素が多い）．

　図 2-6-9 に，原子番号 1 の水素から 89 のアクチニウム（Ac）までの原子の，E_{EA} の値の変動を表すグラフを示し，図 2-6-10 に，周期表を用いて各元素の原子の E_{EA} の値を示す．

エネルギーの値の正負の符号（±）は，原子にエネルギーが吸収される場合は＋，放出される場合は － である．ところが，電子親和力の値は慣例上，正負の符号が逆になっているので注意すべきである．± の逆転の理由は，電子親和力を，付着した電子と原子核との結合エネルギーとみなすためである．

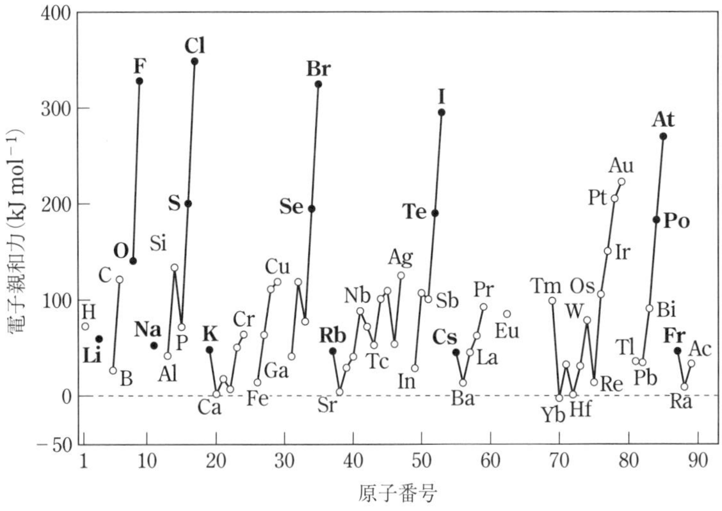

図 2-6-9. H から Ac までの原子の電子親和力 E_{EA} の変動.

図 2-6-10 中の値は，断熱電子親和力という値である．

元素記号の下に E_{EA} の値を示した（単位：kJ mol^{-1}）．
値が発表されてないもの，または値が不確実なものは空欄．
原子番号 104 以降の元素は省略．

	1	2	3	4	5	6	7	8	9	10	11	12	13	14	15	16	17	18
1	H 72.8																	He <0
2	Li 59.6	Be <0											B 26.9	C 121.8	N <0	O 141.0	F 328.2	Ne <0
3	Na 52.9	Mg <0											Al 41.8	Si 134.1	P 72.0	S 200.4	Cl 348.6	Ar <0
4	K 48.4	Ca 2.4	Sc 18.1	Ti 7.6	V 50.7	Cr 64.3	Mn <0	Fe 14.6	Co 63.9	Ni 111.5	Cu 119.2	Zn <0	Ga 41.5	Ge 118.9	As 77.6	Se 195.0	Br 324.5	Kr <0
5	Rb 46.9	Sr 4.6	Y 29.6	Zr 41.1	Nb 88.4	Mo 72.2	Tc 53.1	Ru 101.3	Rh 109.7	Pd 54.2	Ag 125.6	Cd <0	In 28.9	Sn 107.3	Sb 100.9	Te 190.2	I 295.2	Xe <0
6	Cs 45.5	Ba 14.0	ランタノイド	Hf 1.6	Ta 31.1	W 78.8	Re 14.5	Os 106.1	Ir 150.9	Pt 205.3	Au 222.7	Hg <0	Tl 36.4	Pb 35.1	Bi 90.9	Po 183.3	At 270.2	Rn <0
7	Fr 46.9	Ra 9.6	アクチノイド															

ランタノイド	La 45.3	Ce 62.7	Pr 92.8	Nd >184.9	Pm	Sm	Eu 83.4	Gd	Tb >112.4	Dy >0	Ho	Er	Tm 99.3	Yb −1.9	Lu 32.8
アクチノイド	Ac 33.8	Th	Pa	U	Np	Pu	Am	Cm	Bk	Cf	Es	Fm	Md	No	Lr

図 2-6-10. 周期表に示した各元素の電子親和力 E_{EA} の値.

図 2-6-9 より，各周期では 1 族から 17 族の元素まで複雑に変動しながら 15 族，16 族と値が大きくなり，17 族のハロゲンで極大を示す傾向があることがわかる．どの周期も典型元素の変動の傾向はよく似ているが，遷移元素の変動は複雑で，周期の間の類似性は不明瞭である．同族の典型元素の間では，周期と E_{EA} の値の間に明瞭な系統的変動がみられるとはいいがたい．

17 族の原子の E_{EA} が最大になる理由は，その原子価軌道の電子配置から，電子をあと 1 個受け入れることができる p 軌道を 1 つもっているので，その軌道に電子を 1 個受け入れて，安定な希ガス型電子配置（p. 65）の，-1 価の陰イオンを生成できることである．その一方で，18 族の希ガスの原子はすでに安定な電子配置であり，余分に電子を受け入れて安定な -1 価の陰イオンを生成できる電子軌道をもたないので，電子を受け取る性質がほとんどない．

次に，以上に述べた原子の第 1 イオン化エネルギー I_1 と，電子親和力 E_{EA} に関連する，各元素の原子の**電気陰性度**（electronegativity）の周期性を眺める．

一般に，電気陰性度の記号にはギリシャ文字の χ が用いられる．

本書では，ポーリングが初期の値を修正した値（ポーリングの修正値）を用いている．

18 族元素の希ガスに電気陰性度の値が与えられてない理由は，原子が最も安定な電子配置であり，原子価軌道をもたず，価電子がないと考えられたからである．ところが，p. 65 の脇注に述べたように，希ガスの化合物が合成されたことから，その電気陰性度の値を求める必要が生じ，ポーリングは Kr と Xe の値を見積った．これらの値は図 2-6-12 に記した．なお，煩雑さを避けるため，図 2-6-11 には，Kr と Xe の値をプロットしてない．

電気陰性度の端的な定義は「分子の中で，ある原子が電子を引きつける力の大小を表す数値」である．電気陰性度には単位がない．電気陰性度は 1932 年にポーリング（Pauling）が提案し，その後，マリケン（Mulliken），サンダーソン（Sanderson），アレン（Allen），アルレッド（Allred）とロコウ（Rochow）らが次々と独自の値を提案した．本書では，一般に用いられているポーリングの電気陰性度の値を使用する．なお，18 族元素には電気陰性度の値が与えられてない．

図 2-6-11 に，原子番号 1 の水素（H）から 92 のウラン（U）までの原子の，電気陰性度の値の変動を表すグラフを示し，図 2-6-12 に，周期表を用いてポーリング，および，アルレッド-ロコウの各元素の電気陰性度の値を示す．

図 2-6-11 より，各周期の典型元素では，1 族元素の電気陰性度の値が最も小さく，2 族から族番号が大きくなるにつれて値は大きくなり，17 族で最大になる明確な傾向がある．値の大小にかかわらず，各周期の典型元素では，電気陰性度の変動の傾向は同じであり，高い周期性を示している．同族の典型元素では，1 族と 15, 16, 17 族元素は，周期が大きくなるほど値が小さくなってゆく明瞭な傾向がある．

遷移元素は，やや複雑な変動がみられる部分が多いが，各周期で

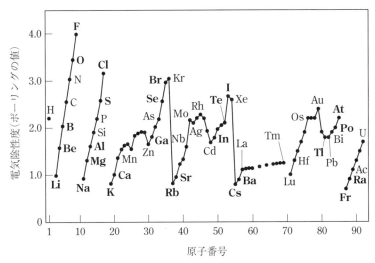

図 2-6-11. H から U までの原子の電気陰性度（ポーリングの値）の変動.

上段はポーリングの値，下段はアルレッド–ロコウの値.
値が発表されてないものは空欄.
ポーリングは希ガスの Kr と Xe の値を発表している.
原子番号 104 以降の元素は省略.

1	2		3	4	5	6	7	8	9	10	11	12	13	14	15	16	17	18
H 2.20 2.2																		He
Li 0.98 0.97	Be 1.57 1.47												B 2.04 2.01	C 2.55 2.5	N 3.04 3.07	O 3.44 3.5	F 3.98 4.1	Ne
Na 0.93 1.01	Mg 1.31 1.23												Al 1.61 1.47	Si 1.90 1.74	P 2.19 2.06	S 2.58 2.44	Cl 3.16 2.83	Ar
K 0.82 0.91	Ca 1.00 1.04		Sc 1.36 1.2	Ti 1.54 1.32	V 1.63 1.45	Cr 1.66 1.56	Mn 1.55 1.6	Fe 1.83 1.64	Co 1.88 1.7	Ni 1.91 1.75	Cu 1.90 1.75	Zn 1.65 1.66	Ga 1.81 1.82	Ge 2.01 2.02	As 2.18 2.2	Se 2.55 2.48	Br 2.96 2.74	Kr 3.04
Rb 0.82 0.89	Sr 0.95 0.99		Y 1.22 1.11	Zr 1.33 1.22	Nb 1.6 1.23	Mo 2.16 1.3	Tc 2.10 1.36	Ru 2.2 1.42	Rh 2.28 1.45	Pd 2.20 1.35	Ag 1.93 1.42	Cd 1.69 1.46	In 1.78 1.49	Sn 1.96 1.72	Sb 2.05 1.82	Te 2.1 2.01	I 2.66 2.21	Xe 2.60
Cs 0.79 0.86	Ba 0.89 0.97	ランタ ノイド	Hf 1.3 1.23	Ta 1.5 1.33	W 1.7 1.4	Re 1.9 1.46	Os 2.2 1.52	Ir 2.2 1.55	Pt 2.2 1.44	Au 2.4	Hg 1.9	Tl 1.8 1.44	Pb 1.8 1.55	Bi 1.9 1.67	Po 2.0 1.76	At 2.2 1.96	Rn	
Fr 0.7 0.86	Ra 0.9 0.97	アクチ ノイド																

ランタ ノイド	La 1.10 1.06	Ce 1.12 1.06	Pr 1.13 1.07	Nd 1.14 1.07	Pm 1.07	Sm 1.17 1.07	Eu 1.01	Gd 1.20 1.11	Tb 1.1	Dy 1.22 1.1	Ho 1.23 1.1	Er 1.24 1.11	Tm 1.25 1.11	Yb 1.0 1.06	Lu 1.0 1.14
アクチ ノイド	Ac 1.1 1	Th 1.3 1.11	Pa 1.5 1.14	U 1.7 1.22	Np 1.3 1.22	Pu 1.3 1.22	Am	Cm	Bk	Cf	Es	Fm	Md	No	Lr

図 2-6-12. 周期表に示した各元素のポーリングおよびアルレッド–ロコウの電気陰性度の値.

は，おおむね原子番号が大きくなるにつれて値はゆるやかに大きくなる.

　電気陰性度は，陽イオンを生成させるイオン化エネルギーと，陰イオンを生成させる電子親和力の両方が関係すると考えられている．一般に，電気陰性度の値が小さい元素はイオン化エネルギーが小さいので，原子は価電子を放出して陽イオンになりやすく，電気

陽イオンになりやすい元素を電気的陽性が強いとみなして陽性元素（electropositive element）といい，陰イオンになりやすい元素を電気的陰性が強いとみなして陰性元素（electronegative element）ということがある.

陰性度の値が大きい元素は電子親和力が大きいので，原子は外部から電子を受け入れて陰イオンになりやすい．

　これまでに述べたイオン化エネルギー，電子親和力，電気陰性度は化学結合に深く関係する．第3章では，これらの値を用いて化学結合の形成や結合の性格などが説明される．また，図2-6-8（p. 68）は，化学結合の形成に関する説明にしばしば用いられる．

　本節の最後に，原子の大きさ（サイズ）の変動について紹介する．
　原子番号が増えるにつれて原子の電子数は1個ずつ増えてゆくので，原子のサイズは単調に増加してゆくと思える．ところが，原子のサイズには一義的な値がないのである．そこで，主に元素の単体の構造（原子配列）と性質から，原子の形を球と仮定して，異なる基準と方法によって見積もられた，金属元素の原子の**金属結合半径**（metallic bond radius），共有結合を形成する元素の**共有結合半径**（covalent bond radius），および**ファン・デル・ワールス半径**（van der Waals radius）という3種類の値が用いられている（これらの半径をまとめて原子半径という）．したがって，1つの基準にそって原子のサイズを比較することはできないので，大まかな傾向を簡単に述べる．
　図2-6-13に，原子番号1の水素（H）から92のウラン（U）までの，原子半径の値の変動を表すグラフを示し，図2-6-14に，周期表を用いて原子半径の値を示す．

金属結合半径は，金属の結晶中の原子間距離から見積もられ，共有結合半径は，分子中の原子間距離から見積もられている．

ファン・デル・ワールス半径は，接触しているが，化学結合を形成していない原子どうしが最も接近したときの距離の半分と定義されて見積もられている．

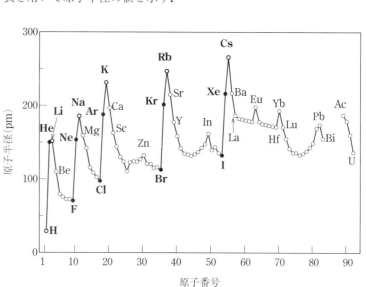

図 2-6-13. HからUまでの原子半径の変動.

18族の希ガスはファン・デル・ワールス半径の値.
H と B, 14 族の C, Si, Ge, 15 族の N, P, As, および, 16 族と 17 族元素は共有結合半径の値. これらの元素以外は, すべて金属結合半径の値.（単位：pm）
値が発表されてないものは空欄.
原子番号 104 以降の元素は省略.

周期	1	2	3	4	5	6	7	8	9	10	11	12	13	14	15	16	17	18
1	H 30																	He 150
2	Li 152	Be 111											B 81	C 77	N 74	O 74	F 72	Ne 154
3	Na 186	Mg 160											Al 143	Si 117	P 110	S 104	Cl 99	Ar 188
4	K 231	Ca 197	Sc 163	Ti 145	V 131	Cr 125	Mn 112	Fe 124	Co 125	Ni 125	Cu 128	Zn 133	Ga 122	Ge 122	As 117	Se 117	Br 114	Kr 202
5	Rb 247	Sr 215	Y 178	Zr 159	Nb 143	Mo 136	Tc 135	Ru 133	Rh 135	Pd 138	Ag 144	Cd 149	In 163	Sn 141	Sb 145	Te 137	I 133	Xe 216
6	Cs 266	Ba 217	ランタノイド	Hf 156	Ta 143	W 137	Re 137	Os 134	Ir 136	Pt 139	Au 144	Hg 150	Tl 170	Pb 175	Bi 156	Po	At	Rn
7	Fr	Ra	アクチノイド															

ランタノイド	La 187	Ce 183	Pr 182	Nd 181	Pm 180	Sm 179	Eu 198	Gd 179	Tb 176	Dy 175	Ho 174	Er 173	Tm 172	Yb 194	Lu 172
アクチノイド	Ac 188	Th 180	Pa 161	U 138	Np 130	Pu 151	Am 181	Cm	Bk	Cf	Es	Fm	Md	No	Lr

図 2-6-14. 周期表に示した各元素の原子半径の値.

　図 2-6-13 より, 各周期の典型元素では, 1 族から 17 族の元素まで原子のサイズは小さくなり, 次の 18 族でサイズが急激に大きくなって最大になる明確な傾向が見られ, 同族の典型元素では, 原子番号が大きくなるにつれて原子のサイズが大きくなる明確な傾向がある. しかしながら, 遷移元素では明確な変動の傾向がみられない.

　各周期では, 1 族から 17 族へと原子番号が増加するにつれて原子半径は小さくなる. この傾向が各周期でみられる理由を, 原子番号が 1 異なる第 2 周期元素の Li と Be を例に説明する.

　Li は原子核中に陽子が 3 個, そのまわりに 3 個の電子が存在し, そのうち 2 個は 1s 軌道, 1 個は 2s 軌道に配置されている. Be は原子核に陽子が 4 個, そのまわりに 4 個の電子が存在し, 2 個は 1s 軌道, 2 個は 2s 軌道に配置されている. 図 2-6-15 は, Li と Be の 1s 軌道と 2s 軌道の, 電子雲のサイズのイメージと, これらの軌道のエネルギー準位の高低を示す, 電子配置を表した定性的なエネルギー準位図である.

　Li も Be も原子中の電子数と原子核中の陽子数は等しく, 負電荷と正電荷を互いに打ち消し合って電気的中性を保っている. 図 2-6-15 より, Be の 1s 軌道と 2s 軌道の電子雲の広がりは Li よりも小さく, これらの軌道のエネルギー準位は Li よりも低い. これは, Be と Li の 2s 軌道の電子が受けている原子核からの静電引力を,

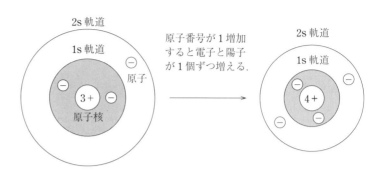

リチウム原子($_3$Li)　　　　　　　　　　ベリリウム原子($_4$Be)

原子番号が1増加
すると電子と陽子
が1個ずつ増える.

理解を容易にするために，電子雲の中に
電子を描き入れている.

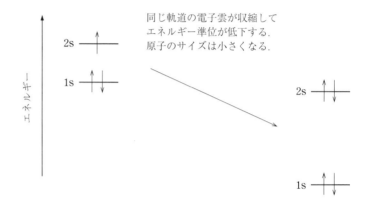

同じ軌道の電子雲が収縮して
エネルギー準位が低下する.
原子のサイズは小さくなる.

LiとBeの2s軌道のエネルギー準位の
正確な位置は，定量的なエネルギー準位
図の**図2-6-8**（p.68）を参照.

図2-6-15. LiとBeの原子の，電子が配置された1s軌道と2s軌道の電子
雲のサイズのイメージと，エネルギー準位の相対的高低を示し
た定性的なエネルギー準位図.

内殻軌道はp.65でも述べている.

内側に存在する1s軌道の電子が弱める程度が異なることに起因す
る．多電子原子では，内側の電子軌道（内殻軌道）に配置されて原
子核のまわりを運動している電子（内殻電子）の負電荷によって，
原子核の正電荷がいくぶん中和されている．これを内殻電子による
核電荷の**遮蔽**（shielding）という．内殻電子による正電荷の部分的
な中和，すなわち，核電荷の遮蔽によって，外側の軌道に存在する
1個の電子が，実際に感じる原子核の正電荷を**有効核電荷**（effec-
tive nuclear charge）という．原子核中の陽子はLiが3個，Beが4
個である．ここで，1s軌道の2個の電子が，原子核中の陽子2.5
個分の正電荷を中和（遮蔽）すると仮定すれば，2s軌道の電子1個
が感じる有効核電荷はLiが$+0.5$，Beが$+0.75$であり，Beの2s
軌道の2個の電子は，Liの1個の電子よりも原子核に強く引きつ
けられることになる．したがって，内側の1s軌道の，2個の電子
による核電荷の遮蔽の程度（正電荷の中和の度合い）がLiよりも小

LiとBeの2s軌道の電子1個が感じる
有効核電荷として，それぞれ$+1.28$，
$+1.91$の計算値がよく用いられている.
図2-6-15から，第1イオン化エネルギ
ー（p.66〜68）は，Beの方がLiよりも
大きいことも理解できる.

さい Be の 2s 軌道の，2 個の電子の方が，Li の 2s 軌道の 1 個の電子よりも強く原子核に引きつけられて運動しているので，Be の 2s 軌道の電子雲はかなり収縮して Li よりも小さくなる．したがって，Be の 2s 軌道の 2 個の電子は，Li の 2s 軌道の 1 個の電子よりも原子核の近くに存在する（存在確率が高い）ため，原子核との間の静電引力に基づく電子のポテンシャルエネルギー（位置エネルギー）が Li よりも低くなるので，**図 2-6-15** のように軌道のエネルギー準位は低下する．同様な理由で，同じ周期の典型元素では，原子番号が増えるにつれて電子雲が収縮してゆくため，原子のサイズは小さくなってゆく．核電荷の遮蔽の程度は s 軌道の電子が最も大きく，p 軌道，d 軌道，f 軌道の順に小さくなって核電荷の遮蔽の「不完全さ」が増す．

なお，同族元素では，周期が大きくなるにつれて原子の電子数が増え，空間分布が大きい同じ種類の軌道に電子が配置されてゆくので，原子のサイズが大きくなってゆく．

2.6.5　金属元素と非金属元素

元素は単体の性質によって，**金属元素**（metallic element）と**非金属元素**（nonmetallic element）の 2 つに大別される．周期表では，H と He を除く s ブロック元素と一部の p ブロック元素，および，すべての d ブロック元素と f ブロック元素は金属元素であり，非金属元素と比べて圧倒的に数が多い．一般に，金属元素の単体は，常温常圧下では，液体の水銀（Hg）を除きすべて固体（結晶）である．金属は，次の (1)〜(4) のような，金属性といわれる特徴的な物理的性質（特性）を示す．

(1) 高い光の反射率（結晶の表面が金属光沢をもっている）．

(2) 高い電気伝導性を示す（温度が上昇すると電気抵抗が増す）．

(3) 高い熱伝導性を示す．

(4) 高い展性，延性を示す．

金属性は，第 3 章 6 節で述べる金属結合に基づく特性である．

金属性が乏しい物質は，金属に対して非金属といわれる．一般に，非金属元素の単体は金属ほど光を反射せず，電気や熱が伝わりにくく，展性や延性はきわめて低い．

金属元素と非金属元素の境界は不明確である．便宜上，周期表に境界線を引くとすれば**図 2-6-16** のようになる．

原子中の電子のエネルギーは負の値をとる（p.38 の下部の脇注を参照）．電子のポテンシャルエネルギーは，Be の方が Li よりも大きな負の値であるので，軌道のエネルギー準位は低くなる．

金属性 (1)〜(4) は第 3 章 6 節（3.6.2（p.166））であらためて紹介し，金属が金属性を示す理由と，非金属が金属性を示さない理由を述べる．

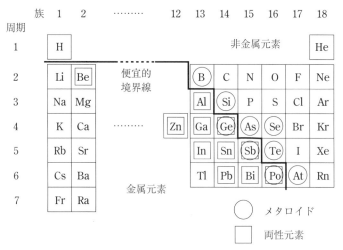

図 2-6-16. 周期表上の金属元素と非金属元素の便宜的境界と，境界領域の元素の，単体の性質に基づく分類.

電気の半導体も第3章（p.166）で述べる.

メタロイドは准金属や亜金属ともいう．メタロイドの定義と分類の基準に普遍的なものはない．いくつかの視点から分類が試みられており，Al，Sn，Bi や，C や P の電気を少し通す同素体をメタロイドとした分類もある．

同素体は第1章（p.6）を参照.

化学式 $Na_2[Zn(OH)_4]$ を，$Na_2ZnO_2 \cdot 2H_2O$ と書くことがある．この化学式で書いた場合の化合物名は，亜鉛酸ナトリウム二水和物である．

図中の金属元素と非金属元素の境界領域に位置する元素の大部分は，単体が電気の半導体の性質をもつなど，金属と非金属の中間的性質を示す．このような単体を**メタロイド**（metalloid）という．便宜的境界線の両側の13族から17族の元素には，代表的な単体がメタロイドの元素が多い．この境界領域には，性質が大きく異なる同素体が存在する元素がみられる．たとえば，炭素の単体のグラファイト（黒鉛）は電気を通すのでメタロイドであるが，同素体のダイヤモンドは電気を通さない非金属である．

金属元素と非金属元素の境界領域の元素には，単体が化学的両性を示すものも多い．化学的両性とは，物質が塩酸（HCl の水溶液）や硫酸（H_2SO_4 の水溶液），水酸化ナトリウム（NaOH）の水溶液などの，一般的な酸にも塩基（アルカリ）にも溶けて塩を作る性質である．単体が化学的両性をもつ元素を**両性元素**（amphoteric element）という．両性元素の単体は，酸とアルカリの両方に溶けて塩を作る．たとえば，亜鉛（Zn）は塩酸に溶けて，塩素との塩の塩化亜鉛（II）（$ZnCl_2$）を生じ，強アルカリ性の濃い NaOH 水溶液にも溶けて，ナトリウムとの塩の $Na_2[Zn(OH)_4]$ を生じる．

2.6.6 イオンの電子配置と大きさ

本節の最後に，イオンの電子配置と大きさ（サイズ）について述べる．

自然界には多種多様なイオンが安定に存在している．これらのイオンは，その電荷の正負によって陽イオンと陰イオンに大別され

左側の図説明：図中の13族から17族の元素間に引かれた階段状の境界線は，半金属線（metalloid line, semimetal line）やジントル境界（Zintl border），ジントル線などといわれる．

る．

　まず，1個の原子から生じた**単原子イオン**（monoatomic ion）の電子配置を分類する．

希ガス型電子配置は p.65 を参照．

（1）希ガス型電子配置

　たとえば，F と O の原子の電子配置は，それぞれ $(1s)^2(2s)^2(2p)^5$ と $(1s)^2(2s)^2(2p)^4$ である．これらの原子は，電子が満たされてない最外殻の1つの 2p 軌道に，それぞれ1個と2個の電子を受け入れて，フッ化物イオン（fluoride ion）といわれる安定な -1 価陰イオン F^- と，酸化物イオン（oxide ion）といわれる -2 価陰イオン O^{2-} を生成する．これらのイオンの電子配置は，いずれも $(1s)^2(2s)^2(2p)^6$ であり，同じ第2周期の 18 族元素（希ガス）の Ne と等しい（等価である）．その他に，水素化物イオン（hydrie ion）といわれる水素の -1 価陰イオン H^- の電子配置は，同じ第1周期の希ガスの He と等価で，塩化物イオン（chloride ion）Cl^- と硫化物イオン（sulfide ion）S^{2-} の電子配置は，同じ第3周期の希ガスの Ar と等価である．

　第2周期元素の Li と Be の原子の電子配置は，それぞれ $(1s)^2(2s)^1$ と $(1s)^2(2s)^2$ であり，最外殻の 2s 軌道から，それぞれ1個と2個の電子を取り去ると，$+1$ 価陽イオン Li^+ と $+2$ 価陽イオン Be^{2+} が生成する．これらの電子配置はいずれも $(1s)^2$ であり，原子番号の値が近い第1周期元素の He と等価である．第3周期元素の安定な陽イオンである Na^+，Mg^{2+}，Al^{3+} の電子配置は，すべて原子番号の値が近い第2周期元素の Ne と等価な $(1s)^2(2s)^2(2p)^6$ である．

　以上の例のように，自然界で安定に存在する単原子イオンは，一般に希ガス型の電子配置をもっている．

（2）d^{10} 型電子配置

　たとえば，電子配置が $[Ar](3d)^{10}(4s)^2$ の Zn の原子から，最外殻の 4s 軌道の電子2個を取り去ると $+2$ 価陽イオン Zn^{2+} が生成し，その電子配置は $[Ar](3d)^{10}$ である．一般に，10 個の電子で満たされた内殻軌道（p.65）である5つの d 軌道の，外側の最外殻軌道（p.63）に数個の価電子をもつ原子は，この d^{10} 型のイオンを生成する．

　一般に，遷移元素の原子から生成するイオンは d^{10} 型であるが，例外も少なくない．この例外は，のちの（4）の中で述べる．

（3）不活性電子対型電子配置

13 族元素のガリウム（Ga）の原子の電子配置は $[\mathrm{Ar}](3\mathrm{d})^{10}$ $(4\mathrm{s})^2(4\mathrm{p})^1$ である．この原子は，最外殻の 4s 軌道と 4p 軌道の 3 個の電子が取り去られた，前記（2）の d^{10} 型の +3 価陽イオン Ga^{3+} を生成するが，4p 軌道の 1 個の電子が取り去られただけの +1 価陽イオン Ga^+ も生成する．Ga^+ の電子配置は $[\mathrm{Ar}](3\mathrm{d})^{10}$ $(4\mathrm{s})^2$ であり，最外殻の 4s 軌道に 2 個の電子が 1 対の電子対として残っている．このような，最外殻に残された電子対を**不活性電子対**（inert electron pair）という．Ga と同族のインジウム（In）とタリウム（Tl）の原子も同様に，電子配置が d^{10} 型の +3 価陽イオンと，それぞれの 5s 軌道と 6s 軌道に不活性電子対をもつ +1 価陽イオンの両方を生成する．

14 族元素のゲルマニウム（Ge）の原子の電子配置は $[\mathrm{Ar}](3\mathrm{d})^{10}$ $(4\mathrm{s})^2(4\mathrm{p})^2$ である．この原子は，d^{10} 型の +4 価陽イオン Ge^{4+} と，4s 軌道に 1 対の不活性電子対をもつ +2 価陽イオン Ge^{2+} を生成する．同族のスズ（Sn）と鉛（Pb）も同様に，d^{10} 型の +4 価陽イオンと，それぞれの 5s 軌道と 6s 軌道に不活性電子対をもつ +2 価陽イオンの両方を生成する．

イオン価が高い d^{10} 型と，低い不活性電子対型の，同じ元素の 2 種類の陽イオンの一方は，必ず他方よりも不安定である．不活性電子対型のイオンの方が不安定な場合は，そのイオンは他の物質に電子を与える**還元剤**（reducing agent, reducer）として作用できる．たとえば，Sn^{2+} は，5s 軌道の電子対の電子 2 個を放出して Sn^{4+} になろうとする傾向が強いので，還元剤になることができる．d^{10} 型の方が不安定な場合は，そのイオンは他の物質から電子を奪う**酸化剤**（oxidizing agent, oxidizer）として作用できる．たとえば，電子配置が $[\mathrm{Xe}](5\mathrm{d})^{10}$ の d^{10} 型の Pb^{4+} は，電子が配置されてない空の 6s 軌道に 2 個の電子を取り込んで，$[\mathrm{Xe}](5\mathrm{d})^{10}(6\mathrm{s})^2$ の不活性電子対型電子配置の Pb^{2+} になろうとする傾向が強いので，酸化剤として働くことができる．

（4）その他の型の電子配置

遷移元素のイオンの電子配置のタイプには，典型元素のイオンとは異なるものがある．たとえば，電子配置が $[\mathrm{Ar}](3\mathrm{d})^6(4\mathrm{s})^2$ の鉄（Fe）の原子は，一般に，4s 軌道から電子 2 個が取り去られた d^6 型の +2 価陽イオン Fe^{2+} と，3d 軌道からさらに電子が 1 個取り去られた，Fe^{2+} よりも安定に存在できる +3 価陽イオン Fe^{3+} の，2

種類の陽イオンを生成する.

Fe^{2+} は化合物の固体中では安定に存在できるが,固体表面の Fe^{2+} や,水中に溶け込んだ Fe^{2+} は,酸素 (O_2) などの酸化作用がある物質(酸化剤)に触れると容易に酸化され,3d 軌道から電子が 1 個取り去られて Fe^{3+} になる.この事実は,Fe^{3+} の電子配置 $[Ar](3d)^5$ の方が,Fe^{2+} の $[Ar](3d)^6$ よりも化学的に安定なことを示唆する.Fe^{3+} では,フントの規則に従って,5 つの 3d 軌道にスピンの向きが同じ 5 個の電子が 1 個ずつ配置されている.このような,エネルギー準位が縮重した複数の電子軌道に 1 個ずつ電子が配置され,電子が半充填された状態は安定である.一般に,エネルギー準位が縮重した p 軌道,d 軌道,f 軌道の電子配置では,電子が完全充填された状態が最も安定であるが,半充填された状態も安定なのである.

半充填と完全充填は,p.60 の脇注を参照.

銅 (Cu) の原子の電子配置は $[Ar](3d)^{10}(4s)^1$ である(実際の電子配置 (p.62)).この原子は,4s 軌道の電子 1 個が取り去られた +1 価陽イオン Cu^+ を生成する.このイオンは前記の Fe^{2+} と同様に,化合物の固体中では安定に存在できるが,固体表面や水中に溶け込んだ Cu^+ は酸化剤に触れると容易に酸化され,3d 軌道から電子が 1 個取り去られて,Cu^+ よりも安定に存在できる +2 価陽イオン Cu^{2+} になる.電子配置は Cu^+ が d^{10} 型の $[Ar](3d)^{10}$,Cu^{2+} が $[Ar](3d)^9$ である.

なお,Fe^{2+} や Cu^+ は,酸化剤が作用しない限り安定に存在するイオンである.

一般に,遷移元素の原子は,イオン価が異なる複数種類のイオンを生成するものが多い.電子配置が $[Ar](3d)^5(4s)^1$ のクロム (Cr) の原子は,イオン価が異なる複数種類の陽イオンを生成するが,最も安定なイオンは,電子配置が $[Ar](3d)^3$ の Cr^{3+} である.

イオンのサイズは直接測定することができない.そこで,イオンの形を球と仮定し,陽イオンと陰イオンから成る多数の化合物中のイオンの間の距離から,それぞれのイオンのサイズが球の半径として見積もられている.球と仮定したイオンの半径は**イオン半径** (ionic radius) といわれる.イオン半径については,次の第 3 章 1 節であらためて述べる.

これまでに複数の研究者によって,1 つのイオンに対していくつかのイオン半径の値が提案されているが,どの値も大きな差はない.一般に,ポーリングあるいはシャノン (Shannon) が発表した

1927 年,ポーリングはいくつかの 1 価イオンのイオン半径を発表した.その後,他の多数のイオン半径が決められ,イオン半径の値も改良されていった.

イオン半径の値が用いられるが，シャノンの値が最も確からしいと考えられている．**図2-6-17**に，周期表を用いてシャノンのイオン半径の値を示す．この図には，第3章（3.1.3（p.111））で述べる「6配位イオン」の半径の値が記されている．

各元素のイオン価のうちの1つを元素記号の下に示す．
イオン価の下の数値はシャノンの6配位イオンの半径（単位：pm）．
値が発表されてないものは空欄．
原子番号104以降の元素は省略．

1	2	3	4	5	6	7	8	9	10	11	12	13	14	15	16	17	18
H																	He
Li 1+ 90	Be 2+ 59											B 3+ 41	C 4+ 30	N 3+ 30	O 2- 126	F 1- 119	Ne
Na 1+ 116	Mg 2+ 86											Al 3+ 67.5	Si 4+ 54	P 3+ 58	S 2- 170	Cl 1- 167	Ar
K 1+ 152	Ca 2+ 114	Sc 3+ 88.5	Ti 4+ 74.5	V 3+ 78	Cr 3+ 58	Mn 2+ 81	Fe 3+ 69	Co 3+ 68.5	Ni 2+ 83	Cu 1+ 91	Zn 2+ 88	Ga 3+ 76	Ge 4+ 67	As 3+ 72	Se 2- 184	Br 1- 182	Kr
Rb 1+ 166	Sr 2+ 132	Y 3+ 104	Zr 4+ 86	Nb 3+ 86	Mo 3+ 75.5	Tc	Ru 3+ 82	Rh 3+ 80.5	Pd 2+ 100	Ag 1+ 129	Cd 2+ 109	In 3+ 94	Sn 4+ 83	Sb 3+ 90	Te 2- 207	I 1- 206	Xe
Cs 1+ 181	Ba 2+ 149	ランタノイド	Hf 4+ 85	Ta 3+ 86	W	Re	Os	Ir 3+ 82	Pt 4+ 94	Au 1+ 151	Hg 2+ 116	Tl 3+ 102.5	Pb 4+ 91.5	Bi 3+ 117	Po	At	Rn
Fr 1+ 194	Ra	アクチノイド															

	La 3+ 117	Ce 3+ 115	Pr 3+ 113	Nd 3+ 112	Pm 3+ 111	Sm 3+ 110	Eu 3+ 109	Gd 3+ 108	Tb 3+ 106	Dy 3+ 105	Ho 3+ 104	Er 3+ 103	Tm 3+ 102	Yb 3+ 101	Lu 3+ 100
ランタノイド															
アクチノイド	Ac 3+ 126	Th 4+ 108	Pa 3+ 104	U 3+ 116.5	Np 3+ 115	Pu 3+ 114	Am 3+ 111.5	Cm 3+ 111	Bk 3+ 110	Cf 3+ 109	Es	Fm	Md	No	Lr

図2-6-17. 周期表に示した各元素のイオン半径の値.

シャノンのイオン半径は，有効イオン半径や結晶半径といわれる．シャノンは1969年に，プリウィット（Prewitt）と共同で結晶中のイオン半径を発表し，1976年に改良値を発表した．
イオン価が異なる場合や6配位イオン以外の場合は，イオン半径の値は異なる．

第3章（3.1.3（p.112））では，図2-6-17のいくつかの単原子イオンのイオン半径の値が用いられる．

図2-6-18は，図2-6-17の，原子番号3のLi^+から92のU^{3+}までのシャノンのイオン半径の値を原子番号に対してプロットし，イオンのサイズの変動を示したものである．

同族元素のイオンの電子数は，周期が大きくなるにつれて増えてゆく．増えた電子は広がり（空間分布）が大きい電子軌道に配置されてゆくので，周期が大きくなるほどイオン半径が大きくなる傾向がある．

典型元素では，第3周期のNa^+，Mg^{2+}，Al^{3+}のように，同じ周期の最も安定な陽イオンは，族番号が大きくなると正のイオン価が増えてイオン半径が急激に小さくなる．第2周期のO^{2-}とF^-のように，周期が同じ典型元素の最も安定な陰イオンの場合は，族番号が大きくなると負のイオン価は減少し，イオン半径は小さくなる．

遷移元素のイオン半径の変動は，イオン価の違いもあり複雑である．第3族から第6族までと，第7族から第11族までの変動の傾

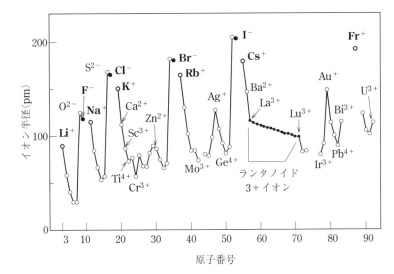

図 2-6-18. Li から U までのイオン半径の変動.

向は異なる.

　遷移元素のイオンの中で，ランタノイドの +3 価のイオン半径
は，原子番号が大きくなるにつれて単調減少する．これは**ランタノ
イド収縮**（lanthanoid contraction）といわれる．ランタノイドの
+3 価のイオンの電子配置は $[Kr](4d)^{10}(4f)^n(5s)^2(5p)^6$（$n = 0 \sim$
14）である．ランタン（La）からルテチウム（Lu）までの 15 元素の
+3 価イオンは，原子番号が増加するにつれて 4f 軌道に電子が配
置されてゆくが，4f 軌道の電子は原子核の正電荷を遮蔽（p.74）す
る効果が小さいので，最外殻の 5s 軌道や 5p 軌道の電子が，原子
番号が大きくなるにつれて徐々に原子核に強く引きつけられるよう
になり，これらの軌道の空間分布が系統的に小さくなってゆくの
で，イオン半径が系統的に収縮してゆく．

　次の第 3 章では，本章で紹介した原子の電子軌道の電子雲とエネ
ルギー準位を用いて，化学結合が説明される．

波と電磁波に関する基礎および関連事項をいくつか紹介する.

(1) 波とは?

波は振動(vibration)が伝わる(伝播する)現象である.振動は,たとえばつる巻きバネの下端に取りつけた重りの上下運動(単振動)や,振り子の重りが左右に揺れる運動のように,物体の位置が一定時間ごとにくり返し変化する周期的な往復運動である(位置の他に往復運動で発生する物理量も周期的に変化する).したがって,物質の静止位置における往復運動が,ある方向に移動しながら伝播する現象が波である.

波の運動を波動(wave)といい,波動が伝播する場である物質や空間を媒質(medium)という.大気空間や水中を伝播する音の音波や水面などの表面を伝播する表面波,地中を伝播する地震波などの一般的な波の媒質は,気体,液体,固体物質である.電磁波は物質が存在しない真空中も伝播するので,その波動が伝播する場に真空も含まれる.

(2) 波の種類

波の代表的な分類を2つ述べる.なお,本書で取り扱う波は,以下の進行波と定常波,および横波である.

・進行波と定常波

進行波(progressive wave, traveling wave)は,時間の経過とともに媒質中を移動(進行)する,進行方向がはっきりしている波であり,波の形(波形)が時間とともに変化(経時変化)する.われわれの日常で見たり感じたりする,身のまわりの自然の波のほとんどは進行波である.

定常波(stationary wave, standing wave)は,見かけ上,時間の経過にともなう媒質中の移動が認められない(視認できない)波である.たとえば,ギターなどの弦楽器の,1本の弦をつま弾いた直後の振動が弱まる(減衰する)ことなく,永久に続いているようにみえる波である.定常波については,のちの(7)であらためて述べる.

・横波と縦波

横波(transverse wave)は,進行方向に対して振動の方向が垂直な波である.代表例は光やX線,γ線などの電磁波である.

縦波(longitudinal wave)は,進行方向に対して振動の方向が平行な波である.代表例は音波である.

自然界の波のほとんどは純粋な横波や縦波ではなく,大なり小なり両方の成分を含むが,電磁波は純粋な横波である.

(3) 横波の要素

はじめに波の三要素を示す.これらは横波と縦波に共通の要素である.

・速　度（velocity）　　　記号 v　単位時間当たりに波が進む速度（伝播速度）.
　　　　　　　　　　　　　　　　単位（次元）は長さ×時間$^{-1}$.
・波　長（wavelength）　　記号 λ　波の1周期（period）の長さ. 単位は長さ.
・振動数（frequency）　　記号 ν　単位時間当たりの波（1波長 λ）の数（振動の周期の数）.
　　　　　　　　　　　　　　　　単位は 時間$^{-1}$. 周波数ともいう.

　三要素の関係は，波の速度＝波長×振動数であり，次の式（2A1-1）で表される.
$$v = \lambda\nu \tag{2A1-1}$$
なお，電磁波の速度は光の速度の c を用いる. 電場や磁場の影響を受けない限り，光のような電磁波の速度は波長によらず一定である.
　次に，横波の要素を述べる.

　横波は，図 2A1-1 のような，振動の量（振幅）Ψ が正弦関数で表される正弦波（sine wave, sinusoidal wave）である.

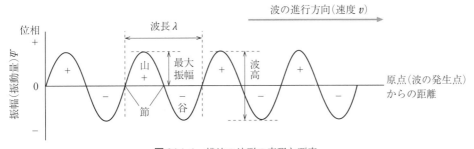

図 2A1-1. 横波の波形の表現と要素.

　上図の正弦曲線は，波（単振動の伝播）の媒質中の軌跡を表す. この軌跡が横波の波形である. 縦軸の原点の，軸上の $\Psi = 0$ の点は波の発生点であり，縦軸上の上下の振動（単振動）が横軸に沿って，一定の速度 v で右側に伝播する.
　縦軸の振幅（amplitude）Ψ は，正弦曲線上のある1点の位置の，横軸からのずれ（変位）の幅である（単振動の大きさ）.
　一般に，最大振幅を振幅といっている. 振幅がゼロ（$\Psi = 0$）の点を波の節（node）という.
　横波の1周期における変位の方向は，原点から正弦曲線の最初の頂点（波の山の頂点という）までは上向き，山の頂点から最初の谷の底（波の谷底という）までは下向きで，谷底から横軸上までは上向きである.
　変位した位置を位相（phase）といい，図 2A1-1 では，正負の符号を用いて原点（横軸）よりも上を ＋，下を － として区別している.
　次に，波の物理学（波動力学）の，1次元の波の振幅 Ψ を表す関数（波動関数）を紹介する.
　最大振幅を A，位相を α（角度）とすると，正弦曲線上の，ある1点の横軸からの変位の量（振

幅 Ψ）は，次の式（2A1-2）で表される．

$$\Psi = A \sin \alpha \qquad (2A1\text{-}2)$$

波の1周期における α は，0から 2π までの値をとる（原点は $\alpha = 0$，波の1/2周期の $\alpha = \pi$，1周期終了時の $\alpha = 2\pi$）．

図の横波は進行波であるから，時間 t を考慮した横軸からの変位の量は，次の式（2A1-3）で表される．

$$\Psi = A \sin (\omega t + \alpha) \qquad (2A1\text{-}3)$$

さらに，自然対数の底 e と複素数を用いて，次の式（2A1-4）のようにも表される．

$$\Psi = A e^{i(\omega t + \alpha)} = A\{\cos(\omega t + \alpha) + i \sin(\omega t + \alpha)\} \qquad (2A1\text{-}4)$$

ω は振動数 ν に 2π を乗じた（$\omega = 2\pi\nu$），角振動数（または角周波数）という振動の勢い（速さ）を表す量であり，ω と時間 t の積の $\omega t\,(= 2\pi\nu r)$ は角度である．

（4）電磁波のエネルギーとその計算，および波数について

質量をもつ物体（質点）の振動が伝播する一般的な波のエネルギーは，振動数の2乗や振幅の2乗に比例する（これは物理学の書籍や授業などで学んでいただきたい）．ところで，電磁波は光の粒子である光子の振動による波と思われるが，光子は現在も仮想的な粒子であり，質量（をもっているのか）が不明なエネルギーのかたまりと考えられている．したがって，光子は質点と考えることができないので，電磁波は古典力学で取り扱うことができない波である（量子力学で取り扱う波）．

電磁波のエネルギー E は，本文 p.41 の式（2-4）の，プランクの公式 $E = h\nu$ を用いて求められる．

電磁波はしばしば波長を用いて表されるので，$E = h\nu$ の振動数 ν を，波長 λ を用いた式に書き換える．

前項目（3）の波の3要素の関係式（2A1-1）の，$v = \lambda\nu$ の v を，電磁波の速度である光の速度 c に置き換えて $c = \lambda\nu$ とする．この式を $\nu = c/\lambda$（振動数 ＝ 速度÷波長）と変形し，これを $E = h\nu$ に代入すると，次の式（2A1-5）に書き換えられる．

$$E = \frac{hc}{\lambda} \qquad (2A1\text{-}5)$$

式（2A1-5）を用いた波長 500 nm の可視光線の，エネルギーの計算を以下に示す．h と c の値は，巻末付録の付表8（p.220）の値の5桁目を四捨五入した4桁の値を用い，（ ）内に単位を示した．

$$E = \frac{6.626 \times 10^{-34}\,(\mathrm{J\,s}) \times 2.998 \times 10^{8}\,(\mathrm{m\,s^{-1}})}{500 \times 10^{-9}\,(\mathrm{m})} \doteqdot 3.97 \times 10^{-19}\,(\mathrm{J})$$

なお，$E = h\nu$ を用いる場合は，$\nu = c/\lambda$ を用いて振動数 ν を求める．

$$\nu = \frac{2.998 \times 10^{8}\,(\mathrm{m\,s^{-1}})}{500 \times 10^{-9}\,(\mathrm{m})} = 5.996 \times 10^{14}\,(\mathrm{s^{-1}}\ \text{あるいは Hz})$$

（Hz は巻末付録の付表2（p.216）を参照）

$$E = 6.626 \times 10^{-34}\,(\mathrm{Js}) \times 5.996 \times 10^{14}\,(\mathrm{s^{-1}}) \fallingdotseq 3.97 \times 10^{-19}\,(\mathrm{J})$$

次に，波数について述べる．

波数は単位長さ当たりの波（振動の周期）の数であり，波長の逆数 $1/\lambda$（単位は長さ$^{-1}$）である．なお，厳密には，波数の正確な値と $1/\lambda$ の値はごくわずかに異なるが，その差が無視できるほど小さいので，近似的に $1/\lambda$ を用いている．

波数の記号は $\tilde{\nu}$ を用いる．

波長 500 nm の可視光線の，波数の計算を以下に示す．（ ）内は単位である．

$$\tilde{\nu} = \frac{1}{500 \times 10^{-9}\,(\mathrm{m})} = 2 \times 10^{6}\,(\mathrm{m^{-1}}) = 20000\,(\mathrm{cm^{-1}})$$

化学や分光学では，しばしば波数の単位に cm^{-1} が用いられる（cm^{-1} はカイザー（kayser）という固有名称をもつ CGS 単位系の単位）．波数 $\tilde{\nu}$ と波の速度の v や光の速度 c の積は振動数 ν である．なお，振動数や波長，波数は，いずれも電磁波のエネルギーを反映する量である．

(5) 波の干渉と回折

波の特徴的な性質は，反射（reflection），屈折（refraction），干渉（interference），回折（diffraction）である．ここでは干渉と回折について述べる．

波の干渉とは，2つ以上の波が重なり合うと起こる現象である．波の重なり合いは波の合成ともいい，重なって生じた波を合成波という．次の**図 2A1-2** は，1本のひもの両端に発生した，進行方向が互いに逆の，波形が異なる進行波の干渉のイメージである．

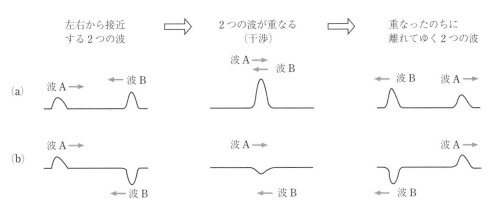

図 2A1-2. 1本のひもの上の，方向が逆の2つの進行波の干渉のイメージ．
(a) 2つの波がひもの上に現れた場合と，(b) それぞれの波が上下に現れた場合．

図 2A1-2 (a)，(b) の中央の図は，いずれも波 A と波 B の重なり（干渉）が最大のときに生成した波である．(a) の場合は，波 A と波 B が重なり合って干渉すると，2つの波は互いに強め合って波高が高い大きな波が生じる．(b) の場合は，波 A と波 B が干渉すると2つの波は互いに弱め合

い，波高が高い方の波Bの側（図の下側）に，波高が低い小さな波が生じる．

　干渉して生成した波（干渉波）の波形は，波Aと波Bが互いに重なり合った部分の波高を足し合わせたものになる（これを波の重ね合わせの原理や波の合成の原理，ホイヘンス-フレネル（Huygens-Fresnel）の原理という）．したがって，（a）では波Aと波Bが重なり合った部分の，それぞれの波高を足し合わせた形の干渉波が生じ，（b）では重なり合った部分の波Aの波高から，波Bの波高を差し引いた形の干渉波が生じる．互いに干渉できる範囲を過ぎると2つの波は元の波形に戻り，それぞれの進行方向に進む．

　次の**図2A1-3**は，波長も振幅も同じ2つの横波の干渉を表したものである．

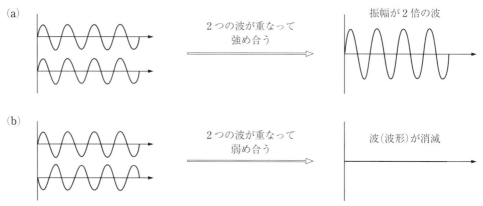

図2A1-3. 波長と振幅および進行方向が同じ2つの波の横からの干渉.
(a) 2つの波の周期が合致する場合と，(b) 周期が1/2（半周期分）ずれている場合.
(a)，(b) それぞれの左図の，上下2つの波の横軸を重ねて合成すると右図のようになる.

　（a）のように，波長も振幅も周期も同じ2つの波が干渉すると，波長と周期は変わらないが，振幅が2倍の横波が生じる．（b）のように，波長と振幅は同じであるが，互いに周期が1/2（半周期分）ずれている場合は，同じ位置の位相が正反対の2つの波が干渉すると，波は消滅する．

　波の回折は，媒質中を直進する波が，波をさえぎる物体（障害物）の端から背後に回り込んだり，障害物に開けられた隙間（スリット（slit））や穴を通り抜けたのちに広がってゆく現象である．身近な例は，音波の回折によって障害物の裏側や，狭い隙間や小さな穴から音がよく聞こえることや，真っ暗にした部屋の窓を少し開けると隙間から外の光が差し込み，光の回折によって，その隙間が部屋のどこからでも明るくみえることである．その他に，海岸に向けて沖から打ち寄せる波（表面波）が防波堤に当たると，防波堤の端から内側へ波が回り込む現象や，狭い隙間や小さな穴が開いている防波堤では，通り抜けた波が内側に広がってゆく現象も，波の回折の例である．

　回折は，障害物自体の大きさや，スリットの幅や穴の大きさが波長に近くなるほど顕著になる現象である．**図2A1-4**に，スリットや穴を通過する波の回折のイメージを示す．

　（a）では障害物の手前の波と，スリットや穴を通過して回折した波（回折波）の形が大きく異なる．なお，平面的な2次元の波の回折波は半円状，立体的な3次元の波の回折波は球状である．（b）の回折波の両端の波形は，障害物の手前の波と大きく異なるが，その他の部分は波形がほとん

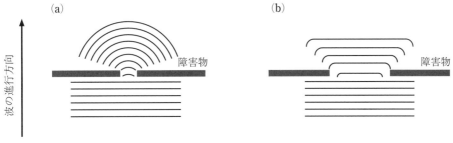

図 2A1-4. 波の回折のイメージ.
(a) 障害物のスリットの幅や穴の大きさが波長と同程度の場合と,
(b) 波長と比べてかなり大きい場合.
いずれの図も波を真上から見たイメージであり, 図中の直線と曲線は波の山の頂点を示す.

ど変わらずに直進する (直進性が保たれている).

　波の直進性 (透過性) は波長が短いほど強い. 可視光線などの電磁波は波長がきわめて短いので直進性が強く, 回折を起こさせるには非常に狭いスリットや穴を通過させる必要がある.

(6) 光 (電磁波) と電子線の回折と干渉

　1つの障害物に2つ以上のスリットや穴があると, それらを通過して広がった複数の回折波は互いに重なって干渉する.

　図 2A1-5 は, 髪の毛よりも細い2つのスリットを通過した光 (可視光線) の, 回折光 (回折波) を干渉させる実験装置の概略と原理のイメージである. この実験は, 1805 年頃にヤング (Young) が行ったので, ヤングの干渉実験や二重スリットの実験などといわれる. この実験の結果は, 光が波である証拠を示した. なお, 光の波を光波という.

　図の光源から放射された光波が, スリット A の1本のスリットを通過して回折すると, 円柱を切り出したような形の柱体状の波に整えられる. この回折波が, スリット B の平行に並んだ2本のスリットを通過すると2つの回折波が生じる. これらがスクリーンに達すると, 2つの回折波が干渉して強め合った部分が明るくなり, 弱め合った部分は暗くなって, 明るい部分と暗い部分が交互にくり返して並んだ縞模様が写し出される. これを干渉縞 (interference fringes) という. スリット B の2本のスリットからスクリーンまでの間の, それぞれの回折波が進む距離の差 (光路差) が光の波長の整数倍のときに最も強め合い, 半整数倍のときは最も弱め合う. (b) の干渉縞では, 3カ所の明るい部分のうち, スリット B の平行に並んだ2本のスリットから等距離の, 真ん中の明るい部分の中央が最も明るい.

　現代の分光器には, 複数のスリットを開けた (刻んだ) 板を用いて分光する回折格子 (grating) という部品が使用されているものがある. たとえば, 紫外線や可視光線, 赤外線の分光器には, 薄い金属などの板に, 多数の非常に狭いスリットを平行に刻んだ回折格子が用いられている.

　可視光線よりもかなり波長が短く, 直進性 (透過性) がきわめて強い X 線を回折させるには, 金

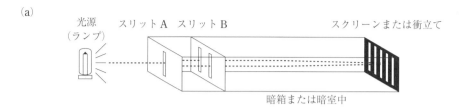

(a)

光源
（ランプ）

スリットA　スリットB

スクリーンまたは衝立て

暗箱または暗室中

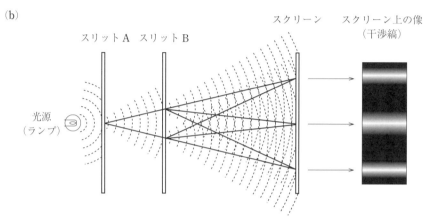

(b)

スリットA　スリットB

スクリーン　　スクリーン上の像
（干渉縞）

光源
（ランプ）

図 2A1-5. 回折光の干渉（ヤングの干渉実験）のイメージ.
　　　　(a) 実験装置の概略. 一組の破線は，干渉によって最も強め合う光波の進行方向
　　　　の例である.
　　　　(b) 回折光の干渉と干渉縞. 曲線は交互に現れる光波の山の頂点と谷底を示す.
　　　　三組の実線は，干渉によって最も強め合う光波の進行方向の例である.

やニッケルなどの薄い結晶（金属箔）を用いる．結晶中の原子の隙間は，X 線の波長領域（**巻末付録 A4**(2)(p.223) を参照）に近いので，その隙間が X 線を回折させる穴の役目を果たす．

　図 2A1-6 に，X 線回折装置の構造と干渉縞のイメージを示す．

　細い X 線ビームが金属箔を通過して回折し，回折波が干渉するとリング状の干渉縞が写し出される（1912 年にラウエ（Laue）がこの現象を発見し，X 線の正体が波長の短い電磁波であることを解明した）．

　このような円形の干渉縞は，電磁波が規則的に並んだ多数の穴で回折して干渉すると生じる．結晶中の原子の配列は周期的構造をもつので，原子間の隙間も周期的構造をもち，多数の穴が規則的に並んだ回折格子として機能するのである．

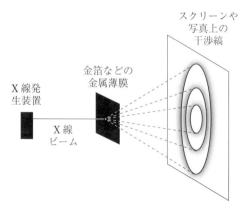

スクリーンや
写真上の
干渉縞

金箔などの
金属薄膜

X線発
生装置

X線
ビーム

図 2A1-6. X 線回折装置の構造の概略と干渉縞の
　　　　イメージ

　一定波長の X 線を用いると，**図 2A1-6** の干渉縞の上に実線で描いた円周上に，多数の斑点（ス

ポット（spot））が並んだだけの像が写る．これをデバイ–シェラー環（Debye–Scherrer ring）という．それぞれのスポットの位置と濃さ（干渉 X 線の強度を示す）から，結晶中の原子や分子，イオンの規則的な配列（結晶構造）を調べる結晶構造の解析手法がある，この手法を X 線結晶構造解析といい，物質科学のさまざまな分野で広く利用されている．

　本章 2 節の 2.2.2 電子回折（p. 46）は，**図 2A1-6** の X 線発生装置を電子ビーム（電子線）発生装置に置き換えて行われた実験である（ただし，装置は原理面で X 線回折の場合と少し異なる）．電子線が回折して干渉すると，X 線回折と同様なリング状の干渉縞が現れる．

　電子線発生装置は電子銃（electron-gun）といわれ，融点が高いタングステンなどの金属フィラメントに高電圧をかけて，電流を流して電子を放出させ，それを加速してビーム状に収束させる装置である．電子銃は，放出する電子のエネルギーを制御できる（電子の個数も制御できる）．電子線中の電子の，粒子としての運動エネルギーと，電磁波である X 線の波のエネルギーが等しい場合，それぞれの線の回折から生じる干渉縞のパターンはぴったり一致する．この結果から，同じエネルギーをもつ電子の物質波と電磁波の波長が一致することが確認され，ド・ブロイの物質波（p. 45）の概念はゆるぎないものとなった．

　電子回折は結晶構造解析に利用される他に，テレビのブラウン管や電子顕微鏡などに応用されている．なお，中性子のビームの中性子線も，電子線や X 線と同様に結晶を通過すると回折するので，中性子線回折による結晶構造解析などに利用されている．

　X 線回折や電子回折の干渉縞の観察や記録には，当初は電離放射線（X 線や α 線，β 線や電子線，γ 線など）が照射されると発光する硫化亜鉛（ZnS）などのシンチレーター（scintillator）（蛍光物質）を塗布したスクリーン（蛍光板）や，電離放射線用の感光物質（sensitizer）を塗布した写真乾板が用いられたが，現在は X 線写真撮影用高感度フィルムや，さまざまな種類のシンチレーターを用いた電離放射線の検出・測定器（scintillation counter）などの先進機器が使用されている．

（7）定常波

　前記（2）（p. 82）で述べたように，われわれの身のまわりの定常波の例は弦楽器の「弦の振動」であり，ギターの弦の振動は 1 次元の定常波である．なお，太鼓などの打楽器の，打面の振動は 2 次元の定常波である．

　定常波は，それぞれ一端（発生点）が固定されて進行方向のみが互いに逆向きの，波長も周期も振幅も同じ 2 つの波が干渉すると発生する．**図 2A1-7** に，横波の 1 次元の定常波が発生するイメージと，その例をいくつか示す．

　図の（c）の定常波は，（a）の進行方向が互いに逆向きの 2 つの横波の点 A と B′，および点 B と C をそれぞれ重ねるか，または（b）の点 B と B′ が重なった破線で折り返して A と C を重ねると描くことができる．この定常波は，重なった 2 つの波の発生点で反対方向へ折り返し（反射）をくり返すので，見かけ上は節（振幅がゼロの点）の位置が動かずに固定されて，波の山と谷が交互に入れ換わる上下方向の変化をくり返す．定常波は，肉眼でみると時間の経過にともなう波の進行

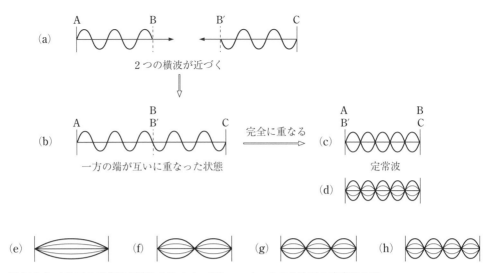

図 2A1-7. 1次元の定常波が発生するイメージと，いくつかの1次元の定常波の例．
　　　　（a）進行方向が互いに逆向きの2つの横波（2.5周期分が描かれている）．（b）2つの横波の端
　　　　が重なった状態．（c）2つの横波が完全に重なって生じた定常波．（d）（c）の定常波を弦の振
　　　　動のように描いた図．（e），（f），（g），（h）は，それぞれ2つの横波の0.5周期，1周期，1.5
　　　　周期，2周期分が重なって生じた定常波を弦の振動のように描いた図．

（移動）が確認できない波である．

　　進行方向が互いに逆向きでも，波長，周期，振幅のいずれか1つでも異なる2つの波が干渉する
と定常波は発生せず，絶えず波形が変化する進行波が発生する．このような波を，定常波に対して
非定常波（non-stationary wave, non-standing wave）という．

　　定常波や非定常波は直線的な1次元の波だけでなく，さまざまな平面図形の輪郭の線上に描くこ
ともできる（平面的な2次元の波は波形の図示がやや難しく，立体的な3次元の波では波形の図示
はほぼ不可能）．
　　次の図 2A1-8 は，半径 r の円周上の，定常波が発生する横波（正弦波）の波形を示したものであ
る．図中の（a），（b），（c），（d）で発生する定常波の波形は，それぞれ上の図 2A-1-7 に示した直
線上の定常波（e），（f），（g），（h）の，各図の両端を重ねて円形に連結した場合の形である．図
2A1-9 には，円周上に定常波が発生する横波と（定常波が発生せず）非定常波が発生する横波，お
よび，円周に対して横波を平行に描いた図を示した（（c）と（d）のような図も多くの教科書で使用
されている）．
　　これらの図より，円周の長さ $2\pi r$ が波長 λ の整数倍と一致する場合（$n\lambda = 2\pi r$；
$n = 1, 2, 3, \cdots, \infty$）のみ，定常波が発生することがわかる．
　　これらの円周上の定常波の図は，のちの**付録 2.5**（p. 97）で述べるボーアの原子模型の，電子の
等速円運動を，定常波であるド・ブロイの物質波で描き換えた図の例である．

(a) $\lambda = 2\pi r$

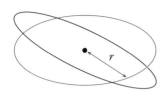

(b) $2\lambda = 2\pi r$

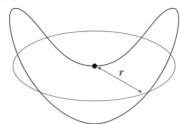

(c) $3\lambda = 2\pi r$

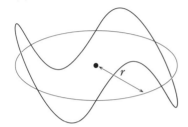

(d) $4\lambda = 2\pi r$

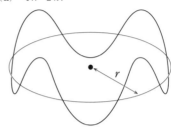

図 2A-1-8. 半径 r の円周上の，(a) 1 周期，(b) 2 周期，(c) 3 周期，(d) 4 周期の定常波が発生する横波の波形.
いずれの図も，円周 1 周分の横波の波形を円周に対して垂直に描いている.

(a) $6\lambda = 2\pi r$

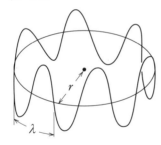

(b) $6\lambda \neq 2\pi r \; (5\lambda < 2\pi r < 6\lambda)$

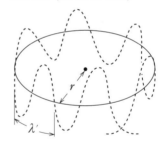

(c) $6\lambda = 2\pi r$

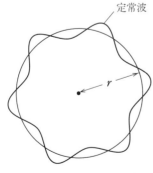

定常波

(d) $6\lambda \neq 2\pi r \; (5\lambda < 2\pi r < 6\lambda)$

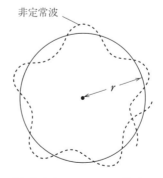

非定常波

図 2A1-9. 半径 r の円周上の，(a) 定常波が発生する横波と (b) 非定常波が発生する横波の例，および，(c)(a) の横波を円周に対して平行に描いた図と，(d)(b) の横波を円周に対して平行に描いた図.
いずれの図も 6 周期の横波である.

付録2.2 クーロンの法則

クーロン（Coulomb）の法則は，静電気のエネルギー（静電エネルギー）と力（静電力）に関する基本法則である（元来は静電力の基本法則）．この法則は，2個以上の荷電粒子の間や，電気を帯びた（帯電した）物体の間の静電相互作用（electrostatic interaction）に関する内容を理解するために必要な物理法則の1つである．以下に要点を述べる．

下図のように，距離 r を隔てて存在する2個の荷電粒子 1 と 2 の間の静電エネルギー（E）と，2個の荷電粒子間に働く静電力（F）は，それぞれ次の式（2A2-1）と式（2A2-2）で表される．

荷電粒子1　　　　　荷電粒子2

q_1　　距離 r　　q_2

$$E = \frac{q_1 q_2}{4\pi\varepsilon r} \tag{2A2-1}$$

$$F = \frac{q_1 q_2}{4\pi\varepsilon r^2} \tag{2A2-2}$$

これらの式の q_1 と q_2 は，それぞれ荷電粒子 1 と 2 の電気量（単位は C），π は円周率，r は 1 と 2 の中心間の距離（単位は m）である．ε は電場の媒体（静電力が伝わる空間や物質）の内部の誘電率（permittivity）といい，おのおのの媒体に固有の，静電力を弱める（静電エネルギーの量を減少させる）度合いを示す値である（高等学校物理ではコンデンサーの項目で誘電率を学ぶ）．本書では，主に原子中の電子と原子核の間の静電エネルギーに注目しており，これらの荷電粒子の間は真空なので，真空の誘電率 ε_0（単位は $C^2 m^{-1} J^{-1}$）を用いる．ε_0 は物理定数の1つである（値は**巻末付録の付表8**（p.220）を参照）．E の単位は J，F の単位は N（ニュートン）である（単位は**巻末付録の付表2**（p.216）を参照）．式（2A2-1）と式（2A2-2）より，静電エネルギー E を r で割った商は静電力 F であり，F と r の積は E であることがわかる．

荷電粒子 1 と 2 を，それぞれ水素原子の原子核と電子とすれば，q_1 は陽子の電気量の 1.602×10^{-19} C，q_2 は電子の電気量の -1.602×10^{-19} C である（**巻末付録の付表8**（p.220）を参照）．π と ε_0 は定数のため，式（2A2-1）と式（2A2-2）の変数はいずれも距離 r のみである．したがって，E と F はともに荷電粒子 1 と 2 の電気量の積 $q_1 q_2$ に比例し，E は距離 r に反比例して，F は距離の2乗の r_2 に反比例する（これは静電力の逆2乗の法則である）．

荷電粒子 1 と 2 の電荷がともに正電荷，ともに負電荷で，正負の符号が同じ場合は静電反発力（斥力ともいう）が働き，2つの粒子は互いに避け合って遠ざかろうとする．この場合の電気量の積 $q_1 q_2$ は正の値であり，その他の定数はすべて正の値なので，静電反発の場合は E も F も正の値である．

荷電粒子 1 と 2 の一方が正電荷で，もう一方が負電荷の場合は静電引力が働き，2つの粒子は互いに引きつけ合って近づこうとする．この場合は電気量の積 $q_1 q_2$ が負の値なので，E も F も負の値である．水素原子中の原子核（1個の陽子）と1個の電子のような，負電荷をもつ荷電粒子と正電荷をもつ荷電粒子の間には静電引力が働くので，原子中の電子は原子核に束縛されて，その周囲に存在している．したがって，クーロンの法則から，原子中の電子のエネルギーは負の値をとるのである．

19世紀後半の欧州（特にドイツ）では，溶鉱炉中の溶けた鉄や太陽などの高温物体から放出される光（電磁波）の観測から波長と強さ（強度）の関係（強度分布）が調べられ，波長によって強度が異なることが知られていた．ところが，高温物体が放出する電磁波の強度分布は，当時の物理学（波動力学）の，波のエネルギーは振幅の2乗に比例するという既成概念では説明できなかった．プランクは，電磁波のエネルギーは，ある単位量の整数倍の値しかとることができないと考えて，エネルギー元素（またはエネルギー素量）という最小単位の存在を仮定し，これを表す定数 h（プランク定数）を導き出して，電磁波のエネルギーが振動数に比例することを示す，振幅を含まない式 $E = h\nu$ を発表した（本文 p.41 の式(2-4)）．この式は実在の高温物体のみならず，黒体放射（black-body radiation）という，理論上の仮想的高温物体である黒体が放出する電磁波の強度分布も説明した．黒体とは，低温ではすべての光を吸収するので真っ黒にみえ，温度が高くなるにつれて熱エネルギーが光エネルギーに転換されてゆき，やがてすべての光を放射して白く眩しく輝くようになる仮想的物体である．

$E = h\nu$ の物理学的な表現は「振動数 ν をもつ振動子（振動する物体）の振動エネルギーは，最小単位 h の整数倍の値しかとれない」である．h はただ1つの値だけをもち，その値より大きくも小さくもならない定数のため，振動エネルギーの値は振動数 ν とプランク定数 h の積 $h\nu$ と，その整数倍のとびとびの値に限られるのである．このように，$E = h\nu$ は物理学の歴史上で初めて量子化の概念を示す式であったが，当時はニュートン力学（古典力学）やマックスウェル（Maxwell）の電磁気学が絶対的な至高の物理学と信じられており，エネルギーの不連続性はまったく考慮されない時代であった．プランクの目的は，観測結果から得られた事実の説明であった．その達成のために導いた式 $E = h\nu$ に，量子化という革命的な概念が含まれることにプランクは気づいてなかったといわれる．

この式は，ミクロな世界の物理学である量子力学（quantum mechanics）の扉を開いた．その後，量子力学が発展して物理学の一分野として認められ，1930年代前半に理論体系が完成する間に，エネルギー元素はエネルギー量子といわれるようになり，量子化の概念が含まれていたプランクの仮説は「プランクの量子仮説」といわれるようになった．

プランクの量子仮説は，1905年にアインシュタインが発表した光子仮説（または光量子仮説）とともに，量子力学の発展の基盤となった．光子仮説は，光子（photon）という素粒子の存在を仮定して，それまで波であると固く信じられてきた光（電磁波）が粒子としての性質（粒子性）ももつとする理論である．この仮説は，17世紀に万有引力を発見したニュートンが主張したが，その後否定され続けていた，光の正体を微小粒子とする「光の粒子説」の復興であった．アインシュタインは光子仮説によって，19世紀終盤に発見された光電効果（photoelectric effect）という現象が起こる理由を説明した．光電効果とは，物質に光（電磁波）を照射しながら電磁波のエネルギーを高くしてゆくと，あるエネルギーの値を超えた瞬間に物質から電子が飛び出す現象である（飛び出した電子を光電子（photoelectron）という）．

光子は静止質量がゼロで，運動するとごくわずかな質量が発生する素粒子とされている．電磁波の粒子性，すなわち，光子の実在を立証する決定的な実験的証拠は見いだされてないが，これまでの最も有力な証拠は，1923年にコンプトン（Compton）が発見した，コンプトン散乱やコンプトン効果といわれる現象と考えられている．コンプトン散乱は，X線を物質に照射すると，物質に当たって進行方向が変わったX線（散乱X線）の波長が，照射したX線（入射X線）よりもわずかに長くなる現象である．この現象が起こる理由は光子の存在を仮定すれば説明できる．すなわち，X線の光子が物質中の原子やイオンがもつ電子に衝突すると，光子の運動エネルギーの一部が電子に移り，移った分だけ光子のエネルギーが減少するので，その減少分だけ波としてのX線のエネルギーが低下して波長が長くなると説明できる．前記の光電効果も，負電荷をもつ電子が正電荷をもつ原子核に束縛されるエネルギーを超える，高い運動エネルギーをもった光子に衝突されると，弾き飛ばされて物質の外に飛び出すと説明できる．

　光子のような，観測や実験から得られた事実を説明するために考案されたが，実体が解明されてない素粒子は，仮想的な「エネルギーのかたまり」と考えるとよい．

　アインシュタインは，質量とエネルギーの関係を表す次の式（2A3-1）を示して自身の理論（特殊相対性理論）を総括した．

$$E = mc^2 \quad （c は光の速度）\tag{2A3-1}$$

この式は，第1章の章末**付録** 1.4 の式（1A4-2）$E = \Delta M \times c^2$（p. 31）の一般式であり，エネルギーと質量は等価で互いに転換できることを表している．すなわち，転換によって質量が消失してエネルギーが発生し，エネルギーが消失して質量が発生するのである．ここで，光（電磁波）をエネルギーのかたまりの振動運動が伝播する進行波と考えると，エネルギーが転換して質量が発生するので光子が現れると考えることができる．したがって，電磁波は光子の振動が伝播する波と解釈でき，波動性と粒子性の両方をもつことになる（光（電磁波）の二重性）．この二重性によって，振動数（または波長，波数）で決まるエネルギーのかたまりである光子の個数と電磁波の振幅が関係づけられるので，電磁波の振幅が大きいほど光子の数が多いことになる．したがって，光は波の振幅が大きいほど明るくみえるが，それは光子の数が多くなるためでもあると説明できる．

　プランクの公式 $E = h\nu = hc/\lambda$ は，電磁波の波動性を表す式としての性格が強い．アインシュタインの式 $E = mc^2$ は，光子の存在を仮定して電磁波の粒子性を表した式である．電磁波を光子の振動が伝播する波と解釈すれば，$E = h\nu$ は光子の振動エネルギーを表すことになるので，2つの式を $mc^2 = h\nu = hc/\lambda$ と結びつけて整理した $mc = h\nu/c$ は光子の運動量を表し，$p = h\nu/c$ と書かれる（p は運動量の記号）．

下図に，水素原子の円軌道上を等速円運動する1個の電子のイメージを示す．F は電子に働く遠心力，$-F$ は原子核と電子の間に働く静電引力，r は円軌道半径（円運動の「動径」という）であり，その中心は原子核の中心である．v は等速円運動の接線方向の速度，m_e は電子の質量である．遠心力 F と静電引力 $-F$ は，それぞれ次の式（2A4-1）と式（2A4-2）で表される（いずれも電磁気学の公式）．

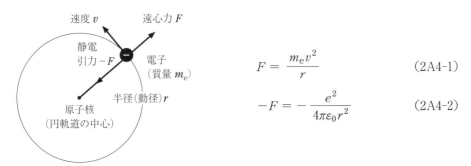

$$F = \frac{m_e v^2}{r} \tag{2A4-1}$$

$$-F = -\frac{e^2}{4\pi\varepsilon_0 r^2} \tag{2A4-2}$$

静電的に原子核に束縛されて等速円運動する1個の電子の全エネルギー E は，電子の運動エネルギー T とポテンシャルエネルギー（位置エネルギー）V の和の $E = T + V$ であり，次の式（2A4-3）で表される．これはエネルギー保存の法則である．

$$E = \frac{1}{2} m_e v^2 + \left(-\frac{e^2}{4\pi\varepsilon_0 r} \right) \tag{2A4-3}$$

上式の右辺第1項は，運動する物体の運動エネルギー T を表す古典力学の基礎方程式である．右辺第2項は静電エネルギー（**付録 2.2** の式（2A2-1）（p.92））であり，これが原子（原子核）の中心から距離 r 離れた電子の位置エネルギー V である．

なお，ボーアの原子模型では，電子が原子の中心から無限遠に離れた $r = \infty$ の場合の位置エネルギーをゼロ（$V = 0$）とし，原子に属している電子は，$V = 0$ のときに原子核の正電荷の束縛から解放されて原子の外に存在できるようになると考えて，これを電子の全エネルギーのゼロ点にしている．ボーア以降のすべての原子模型の，電子のエネルギーのゼロ点も同じである．

電子は遠心力 F と静電引力 $-F$ が釣り合った $F + (-F) = 0$ の場合のみ等速円運動できるので，（式（2A4-1）の右辺 + 式（2A4-2）の右辺）$= 0$ とおいて，v^2 について整理すると次の式（2A4-4）が導かれる．

$$v^2 = \frac{e^2}{4\pi\varepsilon_0 m_e r} \tag{2A4-4}$$

上式を式（2A4-3）の右辺第1項に代入して E について整理すると，電子の全エネルギーが次の式（2A4-5）で表される．

$$E = -\frac{e^2}{8\pi\varepsilon_0 r} \tag{2A4-5}$$

次の式（2A4-6）は，数式による「ボーアの量子条件」の表現である．

$$m_e vr = \frac{nh}{2\pi} \tag{2A4-6}$$

上式の左辺は，等速円運動する電子の角運動量という物理量である（軌道角運動量ともいう）．なお，直線運動する物体の運動量（記号 p）は質量 m と速度 v の積である（$p = mv$）．運動量や角運動量は，運動の勢いの強弱を表す量であり，円運動する物体の場合は，質量と速度，円軌道半径（円運動の動径）r の積の角運動量（記号 l）を用いる（$l = mvr$）．

式（2A4-6）の右辺の π は円周率，h はプランク定数，n は量子数である（1 以上の整数値）．ボーアは，原子中の電子が等速円運動していると大胆に仮定し，プランク定数 h を用いて量子数 n を導入し，電子の角運動量を量子化した．

式（2A4-6）を速度 v について整理し，次の式（2A4-6'）とする．

$$v = \frac{nh}{2\pi m_e r} \tag{2A4-6'}$$

上式を，式（2A4-4）の右辺第 1 項の v に代入して円運動の動径 r について整理すると，円軌道半径が量子化されていることを表す，次の式（2A4-7）が導かれる．

$$r_n = \frac{n^2 \varepsilon_0 h^2}{\pi m_e e^2} \tag{2A4-7}$$

上式の左辺 r_n の n は，右辺の量子数 n によって決まる円軌道半径を n の値で区別するために付けている．

式（2A4-7）を式（2A4-5）の右辺の r に代入して整理すると，電子の全エネルギーも量子化されていることを表す，次の式（2A4-8）が導かれる．

$$E_n = -\frac{m_e e^4}{8\varepsilon_0{}^2 h^2 n^2} \tag{2A4-8}$$

上式の左辺 E_n の n も，右辺の量子数 n によって決まる電子の全エネルギー E を n の値で区別するために付けている．

式（2A4-7）の r_n と式（2A4-8）の E_n は，量子数 n の値によって同時に決まる 1 組の固有値である．

ボーアは，n が 1 以上の整数値をとる場合のみ電子が運動する円軌道が現れて，その軌道を運動する電子の全エネルギーも自然に決まると説明した．

式（2A4-7）と式（2A4-8）に，定数の値（**巻末付録**の**付表 8**（p. 220）を参照）と $n = 1$ を代入して r_1 と E_1 の値を計算すると，それぞれ約 52.9 pm（ボーア半径 a_0）と約 -2.17×10^{-18} J となる．r_1 と E_1 は，水素原子の電子基底状態（本文 p. 42）の，電子の円軌道半径と全エネルギーである．n が 2 以上の場合は電子励起状態（p. 42）である．

下の式（2A4-9）と式（2A4-10）は，それぞれ r_n と E_n の値を求める一般式である．

$$r_n = n^2 a_0 \quad (n = 1, 2, 3, \cdots, \infty) \tag{2A4-9}$$

$$E_n = \frac{1 \times (-2.17 \times 10^{-18})}{n^2} \text{（単位は J）} \quad (n = 1, 2, 3, \cdots, \infty) \tag{2A4-10}$$

式 (2A4-10) を用いて $n = 6$ の E_6 あたりまでの電子の全エネルギーを計算し，グラフ用紙の縦軸にエネルギーの目盛を適切に付けて，本文の**図 2-1-4**（p. 43）のようなエネルギー準位図を描いてみるとよい．それは p. 43 の脇注に述べている「定量的」なエネルギー準位図である．その図を，縦軸にエネルギーの目盛がない**図 2-1-4** と**図 2-1-5**（p. 44）の定性的なエネルギー準位図の，エネルギー準位の横線の間隔と比べてみれば，これらの 2 つの図が定量性を意識して描かれた図であることがわかる．

次の式 (2A4-11) は，「ボーアの振動数条件」である．

$$E_{n'} - E_n = h\nu \quad \left(= h\frac{c}{\lambda} \right) \tag{2A4-11}$$

$$(n' > n ; n' = 2,\ 3,\ 4,\ \cdots,\ \infty ; n = 1,\ 2,\ 3,\ \cdots,\ \infty - 1)$$

上式の右辺と括弧内の式は，電磁波のエネルギーを表すプランクの公式（p. 41 の式 (2-4) と p. 84 の式 (2A1-5)）の右辺であり，ν は原子発光の線スペクトルの電磁波の振動数，λ はその波長である．

左辺の $E_{n'} - E_n$ は，水素原子中の電子の軌道間エネルギー差である．なお，本文では $E_{n'} - E_n$ を $\Delta E_{3 \to 1}$ や $\Delta E_{3 \to 2}$ のように表している．

式 (2A4-11) によって，ボーアは水素原子の発光スペクトルが線スペクトルになる理由と，線スペクトル系列が出現する理由を説明したのである．

付録 2.5　物質波の概念と定常波を用いた量子化の概要

光子仮説（付録 2.3（p. 93））などのアインシュタインの業績に強く影響されたド・ブロイは，明らかに波である光が物体としての粒子性を示すなら，実体（大きさと形）がはっきりしている通常の物体も波動性を示すはずであり，その運動は波で表現できると逆説的に考えて，物質波の概念を着想した．以下に，その概念が導かれた過程を概説する．

ド・ブロイは，プランクの公式 $E = hc/\lambda$（式 (2A1-5)（p. 84））と，アインシュタインの式 $E = mc^2$（式 (2A3-1)（p. 94））の光の速度 c を，大胆にも通常の物体の運動速度 v に置き換えた．

$$E = mv^2 \tag{2A5-1}$$

$$E = \frac{hv}{\lambda} \tag{2A5-2}$$

付録 2.3 の最後に述べたように，プランクの公式とアインシュタインの式のエネルギー E は物理学的に等価であり，2 つの式は結びつけられて運動量 p を表す式が導かれる．これと同様に，式 (2A5-1) と式 (2A5-2) を $mv^2 = hv/\lambda$ と結びつけると，運動量 p を表す次の式 (2A5-3) が導かれる．

$$p = mv = \frac{h}{\lambda} \tag{2A5-3}$$

物質波の波長を表す本文 p. 46 の式 (2-5) $\lambda = h/mv = h/p$ は，式 (2A5-3) を λ について整理し

た式である.

ここで右図のような，箱の中を一定の速度 v で，距離 L を直線往復運動する質量 m の球（物体）を考えて，その運動に対して以下の4つの条件を仮定する.

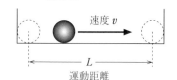
質量 m
速度 v
L
運動距離

・球と箱の壁や底との間に摩擦なし.
・球のエネルギーは運動エネルギーのみ.
・球が壁に衝突しても運動エネルギーの損失なし（速度 v は一定で変化しない）.
・位置エネルギーはゼロ（箱の底からの球の位置（高さ）は変化しない）.

図中の球は，巨大な恒星から電子のような微小粒子までの，すべての物体と考える（真空中を直線往復運動するすべての物体と考えてもよい）.

次に，定常波で球の運動を描き換える（定常波は**付録2.1**(7)(p.89)を参照）．球が箱の中を1往復した距離は $2L$ である．この距離が波長 λ の定常波の，n 波長分の長さに相当すると考えれば，次の式（2A5-4）の関係が成り立つ.

$$2L = n\lambda \quad (n = 1, 2, 3, \cdots, \infty) \tag{2A5-4}$$

n の値は1以上の整数値であり，ボーアの量子数 n に相当する．定常波の波長の長さは $\lambda = 2L/n$ と表されるので，距離 $2L$ に応じて量子化されている.

ド・ブロイは，すべての物体（物質）の運動が定常波で表現できることを示して，この波を物質波と名づけた.

図2A5-1 は，式（2A5-4）の n の値が1，2，3の物質波（定常波）のイメージである．これらはそれぞれ**付録2.1**(7)の**図2A1-7**(e)，(f)，(g)(p.90)と同じ横波の定常波である.

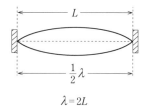
L
$\frac{1}{2}\lambda$
$\lambda = 2L$
$n=1$：球の1往復＝1波長

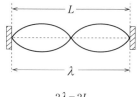
L
λ
$2\lambda = 2L$
$n=2$：球の1往復＝2波長

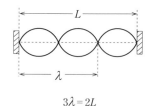
L
λ
$3\lambda = 2L$
$n=3$：球の1往復＝3波長

図2A5-1. 箱の中の球の直線往復運動を定常波で描き換えたイメージ．左図から順に式（2A5-4）の n の値が1，2，3の定常波.

図より，箱の中を直線往復運動する球の，物質波の波長の長さはとびとびであり，n の値が大きくなるにつれて $1/n$ 倍に短くなるので量子化されていることがわかる.

次に，物体としての球の運動エネルギーを波のエネルギーに書き換える.

式（2A5-4）を λ について整理して $\lambda = 2L/n$ とし，これを式（2A5-3）に代入すると，次の式（2A5-5）が導かれる.

$$p = \frac{nh}{2L}\left(= mv = \frac{h}{\lambda}\right) \quad (n = 1,\ 2,\ 3,\ \cdots,\ \infty) \tag{2A5-5}$$

古典力学では，物体の運動エネルギーはニュートンの運動方程式 $E = \frac{1}{2}mv^2$ で表される．この運動エネルギーと定常波のエネルギーは等価でなければならないので，式 (2A5-5) を v について整理して $v = \frac{nh}{2mL}$ とし，これを $E = \frac{1}{2}mv^2$ に代入して整理すると，定常波（物質波）のエネルギーを表す次の式 (2A5-6) が導かれる．

$$E = \frac{n^2h^2}{8mL^2} \quad (n = 1,\ 2,\ 3,\ \cdots,\ \infty) \tag{2A5-6}$$

式 (2A5-6) は n^2 を含むので，物質波のエネルギーも量子化されている．

図 2A5-2 は，n の値が 1，2，3 の物質波のエネルギーを表したものであり，これは箱の中を直線往復運動する球のエネルギー準位図である．物質波のエネルギーはとびとびで，n の値が大きくなるにつれて n^2 倍に大きくなる．

式 (2A5-6) と**図 2A5-2** より，運動距離 L が長く，質量 m が大きいほど物質波のエネルギーの間隔は狭くなり，運動距離が短く質量が小さいほど広くなる．

質量が大きく重い通常の物体は物質波のエネルギーの間隔がきわめて狭く，その間隔はとびとび（離散的）と考える必要がないので，無視して実質上は連続的と考える．ところが，電子のような質量がきわめて小さい物体では物質波のエネルギーの間隔は広く，明らかに離散的なので無視できない．このように，定常波である物質波によって，物体が運動すると発生する物理量を量子化できることも示された．

原子中の電子の運動も，もちろん物質波で表すことができる．ボーアの原子模型の，電子の等速円運動を物質波で描き換えるには，**付録 2.1 (7)** の，円周上の定常波（p.90〜p.91）のように，物

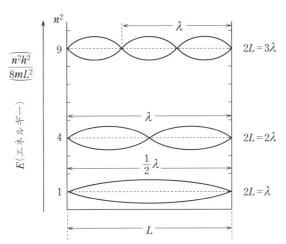

図 2A5-2. 箱の中を直線往復運動する球の物質波のエネルギー．図中に定常波の波形と波長，n^2 の値なども示した．

質波の波長の n 倍（n は量子数）が円軌道の長さ $2\pi r$ と一致しなければならない．この条件は，式 (2A5-4) $2L = n\lambda$ の運動距離 $2L$ を，電子の円軌道の長さ $2\pi r$ で置き換えた式 $2\pi r = n\lambda$ で表される．この式から，ボーアの原子模型における電子の物質波の波長は $\lambda = 2\pi r/n$ であり，量子数 n の円軌道上を運動する電子の物質波の波長は，その軌道の円周の長さの $1/n$ 倍になる．

上記の円周上の物質波における波長の条件式 $2\pi r = n\lambda$ を用いて，**付録 2.4** の，ボーアの量子条件を表した式 (2A4-6) $m_e vr = nh/2\pi$（p. 96）が次のように容易に導かれる．

式 (2A5-3) $p = mv = h/\lambda$ より $\lambda = h/mv$ である．これを $2\pi r = n\lambda$ に代入し，質量 m を電子の質量 m_e に置き換えて整理すると $m_e vr = nh/2\pi$ が得られる．このように，物質波の式から，原子中の電子の運動を質点（質量をもつ点）の運動と仮定して導かれたボーアの量子条件の式 $m_e vr = nh/2\pi$ が，電子の波動性も含んでいたことが示された．これは物質波の概念を強く支持するものであった．

付録2.6　ハイゼンベルクの不確定性原理

原子中の電子の運動の状態を正確に知るためには，その位置と速度を同時に，かつ正確に測定すればよいが，人類はその測定手段をもっていない．

ハイゼンベルクは，運動する電子のような微粒子の位置と速度を，同時かつ正確に測定できる限界を深く検討し，位置の測定と速度の測定は，それぞれにある程度の不正確さ（あいまいさ）があり，微粒子の位置を正確に測定できても速度の測定結果はかなり不正確になり，速度を正確に測定できても位置の測定結果はかなり不正確になると考えた．すなわち，原子や電子のようなミクロな粒子の世界では，位置が正確に決まると速度の測定誤差が大きくなり，速度が正確に決まると位置の測定誤差が大きくなると考えたのである．この考え方に基づいて，微粒子の位置測定の不正確さと速度測定の不正確さの間には，互いに（相対的に）不確定の関係があるので，速度測定の不正確さを含む運動量の不正確さと，位置測定の不正確さの積は，プランク定数よりも小さくならないとする不確定性原理を提唱した．

次の式 (2A6-1) は，最も簡単な不確定性原理の表現である．

$$\Delta x \Delta p_x \geqq h/4\pi \quad (\Delta p_x = m\Delta v_x) \tag{2A6-1}$$

Δx は x 方向の位置の不正確さ，Δp_x は速度 v_x の不正確さ Δv_x を反映する運動量 p_x の不正確さ，h はプランク定数，π は円周率である．式 (2A6-1) は，電子などの質量 m がきわめて小さい微粒子の運動の，ある方向（x 方向）の成分を表すと考えればよい．

この式より，位置 x が正確に測定できれば $\Delta x = 0$ であり，速度の不正確さは $\Delta v_x = \infty$ になって運動量の不正確さも $\Delta p_x = \infty$ になるので，微粒子の速度（運動量）はまったく不明で不確定になる．また，速度 v_x が正確に測定できれば $\Delta v_x = 0$ であり，$\Delta p_x = m\Delta v_x = 0$ になるので位置の不正確さは $\Delta x = \infty$ であり，微粒子の位置はまったく不明で不確定になるのである．

運動する微粒子の世界を解明する手段として，現在もエネルギーが高い（波長が短い）電磁波や粒子線を利用する測定装置が用いられている．不確定性原理によれば，微粒子の運動の位置測定と速度測定の不正確さの積の値は，プランク定数の値よりも小さくなることはない．したがって，この原理が真理であれば，人類がもっているあらゆる測定手段の装置の分解能（測定精度）をいくら

向上させても，不正確さの壁のプランク定数を乗り越えられない．したがって，不確定性原理を覆し，プランク定数の壁を乗り越えることができる自然界の事実と原理が発見されない限り，人類は原子中の電子の運動を直接観測できないことになる．このような不正確さゆえに，ボーアの水素原子模型に始まる 1920 年代半ばまでの，電子の粒子性に基づいた量子論（前期量子論）では原子中の電子の運動を表現できないので，それ以降の波動性を導入した量子論（後期量子論）に基づいて表現する他に手段がないのである．

付録 2.7　電子の波動関数の数式による表現の例

　水素原子の 1s 軌道，2s 軌道，3 つの 2p 軌道の，3 種類の量子数 n, l, m_l の組み合わせと軌道の記号，電子の波動関数の式の例を，下の**表 2A7-1** に示す．

表 2A7-1.　水素原子の 1s 軌道，2s 軌道，3 つの 2p 軌道の数式による波動関数の表現.

n	l	m_l	軌道の記号	波動関数の式[a]
1	0	0	1s	$\Psi_{1s} = \dfrac{1}{\sqrt{\pi a_0{}^3}}\, \exp\!\left(-\dfrac{r}{a_0}\right)$
2	0	0	2s	$\Psi_{2s} = \dfrac{1}{4\sqrt{2\pi a_0{}^3}}\left(2 - \dfrac{r}{a_0}\right)\exp\!\left(-\dfrac{r}{2a_0}\right)$
2	1	0	2p$_z$	$\Psi_{2p_z} = \dfrac{1}{4\sqrt{2\pi a_0{}^3}}\, \dfrac{r}{a_0}\, \cos\theta \exp\!\left(-\dfrac{r}{2a_0}\right)$
2	1	± 1	2p$_x$	$\Psi_{2p_x} = \dfrac{1}{4\sqrt{2\pi a_0{}^3}}\, \dfrac{r}{a_0}\, \sin\theta \cos\phi \exp\!\left(-\dfrac{r}{2a_0}\right)$
			2p$_y$	$\Psi_{2p_y} = \dfrac{1}{4\sqrt{2\pi a_0{}^3}}\, \dfrac{r}{a_0}\, \sin\theta \sin\phi \exp\!\left(-\dfrac{r}{2a_0}\right)$

a) 本文の記号 exp は，p.11 中央の脇注を参照.

　量子数 n の値が大きいほど，また，量子数 l と m_l の値が大きいほど波動関数の式は複雑である．n の値が 3 以上の電子軌道の波動関数の式は，専門性が高い量子力学や量子化学，化学結合論などの書籍を参照していただきたい．

　書籍によって波動関数の式の形が少し異なることがあるが，いずれも同じ電子軌道を表す式である．

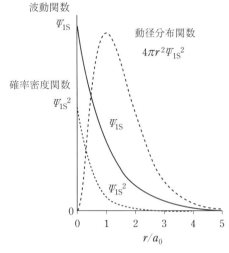

付録 2.8 水素原子の 1s 軌道（1s 電子）の波動関数，確率密度関数，動径分布関数の 2 次元グラフ表示と動径分布関数の意味

　右の図 2A8-1 は，水素原子の 1s 電子の波動関数 Ψ_{1s}，確率密度関数 Ψ_{1s}^2，動径分布関数 $4\pi r^2\Psi_{1s}^2$ の 2 次元グラフの形を比較するために描かれたものである．横軸の目盛りは本文の図 2-4-1（p. 53）と同様に，原子核の中心からの電子の距離（動径）をボーア半径で割った r/a_0 であり，縦軸は目盛を付けてない．この図を用いて動径分布関数の意味を概説する．

　1s 軌道の波動関数と，その 2 乗の確率密度関数の値は，横軸の r/a_0 の値が 0 で最大値をとる．すなわち，理論上は，電子の原子核からの距離 r（1s 電子の動径）が 0 の，1s 軌道の中心である原子核に電子が完全に重なって存在する場合に存在確率が最高になる．この状況はきわめて不自然（非現実的）であることから，次のような考え方によって動径分布関数が導かれた．

図 2A8-1. 水素原子の 1s 電子の波動関数，確率密度関数，動径分布関数の 2 次元グラフ表示．

　1s 軌道は原子核を中心とする球対称の電子軌道である．球状の 1s 軌道が占める 3 次元空間は，きわめて薄く無視できる厚さ Δr の，無数の球の殻（球殻）の層で形成されていると考える．この球殻の体積をまず $4\pi r^2\Delta r\Psi_{1s}^2$ とし，次にその厚さ Δr を無視して $4\pi r^2\Psi_{1s}^2$ とし，球殻の表面積 $4\pi r^2$ を体積と考える．この架空の体積を確率密度関数 Ψ_{1s}^2 に乗じた $4\pi r^2\Psi_{1s}^2$ は，原子核の中心の $r=0$ で球殻が点になって表面積がなくなるので，$4\pi r^2\Psi_{1s}^2$ は 0 である．したがって，電子が原子核と重なって存在することはないので，$4\pi r^2\Psi_{1s}^2$ を，動径 r に沿って電子を見いだす，現実的な確率分布を表す動径分布関数としたのである．なお，以上の説明は，$r^2\Psi^2$ の 2 次元の空間積分の結果が，数学的に球の表面積 $4\pi r^2$ と Ψ^2 の積 $4\pi r^2\Psi^2$ と同じことから行われたものである．

　電子の動径 r がごく小さい値をもてば，動径分布関数もごく小さい存在確率の値をもつので，電子はきわめて希に原子核の表面に接触することが示唆される．原子中の電子の，原子核表面への接触は，第 1 章の章末付録 1.1 に述べられている電子捕獲（p. 25〜p. 26）が起こる理由のひとつになる．

　図 2A8-1 より，水素原子の 1s 電子の存在確率は，r がボーア半径 a_0 の球殻上で最大値をとる．これは，電子の粒子性に基づくボーア模型が，原子の電子構造の本質を捉えていたことを強く示唆し，さらに，ボーア模型の粒子性に基づく電子構造の解釈と量子論による波動性に基づく解釈が，本質的に通底していることも示唆する．

付録2.9 アンペールの右ねじの法則と電子スピン

アンペール（Ampère）が 1820 年に発見した右ねじの法則は，電気の導体を流れる電流によって生じる磁場（磁界）(magnetic field) の方向を知ることができる簡便な電磁気学の法則である．この法則は，電子スピンのイメージと，その方向を示すスピン量子数 m_s の値が $+1/2$ と $-1/2$ の 2 つの半整数になる理由を直感的に把握するために必要である．

右ねじの法則の図解を**図 2A9-1** に示す．

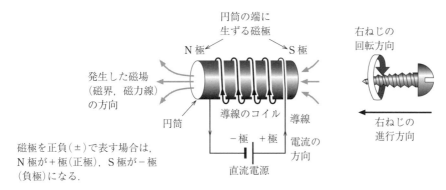

図 2A9-1. アンペールの右ねじの法則の図解.

円筒に電気の導線をらせん状に巻きつけたコイル（coil）に流れる直流電流（direct current, DC）によって，円筒の内外に磁界（磁場）が生じる．磁場の方向は，磁力線という仮想的な線を描いて表される（多数の磁力線（磁束）を描いて，その密度（磁力線密度，磁束密度）から磁力の強弱を表すことができる）．磁力線は棒磁石と同様に，円筒の外では N 極から S 極へ向かい，円筒内部では S 極から N 極へ向かう．

コイルを流れる直流電流の方向と，その電流によって円筒内部に生じた磁場の方向は，それぞれ右ねじの回転方向，および進行方向と一致する．これがアンペールの右ねじの法則である．

図 2A9-1 の直流電流は電子の流れであるが，電流が流れる方向と電子が流れる方向は逆である．すなわち，直流電流は ＋ 極から － 極へ流れるが，電子は － 極から ＋ 極へ流れる．

電流の方向は現在も変えられてない．これは，電子の流れが電流であることが解明されるずいぶん前に電流の方向が決められて，電磁気学の数多くの法則が打ち立てられて広く使用されていたので，電流の方向を逆にして混乱を招くことを避けたためといわれる．

次の**図 2A9-2** に，電子がスピンすると，アンペールの右ねじの法則に従って磁場が生じる図解を示す．

★電子がスピンすると磁石になり，磁場が生じる．

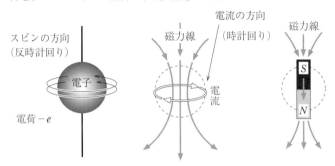

電子がスピンすれば，電子の表面を負の電荷が廻る

負電荷の動きが電流となり，磁力線を出す

棒磁石があるのと同じ

図2A9-2. 電子スピンによって生じる磁場と，その方向の図解．

右の**図2A9-3**に，電子に2つのスピン量子数 m_s の値を与えた考え方を直感的に把握するための，簡単な力学（電磁気学）模型を示す．

この図では，スピンの方向が時計回りと反時計回りの1個の電子が，それぞれ原子核の周囲を時計回りに公転すると仮定している．それぞれの電子の，公転の円軌道半径は同じである．図中の矢線は，電子の公転ならびにスピンから生じた磁場の方向と強さを表すベクトル（磁気ベクトル）である．電子の公転によって生じた磁気の中心は原子核の中心にあり，生じた磁気ベクトルの方向と強さはスピンの方向にかかわらず同じである．

上図では，公転から生じた磁場 H の方向は，時計回りのスピンから生じた電子自身の磁場 H' の方向と同じであるが，下図の反時計回りのスピンの場合は逆になる．それぞれの場合の公転とスピンから生じた2つの磁気ベクトルを合成すると，時計回りの電子スピンの場合が $H+H'$，反時計りの場合が $H-H'$ であり，全体的な

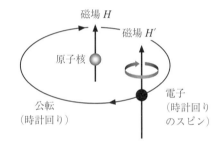

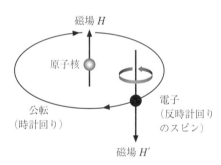

図2A9-3. 2つの電子スピン量子数 m_s の値を与えた考え方を直感的に把握するための電磁気学模型．

磁場の強さは時計回りの方が強い．スピン量子数 m_s の2つの値 $+1/2$ と $-1/2$ は，原子中の電子のスピンと公転から発生する2つの磁場の強さ（合成磁気ベクトルの長さ）の違いに基づいていると考えればよい．

本文中の式 (2-10)(p. 58) に示した原子の電子軌道の，エネルギー準位の高低の順序の 1s → 2s → 2p → 3s → 3p → 4s → 3d → 4p → 5s → 4d → 5p → 6s → 4f → 5d → 6p → 7s → 5f → 6d → 7p は，次の図 2A10-1 から容易に書き下すことができる．この図を作成する規則を理解し，記憶しておけば，原子の電子配置の構成原理で用いるエネルギー準位図を簡単に描くことができる．次に，図 2A10-1 の描き方を述べる．

まず，方位量子数 l の値が 0 の s 軌道の記号 7 つを，主量子数 n の値が大きくなる順に，1s 軌道から 7s 軌道まで左から右に 1 列に並べて書く．

次に，l の値が 1 の 2p 軌道から 7p 軌道までの記号 6 つを，それぞれ主量子数 n が同じ s 軌道の上に，左から右へと書いてゆく．

同様に，l の値が 2 の 3d 軌道から 6d

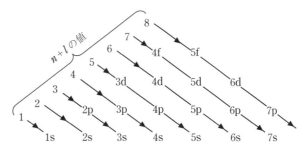

図 2A10-1. 原子の電子軌道の，エネルギー準位の高低の順序を示す記憶用軌道順序図.

軌道までの記号 4 つを，それぞれ主量子数 n が同じ p 軌道の上に積み上げて書き，最後に l の値が 3 の 4f 軌道と 5f 軌道の記号 2 つを，それぞれ 4d 軌道と 5d 軌道の上に書いて，計 19 の軌道の記号の三角形を作る．この三角形は，左端の 1s 軌道と，その隣の 2s 軌道を除き，図 2A10-1 の左上から右下に引かれた矢線上に，主量子数 n と方位量子数 l の和 $n+l$ の値が同じ軌道の記号が並んでいるので，$n+l$ の値が 1 の 1s 軌道から，$n+l$ の値が増える順に軌道の記号を読めば，電子軌道のエネルギー準位の高低の順序になる．これを原子の電子軌道の $n+l$ 則という．

右の図 2A10-2 は，$n+l$ 則に従って描いた，原子の電子配置の構成原理に従って電子配置を描くときに使用するエネルギー準位図である．この図に，スピンの向きを示す電子の表記の ↑ と ↓ を描き込んで原子の電子配置を表せばよい．

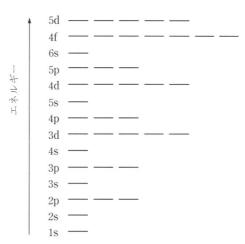

図 2A10-2. 原子の電子配置の構成に用いる電子軌道の定性的なエネルギー準位図.

下の**表 2A11-1** は，水素 $_1$H からローレンシウム $_{103}$Lr までの 103 種類の元素の，実際の原子の電子基底状態の電子配置をまとめたものである．この表から，原子の電子軌道に配置された電子数を読み取る．たとえば，価電子数（最外殻電子数）は，最外電子殻の電子軌道に配置された電子数を，この表から読み取ればよい．

表 2A11-1. 元素の電子基底状態の電子配置．元素記号の左側の数字は原子番号（記号 **Z**）

周期	Z	元素	K	L		M			N				O				P				Q	
			1s	2s	2p	3s	3p	3d	4s	4p	4d	4f	5s	5p	5d	5f	6s	6p	6d	6f	7s	7p
1	1	H	1																			
	2	He	2																			
2	3	Li	2	1																		
	4	Be	2	2																		
	5	B	2	2	1																	
	6	C	2	2	2																	
	7	N	2	2	3																	
	8	O	2	2	4																	
	9	F	2	2	5																	
	10	Ne	2	2	6																	
3	11	Na	2	2	6	1																
	12	Mg	2	2	6	2																
	13	Al	2	2	6	2	1															
	14	Si	2	2	6	2	2															
	15	P	2	2	6	2	3															
	16	S	2	2	6	2	4															
	17	Cl	2	2	6	2	5															
	18	Ar	2	2	6	2	6															
4	19	K	2	2	6	2	6		1													
	20	Ca	2	2	6	2	6		2													
	21	Sc	2	2	6	2	6	1	2													
	22	Ti	2	2	6	2	6	2	2													
	23	V	2	2	6	2	6	3	2													
	24	Cr	2	2	6	2	6	5	1													
	25	Mn	2	2	6	2	6	5	2													
	26	Fe	2	2	6	2	6	6	2													
	27	Co	2	2	6	2	6	7	2													
	28	Ni	2	2	6	2	6	8	2													
	29	Cu	2	2	6	2	6	10	1													
	30	Zn	2	2	6	2	6	10	2													
	31	Ga	2	2	6	2	6	10	2	1												
	32	Ge	2	2	6	2	6	10	2	2												
	33	As	2	2	6	2	6	10	2	3												
	34	Se	2	2	6	2	6	10	2	4												
	35	Br	2	2	6	2	6	10	2	5												
	36	Kr	2	2	6	2	6	10	2	6												
5	37	Rb	2	2	6	2	6	10	2	6			1									
	38	Sr	2	2	6	2	6	10	2	6			2									
	39	Y	2	2	6	2	6	10	2	6	1		2									
	40	Zr	2	2	6	2	6	10	2	6	2		2									
	41	Nb	2	2	6	2	6	10	2	6	4		1									
	42	Mo	2	2	6	2	6	10	2	6	5		1									
	43	Tc	2	2	6	2	6	10	2	6	5		2*									
	44	Ru	2	2	6	2	6	10	2	6	7		1									
	45	Rh	2	2	6	2	6	10	2	6	8		1									
	46	Pd	2	2	6	2	6	10	2	6	10											
	47	Ag	2	2	6	2	6	10	2	6	10		1									
	48	Cd	2	2	6	2	6	10	2	6	10		2									
	49	In	2	2	6	2	6	10	2	6	10		2	1								
	50	Sn	2	2	6	2	6	10	2	6	10		2	2								
	51	Sb	2	2	6	2	6	10	2	6	10		2	3								
	52	Te	2	2	6	2	6	10	2	6	10		2	4								
	53	I	2	2	6	2	6	10	2	6	10		2	5								
	54	Xe	2	2	6	2	6	10	2	6	10		2	6								
6	55	Cs	2	2	6	2	6	10	2	6	10		2	6			1					
	56	Ba	2	2	6	2	6	10	2	6	10		2	6			2					
	57	La	2	2	6	2	6	10	2	6	10		2	6	1		2					
	58	Ce	2	2	6	2	6	10	2	6	10	1	2	6			2*					
	59	Pr	2	2	6	2	6	10	2	6	10	3	2	6			2*					
	60	Nd	2	2	6	2	6	10	2	6	10	4	2	6			2*					
	61	Pm	2	2	6	2	6	10	2	6	10	5	2	6			2*					
	62	Sm	2	2	6	2	6	10	2	6	10	6	2	6			2					
	63	Eu	2	2	6	2	6	10	2	6	10	7	2	6			2					
	64	Gd	2	2	6	2	6	10	2	6	10	7	2	6	1		2*					
	65	Tb	2	2	6	2	6	10	2	6	10	9	2	6			2*					
	66	Dy	2	2	6	2	6	10	2	6	10	10	2	6			2*					
	67	Ho	2	2	6	2	6	10	2	6	10	11	2	6			2*					
	68	Er	2	2	6	2	6	10	2	6	10	12	2	6			2*					
	69	Tm	2	2	6	2	6	10	2	6	10	13	2	6			2					
	70	Yb	2	2	6	2	6	10	2	6	10	14	2	6			2					
	71	Lu	2	2	6	2	6	10	2	6	10	14	2	6	1		2					
	72	Hf	2	2	6	2	6	10	2	6	10	14	2	6	2		2					
	73	Ta	2	2	6	2	6	10	2	6	10	14	2	6	3		2					
	74	W	2	2	6	2	6	10	2	6	10	14	2	6	4		2					
	75	Re	2	2	6	2	6	10	2	6	10	14	2	6	5		2					
	76	Os	2	2	6	2	6	10	2	6	10	14	2	6	6		2					
	77	Ir	2	2	6	2	6	10	2	6	10	14	2	6	7		2					
	78	Pt	2	2	6	2	6	10	2	6	10	14	2	6	9		1					
	79	Au	2	2	6	2	6	10	2	6	10	14	2	6	10		1					
	80	Hg	2	2	6	2	6	10	2	6	10	14	2	6	10		2					
	81	Tl	2	2	6	2	6	10	2	6	10	14	2	6	10		2	1				
	82	Pb	2	2	6	2	6	10	2	6	10	14	2	6	10		2	2				
	83	Bi	2	2	6	2	6	10	2	6	10	14	2	6	10		2	3				
	84	Po	2	2	6	2	6	10	2	6	10	14	2	6	10		2	4				
	85	At	2	2	6	2	6	10	2	6	10	14	2	6	10		2	5				
	86	Rn	2	2	6	2	6	10	2	6	10	14	2	6	10		2	6				
7	87	Fr	2	2	6	2	6	10	2	6	10	14	2	6	10		2	6			1	
	88	Ra	2	2	6	2	6	10	2	6	10	14	2	6	10		2	6			2	
	89	Ac	2	2	6	2	6	10	2	6	10	14	2	6	10		2	6	1		2*	
	90	Th	2	2	6	2	6	10	2	6	10	14	2	6	10		2	6	2		2*	
	91	Pa	2	2	6	2	6	10	2	6	10	14	2	6	10	2	2	6	1		2*	
	92	U	2	2	6	2	6	10	2	6	10	14	2	6	10	3	2	6	1		2*	
	93	Np	2	2	6	2	6	10	2	6	10	14	2	6	10	4	2	6	1		2*	
	94	Pu	2	2	6	2	6	10	2	6	10	14	2	6	10	6	2	6			2*	
	95	Am	2	2	6	2	6	10	2	6	10	14	2	6	10	7	2	6			2*	
	96	Cm	2	2	6	2	6	10	2	6	10	14	2	6	10	7	2	6	1		2*	
	97	Bk	2	2	6	2	6	10	2	6	10	14	2	6	10	9	2	6			2*	
	98	Cf	2	2	6	2	6	10	2	6	10	14	2	6	10	10	2	6			2*	
	99	Es	2	2	6	2	6	10	2	6	10	14	2	6	10	11	2	6			2*	
	100	Fm	2	2	6	2	6	10	2	6	10	14	2	6	10	12	2	6			2*	
	101	Md	2	2	6	2	6	10	2	6	10	14	2	6	10	13	2	6			2*	
	102	No	2	2	6	2	6	10	2	6	10	14	2	6	10	14	2	6			2*	
	103	Lr	2	2	6	2	6	10	2	6	10	14	2	6	10	14	2	6			2	1*

（Z = 57〜71 はランタノイド，Z = 89〜103 はアクチノイド）

* 電子配置が不確実な元素．

第3章　化学結合と物質

物質中の化学結合は，イオン結合，共有結合，金属結合の3つの タイプに大別して分類されている．本章では，水素結合と配位結合 を加えた5つのタイプの化学結合の，原子の電子軌道と電子配置に 基づく解釈の基本的な考え方（概念）と，いくつかの代表的な物質 （化合物と単体）の構造や性質を周辺知識を含めて紹介する．本章 は第2章の内容を基盤とする．

イオン結合は，一般に種類が異なる元素 間の化学結合．
共有結合と金属結合は，種類が同じ元素 間や異なる元素間の化学結合．
配位結合と水素結合は，種類が異なる元 素間の化学結合であるが，水素結合は化 合物（分子）中の水素原子が関わる．

3.1　イオン結合とイオン結晶

陽イオンと陰イオンが，静電引力で互いに強く引きつけ合って成 立する化学結合のタイプを**イオン結合**（ionic bond）といい，イオ ン結合によって形成された化合物をイオン性化合物（ionic com- pound）という．イオン性化合物は，化合物全体が電気的中性（無 電荷）になる一定の割合で陽イオンと陰イオンを含む．一般的なイ オン性化合物は，陽イオンと陰イオンが規則正しく並んだ固体の結 晶であり，これを**イオン結晶**（ionic crystal）という．本節では，ナ トリウム陽イオン（Na^+）や塩素陰イオン（Cl^-）のような単原子イ オン（p.77）から成るイオン性化合物の，原子の電子軌道と電子配 置に基づくイオン結合の説明と，代表的なイオン結晶の結晶構造と いくつかの性質，および，イオン結合の強弱を反映するイオン結晶 の格子エネルギーについて述べる．本節の内容は，第2章のイオン に関する内容（2.6.6（p.76））と関係している．

イオン結合の概念は，1916年にコッセ ル（Kossel）が提唱した，ボーアの原子 模型を基に考案された原子価理論（elec- trovalent theory）の中で示された．

イオン結晶をイオン性固体ということも ある．
イオン性液体（ionic liquid）という，常 温常圧で液体のイオン性化合物も存在す る．

3.1.1　イオン結合形成の考え方

電気陰性度（p.70）の値が，相対的に小さい元素と大きい元素か らなる化合物中の化学結合は，本質的にイオン結合である．イオン 性化合物は電気陰性度の差が大きい2種類以上の元素からなり，1 族のアルカリ金属元素や2族のアルカリ土類金属元素と，17族の ハロゲンや16族のカルコゲンから形成された化合物の中に数多く みられる．代表例は，フッ化リチウム（LiF）や塩化ナトリウム （NaCl）などの，アルカリ金属陽イオンとハロゲン陰イオンを1：1 のモル比（割合）で含むハロゲン化アルカリという化合物群である．
以下に，イオン結合の形成過程を説明する．

電気陰性度が小さい元素はイオン結合を 形成する明確な傾向がある．原子間の電 気陰性度の差がゼロかごく小さい場合は 共有結合を形成する明確な傾向がある が，イオン結合と共有結合の，電気陰性 度の差の境界値は明確ではない．

第2章（p.71）で述べたように，電気陰性度が小さい元素は原子のイオン化エネルギーが小さいので，価電子を放出して陽イオンになりやすく，電気陰性度が大きい元素は原子の電子親和力が大きいので，電子を受け入れて陰イオンになりやすい．これらの原子が互いに近づくと，それぞれ原子のままで存在することはなく，電気陰性度が小さい方の原子の価電子が大きい方の原子に移る電子移動（electron transfer）が起こり，価電子を放出した原子は陽イオン，その電子を受け取った原子は陰イオンになる．生じた反対電荷のイオンどうしは静電引力によって強く引きつけ合い，イオン結合が成立する．次に，電気陰性度の差が大きいリチウムとフッ素の原子からフッ化リチウムが生成する反応（Li+F→LiF）を例に，原子の電子軌道と電子配置を用いてイオン結合の形成過程を説明する．なお，フッ化リチウムは常温で固体であるが，ここで取り扱う LiF は，1個の Li$^+$ と1個の F$^-$ がイオン結合した**イオン対**（ion pair）である．

図3-1-1に，高等学校化学の原子構造の表現と，電子配置を示した電子軌道のエネルギー準位図を用いた，Li 原子と F 原子のイオン結合形成過程のイメージを示す．

ポーリングの電気陰性度は Li　0.98，F 3.98．（第2章の**図2-6-12**（p.71）より）
Li と F の現実的な反応は，Li の金属単体（固体）と，F の単体 F$_2$（気体）の反応．2Li+F$_2$→2LiF
LiF の固体の融点は 848℃．液体の沸点は 1671℃．
イオン対 Li$^+$F$^-$ は，LiF の高温気体中に存在する．

結合形成過程の直観的理解のために，高等学校化学の原子構造の図を用いた．

Li 原子と F 原子の電子配置を表した定性的，定量的なエネルギー準位図が，それぞれ第2章の**図2-6-3**（p.59）と**図2-6-8**（p.67）に示されている．
Li$^+$ の2個の電子は，Li 原子の電子3個よりも強く原子核に引きつけられるので，1s 軌道のエネルギー準位は Li 原子のときよりも低くなる．F$^-$ は負電荷をもつので，原子核が10個の電子を引きつける力は，電子9個をもつ電気的中性の F 原子の場合よりも弱くなり，軌道のエネルギー準位は F 原子よりも高くなる．

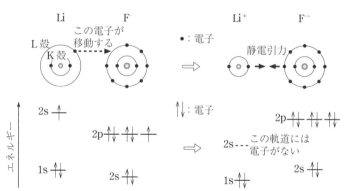

電子軌道のエネルギー準位図は，各軌道のエネルギーの相対的な高低の順序を表した定性的なものである．

図3-1-1. Li 原子と F 原子のイオン結合形成過程と，それぞれの原子とイオンの電子配置を表した定性的な電子軌道のエネルギー準位図．

Li 原子の電子配置は [He](2s)^1 であり，原子価軌道（p.65）の 2s 軌道に価電子を1個もつ．F 原子の電子配置は [He](2s)^2(2p)^5 である．原子価軌道は 2s 軌道と 2p 軌道であり，F 原子は最もエネルギー準位が高く，価電子が1個だけ入っている1つの 2p 軌道に

電子を1個受け入れることができる．2つの原子間では，エネルギー準位が高い原子価軌道の価電子が，エネルギー準位が低く電子を受け入れる余地がある原子価軌道へ移動する．Li 原子の 2s 軌道とF 原子の 2p 軌道のエネルギー準位の高低を比べると，F 原子の 2p軌道の方が低い．したがって，Li 原子とF 原子が接近すると，Li原子の 2s 軌道の1個の価電子が，電子を1個受け入れることができるF 原子の 2p 軌道へ移動して，陽イオンの Li^+ と陰イオンのF^- が生成する．Li^+ と F^- は，それぞれ原子番号が最も近い希ガスの He と Ne と同じ，希ガス型電子配置をもつ安定なイオンである（p.77）．これらは静電引力によって強く引きつけ合い，互いのイオンの間にイオン結合が形成されて LiF が生成する．

Li 原子の1個の価電子は，F 原子へ自発的に（spontaneously）移動する．

LiF は典型的なイオン性化合物の1つであり，常温常圧下では固体のイオン結晶である．次の項目から，イオン結晶中のイオンの配列と，関連するいくつかの基礎事項を述べる．

3.1.2　イオン結晶の結晶構造

イオン結晶中では，陽イオンと陰イオンが交互に規則正しく配列している．イオン結合は，結晶中の成分の周期的配列である**結晶構造**（crystal structure）に反映される．この項目では，単原子陽イオンと単原子陰イオンを1種類ずつ1：1の割合で含む，2種類のイオンから構成されたイオン結晶（以後は「1：1型2成分イオン結晶」という）の結晶構造について述べる．

結晶中には，構成粒子の規則的な三次元配列の単位がくり返し現れる．このくり返し単位を**単位格子**（unit lattice）や単位胞（unit cell）という．単位格子は結晶の1周期であり，結晶は単位格子の立体が前後左右，上下に積み重なって形成されていると考える．**図3-1-2**に，1：1型2成分イオン結晶の代表的な3種類の結晶構造を

結晶中の粒子（イオンや原子，分子）の周期的配列を結晶構造という．結晶構造は，主に X 線結晶構造解析法を用いて調べられる（**付録 2.1（6）**（p.89）を参照）．

結晶構造の詳細を知るには結晶学（crystallography）の知識が必要であり，その基盤は数学で学ぶ図形と対称性（symmetry）である．

単位格子は平行六面体である．単位格子内の粒子の，配列のくり返しの最小単位を非対称単位（asymmetric unit）という．単位胞の胞（cell）は，面に囲まれた空間のことである．内側と外側を区別できる立体は胞と考えることができる．

(a)塩化ナトリウム型構造　　(b)塩化セシウム型構造　　(c)閃亜鉛鉱型構造

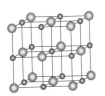 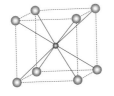 

図 3-1-2. 1：1型2成分イオン結晶の代表的な結晶構造.
名称の英語表記　（a）sodium chloride structure
　　　　　　　　（b）cesium chloride structure
　　　　　　　　（c）sphalerite structure または zinc blend structure

結晶構造の名称には，その構造をもつ代表的化合物や，その化合物が主成分の岩石や鉱物の名称が付けられていることが多い．閃亜鉛鉱は，硫化亜鉛（ZnS）が主成分の鉱物名であるが，塩化銅（I）（CuCl）も同じ結晶構造をもつので，閃亜鉛鉱型構造を塩化銅（I）型構造ともいう．塩化ナトリウム型構造は，主成分がNaCl の岩石名を用いて岩塩型構造（rock salt structure）ともいう．
結晶構造は，本章の 3.6.3（p.170）にも述べられている．

示す.

図3-1-2 の棒球模型の図を，イオン格子図という．

図 **3-1-2** は，結晶構造の棒球模型（ball-stick model）の図である．これらの図では，単位格子を線で囲み，2種類のイオンを大小の球で区別して，最も近接した陽イオンと陰イオン（最近接イオン）の間を線で結んでいる．単位格子内には，同じ個数の陽イオンと陰イオンが含まれている．それぞれの結晶構造の，単位格子内のイオンの個数は，次の項目3.1.3で述べる．

結晶中の近接した2つのイオンの間の距離（イオン間距離）は，イオン結晶の構造や性質を説明するための最も重要な情報である．次に，図 **3-1-2** の3種類の結晶構造の，単位格子中のイオンの位置とイオン間距離，および，結晶中のイオンの**配位数**（coordination number）について述べる．

3種類の結晶構造は，いずれも単位格子の形が立方体である．立方体の重心を体心（body center），立方体の正方形の面の重心を面心（face center）という．

図 **3-1-2** (a)の塩化ナトリウム型構造の単位格子には，立方体の体心および12本の辺の中点に位置するイオンと，6つの面の面心および8つの頂点に位置する反対電荷のイオンの，計27のイオンが位置している．ここで体心のイオンに着目すると，このイオンと，6つの面心の反対電荷のイオンとの間の距離が最も短い．この最短の距離を最近接イオン間距離という．次に短いイオン間距離は，各辺の中点の電荷が同じ12のイオンとの間，その次は，立方体の頂点の8つの反対電荷のイオンとの間の距離である．

イオンの配位数は，1個のイオンに最も近接した反対電荷のイオンの個数である．塩化ナトリウム型構造では，陽イオンも陰イオンも反対電荷の6つのイオンが最も近接しているので，各イオンの配位数は6である（1個のイオンは「6配位」ということもある）．

代表的化合物の NaCl の，単位格子の辺の長さは564 pm である．最も近接した Na^+ と Cl^- の最近接イオン間距離は，辺の長さの半分の282 pm である．隣り合った同じ電荷の Na^+ と Na^+，ならびに Cl^- と Cl^- の間の距離は，いずれも面対角線の長さ（辺の長さの $\sqrt{2}$ 倍）の半分の399 pm，立方体の体対角線上で隣り合っている Na^+ と Cl^- の間の距離は，体対角線の長さ（辺の長さの $\sqrt{3}$ 倍）の半分の488 pm である．

図 **3-1-2** (b)の塩化セシウム型構造の単位格子には，立方体の体心に位置するイオンと，各頂点に位置する8つの反対電荷のイオンの，計9つのイオンが配置している．最近接イオン間距離は，体心

単位格子が立方体の結晶を，立方晶系（cubic crystal system）の結晶や立方晶という．

単位格子の1つの頂点を原点にとり，その原点から引いた3つの辺は，結晶の3方向の座標軸（結晶軸）の1周期である．結晶軸は右手系の座標軸である．結晶では，それぞれの軸を x 軸，y 軸，z 軸といわずに a 軸，b 軸，c 軸という．

立方体の単位格子中の粒子間距離は，直角三角形の三辺の，三平方の定理（ピタゴラスの定理（Pythagorean theorem））を用いて容易に計算できる．

399 pm と 488 pm は小数点以下を四捨五入した値．

のイオンと各頂点に位置する反対電荷のイオンとの間の距離であり，各イオンの配位数は8である．

　代表的化合物のCsClの，単位格子の辺の長さは412 pmである．Cs^+とCl^-の最近接イオン間距離は，立方体の体対角線の長さの半分の357 pm，隣り合った同じ電荷のCs^+とCs^+，Cl^-とCl^-の間の距離は，いずれも単位格子の辺の長さの412 pmである．

　図3-1-2(c)の閃亜鉛鉱型構造の単位格子には，立方体の内部に位置する4つのイオンと，6つの面の面心と8つの頂点に位置する反対電荷のイオンの，計18のイオンが配置している．立方体の内部の1つのイオンは，互いに一辺を共有する3つの正方形の面の面心に位置する3つと，立方体の頂点に位置する1つの，計4つの反対電荷のイオンが形成する正四面体の重心に位置している．最近接イオン間距離は，正四面体の重心のイオンと，4つの頂点の反対電荷のイオンとの間の距離である（正四面体の頂点から底面に引いた垂線の長さの2/3，単位格子の辺の長さの$\sqrt{3}/4$倍）．この結晶構造における各イオンの配位数は4である．

　代表的化合物のZnSの，単位格子の辺の長さは541 pmである．隣り合った同じ電荷のZn^{2+}とZn^{2+}，S^{2-}とS^{2-}の間の距離は，いずれも正四面体の辺の長さ（単位格子の面対角線の長さ）の半分の383 pm，最近接イオン間距離は，正四面体の重心と頂点の，Zn^{2+}とS^{2-}との間の234 pmである．

　次の項目では，イオン結晶の結晶構造を決める主な因子について述べる．

3.1.3　結晶構造とイオン半径

　結晶中のイオン結合は，1個の結晶を形成するすべてのイオンの間に働く静電引力と静電反発力が釣り合って成立している．すなわち，イオン結合は結晶全体に広がる非局在化（delocalize）した化学結合である．陽イオンと陰イオンは，引力が最も強くなり，反発力が最も弱くなるように適正な距離だけ離れて配列し，互いに安定に存在できる結晶構造を形成している．

　単原子イオンから形成される結晶が，どの結晶構造をとるかを決める主な因子は，構成イオンの大きさ（サイズ）である．ところが，単原子イオンは原子核とその周囲を運動する電子から形成され，これらの構成粒子の間は真空であるために明瞭な形をもたないので，実質上はサイズを決めることができない．そこで，以下に述べる考え方に基づいて仮想的なサイズを決めている．

閃亜鉛鉱型構造の単位格子の体心にはイオンが配置されてない．

閃亜鉛鉱の他に，ZnSが主成分の六方晶系の結晶構造をもつウルツ鉱（wurtzite）という鉱物が存在する．1種類の化合物や単体の構造が異なる複数の結晶は結晶多形（crystalline polymorphism）または結晶変態（crystalline modification）の関係にあるという．それぞれの結晶は多形の1つである．

本章2節と3節で述べる共有結合は，分子を形成する原子の間に局在化（localize）した，方向が明確な化学結合である．本章4節の配位結合と5節の水素結合も原子間に局在化した化学結合である．6節の金属結合は，結晶全体に非局在化した化学結合である．

単原子イオンだけでなく，硫酸イオン（SO_4^{2-}）のような分子のイオンも，全体の輪郭を球状と仮定する場合があるが，一般に，明らかに球状と仮定できない分子や分子イオンの場合は，その形状も結晶構造を決める重要な因子である．

シャノンのイオン半径には発表されてないものがある．たとえば，8配位のCs^+のイオン半径は188 pmであるが，8配位のCl^-の値は発表されてない（例がきわめて少ないので値が求められてないと思われる）．
その他に，4配位のZn^{2+}やS^{2-}の値なども発表されてない．

陰イオンの半径を陽イオンの半径で割ったイオン半径比を用いた教科書や専門書もある．

Na^+やCl^-のような単原子イオンは安定な希ガス型電子配置（p.65，p.77）をもつので，イオンがもっているすべての電子の空間分布の形状を球と考えることができる．そこで，単原子イオンの形を球と仮定し，イオン結晶はサイズが異なる球状のイオンが集合したものと考えて，多数の化合物中のイオン間距離から，それぞれの元素のイオンのサイズを割り出す（同様な考え方で，原子のサイズも結晶構造中や分子構造中の原子間距離から割り出されている）．

球と仮定したイオンのサイズは，その半径のイオン半径（p.79）を用いて表される．本章では，最も確からしいと考えられている，イオンの配位数を考慮して割り出されたシャノンの値を用いる（**図2-6-17**（p.80）に6配位イオンの半径の値が記載されている）．

シャノンの値は，同じイオンでも配位数によって異なる．たとえば，Na^+は4配位113 pm，6配位116 pm，8配位132 pm，O^{2-}は4配位124 pm，6配位126 pm，8配位128 pmであり，配位数が増えるにつれて少しずつ大きくなる．この理由を次に述べる．

イオン（中心イオン）の配位数が多くなると，中心イオンを取り囲む反対電荷のイオンどうしが接近して混み合い，静電反発する．この反発を避けるために，反対電荷のイオンは互いの間隔をやや広くとって中心イオンの周囲に配置しようとするので，配位数が多くなるほど中心イオンが占める空間は広くなる．その結果，反対電荷のイオンが中心イオンから少し遠ざかるので，最近接イオン間距離は長くなり，この距離から割り出されるイオン半径も大きくなる．逆に，配位数が少ないと，反対電荷のイオンどうしが接近できるので，中心イオンは周囲の反対電荷のイオンから圧迫されて占める空間が狭くなるので，最近接イオン間距離は短くなり，イオン半径も小さくなる．

以上に述べたように，イオンのサイズを表すイオン半径は配位数によって決まり，配位数は結晶中のイオンの配列，すなわち，結晶構造のタイプによって決まるので，イオン半径は結晶構造を決める主な因子となる．

次に，1：1型2成分イオン結晶の結晶構造と，陽イオンと陰イオンの半径の比（イオン半径比）との間に見いだされている関係について述べる．イオン半径比は，陽イオンの半径を陰イオンの半径で割った値を用いる．

図3-1-3に，塩化ナトリウム型，塩化セシウム型，閃亜鉛鉱型の結晶構造とイオン半径比の関係を示す．

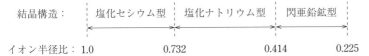

結晶構造：	塩化セシウム型	塩化ナトリウム型	閃亜鉛鉱型
イオン半径比： 1.0	0.732	0.414	0.225

図 3-1-3. 1：1 型 2 成分イオン結晶の結晶構造とイオン半径比の関係.

図 3-1-3 の関係は，ポーリングの結晶構造の第一原理や第一規則，ポーリングの経験則やゴルトシュミット（Goldschmidt）-ポーリングの原理などといわれる.

　1：1 型 2 成分イオン結晶は，陽イオンと陰イオンのサイズの差が比較的小さいイオン半径比が 1.0 から 0.732 までは塩化セシウム型構造をとり，0.732 から 0.414 の間は塩化ナトリウム型構造，サイズの差がかなり大きい 0.414 から 0.225 の間は閃亜鉛鉱型構造をとる傾向がある．この傾向は，結晶中で隣接している陽イオンと陰イオンの接触の状況から説明される.

　図 3-1-4 は，塩化ナトリウム型構造と塩化セシウム型構造の，単位格子内のイオンの接触の状況を示す立体図と，それぞれのイオン半径比の値 0.414 と 0.732 を求めるために用いる断面図である．立体図には，個々のイオンが占める空間を囲んだ球（イオン球）が描

イオン球は，決して変形しない仮想的物体の剛体（rigid body）でできている剛体球（rigid sphere）と仮定する.

図 3-1-4 の立体図には，単位格子内に含まれるイオンの個数を把握するために，単位格子の頂点のイオン球の 1/8 個分，辺の中点のイオン球の 1/4 個分，面心のイオン球の 1/2 個分を描いている.
立体図の隠れたイオン球の位置は，図 3-1-2（p. 109）の，それぞれの結晶構造の棒球模型図と照合すれば把握できる.

（a）塩化ナトリウム型構造　　　（b）塩化セシウム型構造

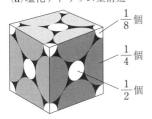

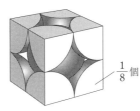

大きい球の半径を 1 とおくと，立方体の面対角線の長さは $\sqrt{2}$．小さい球の半径は $\sqrt{2}-1 \fallingdotseq 0.414$.

大きい球の半径を 1 とおくと，立方体の面対角線の長さは $\sqrt{3}$．小さい球の半径は $\sqrt{3}-1 \fallingdotseq 0.732$.

　単位格子内には陽イオンと陰イオンが同じ個数含まれている.
　単位格子内に含まれているイオンの数は（a）が 8 個（陽イオンと陰イオン各 4 個），（b）が 2 個（陽イオンと陰イオン各 1 個）である.

図 3-1-4.（a）塩化ナトリウム型構造と（b）塩化セシウム型構造の，単位格子内のすべてのイオン球が互いに 1 点で接触している状況のイメージと，イオン球の半径を求めるための断面図と求め方，および，単位格子内に含まれるイオンの個数.

かれている．イオン球はイオンの仮想的なサイズを反映する．これらの立体図は，単位格子の空間充填模型（space-filling model）である．

図**3-1-4**は，最も近接した大小のイオン球が互いに1点で接触した，球と球の間の隙間が最も小さい状況を表している．小さいイオン球を陽イオン，大きいイオン球を陰イオンとすれば，それぞれの断面図の，解説中のイオン球の半径から，イオン半径比は塩化ナトリウム型構造が$0.414/1 = 0.414$，塩化セシウム型構造が$0.732/1 = 0.732$と計算される．

左の脇注に示した閃亜鉛鉱型構造の場合は，1つのイオン球を取り囲む正四面体の頂点に位置するイオン球の半径を1とおくと，正四面体の重心のイオン球は半径が$(\sqrt{6}/2)-1 \fallingdotseq 0.225$であり，半径比は$0.225/1 = 0.225$となる．

それぞれの結晶構造における，最も近接した陽イオンと陰イオンが互いに1点で接触している場合の半径比の値0.732，0.414，0.225は，その結晶構造をとることができる限界値（限界半径比）である．次に，限界半径比を境に結晶構造が異なる理由を述べる．

図**3-1-5**に，限界半径比前後の，陽イオンと陰イオンの接触状況のイメージを示す．

空間充填模型は，1950年代にコリー（Corey）とポーリング（Pauling）が分子の模型として考案し，その後コルタン（Koltun）が改良したので，三者の名前の頭文字を冠してCPK modelともいう．

閃亜鉛鉱型構造の単位格子の空間充填模型図．

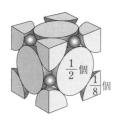

単位格子中のイオンの数は8個（陽イオンと陰イオン各4個）である．

 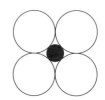 

（a）イオン半径比が限界半径比より大きい場合．
隙間が比較的小さいと結晶は安定．隙間が大きいと不安定で，安定な結晶構造に変わる．

（b）限界半径比の場合．

（c）イオン半径比が限界半径比より小さい場合．
結晶は不安定で，安定な結晶構造に変わる．

図**3-1-5**．限界半径比前後の陽イオンと陰イオンの接触状況のイメージと結晶の安定性．

図の（a）のような，静電的に引きつけ合う陽イオンと陰イオンが常に接触し，互いに反発する同じ電荷のイオンどうしは接触せずに少し離れている結晶構造の場合は，イオン結合が強く結晶は安定に

存在できる．イオン半径比が限界半径比より小さくなると，(c)の
ように，陽イオンと陰イオンの間の隙間が広くなって接触がなくな
るので静電引力は弱くなり，同じ電荷のイオンどうしが，広がった
隙間を埋めようとして適正なイオン間距離を超えて過剰に接近する
ので，結晶中では静電反発力が静電引力よりも優勢になる．その結
果，イオン結合は弱くなって結晶が不安定になり，その結晶構造を
保つことができなくなる．したがって，静電引力と静電反発力が釣
り合った，陽イオンと陰イオンが強く結合できる配列の安定な結晶
構造は，限界半径比を境に異なるのである．

不安定になることを「不安定化する」といい，安定になることを「安定化する」という．

　図3-1-3（p.113）の結晶構造とイオン半径比の関係は，たとえ
ば，二価の陽イオンと陰イオンからなるアルカリ土類金属の酸化物
や硫化物などの，単原子イオンで形成された1：1型2成分イオン
結晶に適用できるので，イオン半径比は結晶構造の予測に有用と考
えられる．ところが，予測された構造と実際の構造が異なる例も少
なくないので，この関係は傾向を示したものと考えるべきである．
次に，塩化アルカリ（アルカリ金属塩化物）とハロゲン化セシウム
（セシウムのハロゲン化物）を例に，構成イオンのイオン半径比か
ら予測される結晶構造と，実際の結晶構造について述べる．なお，
イオン半径比は，脇注の6配位イオンの半径の値を用いて求める．

図2-6-17（p.80）中の，アルカリ金属とハロゲンの6配位イオンの半径．単位pm．
Li^+ 90, Na^+ 116, K^+ 152, Rb^+ 166, Cs^+ 181.
F^- 119, Cl^- 167, Br^- 182, I^- 206.

　塩化リチウム（LiCl）と塩化ナトリウムは，それぞれイオン半径
比が0.539と0.695である．これらの値は，塩化ナトリウム型構造
をとる限界半径比の0.732から0.414の範囲内にあり，実際の結晶
も塩化ナトリウム型構造である．塩化カリウム（KCl）と塩化ルビ
ジウム（RbCl）は，それぞれイオン半径比が0.910と0.994であ
る．これらの値は，塩化セシウム型構造をとる限界半径比の0.732
よりも大きいので塩化セシウム型構造が予測されるが，実際のKCl
とRbClの結晶は，いずれも塩化ナトリウム型構造である．

　フッ化セシウム（CsF）はイオン半径比が1.521であり，塩化セ
シウム型構造が予測されるが，実際の結晶は塩化ナトリウム型構造
である．結晶構造の名称になっている塩化セシウム（CsCl）のイオ
ン半径比は1.084である．臭化セシウム（CsBr）とヨウ化セシウム
（CsI）のイオン半径比は，それぞれ塩化セシウム型構造が予測され
る0.995と0.879であり，実際の結晶も塩化セシウム型である．

　その他のハロゲン化アルカリ（LiF, LiBr, LiI, NaF, NaBr,
NaI, KF, KBr, KI, RbF, RbBr, RbI）の結晶構造は，すべて塩化
ナトリウム型である．

以上に述べたハロゲン化アルカリの実際の結晶構造は，常温常圧下のものであるが，高温下や高圧下では結晶構造が常温常圧下とは異なる場合がある．たとえば，塩化セシウムは常圧下で結晶の温度が 450 ℃ を越えるとイオンの配列が変化し，配位数が 8 から 6 に減少して塩化ナトリウム型構造に変化する（一般に，高温下では配位数が減少する）．この変化を結晶の構造相転移（structural phase transition）という．その主な原因は，温度が上昇するとイオンの振動（熱振動）が激しくなることである（イオンや原子は，原子核の周囲を常に電子が運動しているので，原子核も含めて常にわずかに揺れ動いている）．熱振動が激しくなると，イオンが占める空間が広くなって結晶は少し膨張する．その結果，イオンのサイズが少し大きくなり，イオン間の隙間も広がって結晶が不安定化するので，ある温度で，より安定な結晶構造に転移する．

高圧下の場合は，たとえば，塩化ナトリウム型構造の RbCl，RbBr，RbI の結晶に，すべての方向から等しく高い圧力をかけて圧縮すると，ある圧力で塩化セシウム型構造に転移する（一般に，高圧下では配位数が増加する）．これは，結晶を圧縮するとイオンが占める空間が狭くなるので，イオンのサイズが少し小さくなり，イオン間の隙間も狭くなって結晶が不安定化するためである．

以上の例のように，不安定化した結晶は，その温度や圧力の下で最も安定な結晶構造に転移し，結晶（固体）として存在する状態を保とうとするのである．

一般にイオン結晶は固く，少々の外力（圧力）をかけてもほとんど変形しないが，1 つの方向から急激に強い圧力を加えるとただちに壊れる（結晶破壊が起こる）．これはイオン結晶の特徴的な性質の 1 つである．本項目の最後に，これらの性質の，静電力とイオン間距離を用いた説明を述べる．

イオン結晶にすべての方向から等しく圧力をかけると，陽イオンと陰イオンが適正なイオン間距離を越えて接近し，それぞれのイオンがもっている電子（主に最外殻電子）の間の静電反発力が静電引力よりも優勢になる．また，同じ電荷のイオンどうしも適正なイオン間距離を越えて接近するので，静電反発はさらに強くなる．これらのイオン間の静電反発は，イオン結晶に少々の圧力をかけても，ほとんど変形しない原因であり，結晶に 1 つの方向から急激に強い圧力を加えると，ただちに壊れる（結晶破壊が起こる）原因でもある．たとえば，食塩（NaCl）の結晶を金づちで強く叩くと割れたり

CsCl は，常圧下で 450 ℃ から融点の 645 ℃ まで塩化ナトリウム型構造をとる．

結晶の構造相転移は，状態変化や相変化（phase chang）といわれる現象のうち，ある結晶構造の固体状態（結晶相）から別の結晶相に変化する，固体状態で起こる現象．

相転移が起こる温度を一般に転移温度（transition temperature）という．たとえば，融点は固体状態の固相（solid phase）から液体状態の液相（liquid phase）に相変化する転移温度であり，沸点は液相（liquid phase）から気体状態の気相（gas phase）に相変化する転移温度である．

温度による物体（固体，液体，気体）の膨張の度合いと圧力による物体の圧縮の度合を，それぞれ熱膨張率（cofficient of thermal expansion）と圧縮率（compressibility, compression ratio）という．

物体にすべての方向から等しくかかる外力は等方的（isotropic）な力である．等方的の対義語は異方的（anisotropic）である．

粉々に壊れてしまう．これは，強い圧力によって結晶中にイオンの配列がずれた部分が生じ，その部分で陽イオンどうしや陰イオンどうしが適正なイオン間距離を大きく超えて接近する．その結果，イオンの配列がずれた部分で，同じ電荷のイオン間の強い静電反発が生じてイオン結合が途切れてしまうので，結晶はイオンの配列がずれた部分から割れ，ずれた部分が多いと粉々に壊れるのである．

その他のイオン結晶の特徴的な性質は，本章6節（p. 168）で，金属の特徴的な性質との比較の中で述べる．

3.1.4 イオン結晶の格子エネルギー

イオン結合は，陽イオンと陰イオンのイオン価や化学量論比（p. 19），結晶構造などによって強さが異なる．物質中の化学結合の強弱は，構成原子や構成イオンの間の結合エネルギーの値を相対比較して議論される．一般に，結合エネルギーの値が大きいと結合は強く，小さいと結合は弱い．

結晶全体に非局在化したイオン結合の強弱は，イオン結晶の**格子エネルギー**（lattice energy）に反映される．格子エネルギーの定義は，イオン結晶を分解して，ばらばらの個々のイオンにするために必要なエネルギーである．より詳しく述べると「真空中で1 molのイオン結晶を分解して，気体になった個々の陽イオンと陰イオンが互いに相互作用できない（引きつけ合うことができない）まで，無限遠に引き離された完璧にばらばらの状態にするために，外部から結晶に与えて吸収させるエネルギーの量」である．すなわち，1 molの結晶中のすべての化学結合を切断して，結晶の構成成分を完璧に解離（dissociation）させることができるエネルギーの量を，その結晶1 mol当たりの化学結合のエネルギーと考えるのである．

格子エネルギーは，実験によって直接測定することがきわめて困難である（実質上は不可能）．その理由は，実験装置の中でイオン結晶を分解しても，陽イオンと陰イオンが完璧にばらばらの状態を実現できないことである．したがって，格子エネルギーは理論的な方法から推定値が求められている．本項目では，**ボルン–ハーバーサイクル**（Born-Haber cycle）という，ヘスの法則（Hess's law）に基づく仮想的な熱化学サイクルを用いる方法を述べる．この方法の概念は，高等学校化学の熱化学で学ぶ，実験によって求めることができない化学反応の反応熱を求める方法と同じである．

化学反応や三態（気体，液体，固体）の間の変化など，物質のすべての変化は，起こる前の「初めの状態」から，終了後の「終わり

格子エネルギーの定義の化学熱力学的表現は「結晶を分解して構成イオンが完璧にばらばらの状態になるまでの，系（結晶）の「内部エネルギー（internal energy）の変化量」である．

化学結合を切断して成分に解離させるために必要な「結合解離エネルギー」を，一般に「結合エネルギー」といっている．

ボルン–ハーバーサイクルは，1919年に物理学者のボルンと化学者のハーバーが，それぞれ独立に提案した．サイクルとは循環過程のことである．

ヘスの法則： 化学反応の反応熱は，反応前の状態と反応後の状態のみで決まり，反応開始から終了までの間に放出または吸収される熱量は，途中の反応経路に関係なく一定である．
1840年にヘスが提唱した．総熱量保存の法則（The law of constant heat summation）ともいう．エネルギー保存の法則（熱力学第一法則）の表現の1つである．

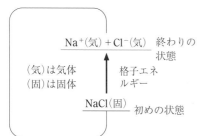

Na⁺（気）+ Cl⁻（気）　終わりの
　　　　　　　　　　　　状態

（気）は気体　　格子エネ
（固）は固体　　ルギー

NaCl（固）　初めの状態

エンタルピーは熱含量（heat content）ともいう．

格子エネルギーは格子エンタルピー変化ともいう．記号は $\varDelta H_l$，添字 l は lattice（格子）の頭文字である．

熱化学方程式は，ヘスの法則の具体的表現であり，化学反応式の左辺の反応系と右辺の生成系を等号で結び，反応系が吸収または放出した熱量を右辺の最後に単位を付けて書く．したがって，右辺の熱量変化 $\varDelta H$ を左辺に移項した値の正負（±）が，その $\varDelta H$ の値の正負である．$\varDelta H$ を方程式の外に出して，右辺のあとに $\varDelta H = \bigcirc\bigcirc\ \mathrm{kJ\ mol^{-1}}$ と書くこともある．

の状態」に至る状態変化である．ボルン-ハーバーサイクルは，エネルギー変化量が不明な状態変化の，初めと終わりの状態の途中に起こると想定される，化学的にも物理的にも妥当と考えられた状態変化を集めて構築する．必要条件は，エネルギー変化量の値が求められている状態変化を用いることである．

　脇注の図は，塩化ナトリウム（NaCl）の結晶の，ボルン-ハーバーサイクルの概略である．図中には，結晶が分解して完璧にばらばらの気体の Na⁺ と Cl⁻ になる状態変化と格子エネルギーを示している．この変化における各成分の，物質の三態を示した化学反応式は，

$$\mathrm{NaCl（固）} \quad \rightarrow \quad \mathrm{Na^+（気）+ Cl^-（気）}$$

である（（固）は固体状態，（気）は気体状態）．

　化学反応式の左辺を反応系，右辺を生成系という．図には反応系の NaCl（固）と生成系の Na⁺（気）+ Cl⁻（気），および反応系から生成系への変化の方向を示す矢線が描かれている．NaCl の結晶の格子エネルギーは，Na⁺（気）+ Cl⁻（気）の状態と NaCl（固）の状態の間に，エネルギー変化量がわかっている妥当な状態変化を組み込んで構成したサイクルを描いて求める．具体的なボルン-ハーバーサイクル（図 3-1-6（p. 121））を示す前に，サイクルの構築に必要な基礎事項と状態変化について述べる．

　エネルギー変化量は，**エンタルピー**（enthalpy）という熱エネルギー（記号 H）の変化量であるエンタルピー変化（記号 $\varDelta H$）を用いる．$\varDelta H$ は熱量変化ともいう．格子エネルギーの記号は，一般に U が用いられる．熱量変化の単位は，物質 1 mol 当たりのモルエネルギー（$\mathrm{kJ\ mol^{-1}}$）を用いる．変化した熱量の値の正負（±）は，熱を吸収して進む吸熱変化の場合が正（＋），熱を放出して進む発熱変化の場合が負（−）と決められている．化学反応の場合は，それぞれ**吸熱反応**（endothermic reaction），**発熱反応**（exothermic reaction）という．

　NaCl の結晶の格子エネルギー U を求めるためのボルン-ハーバーサイクルは，次の (1)〜(6) の，6 つの状態変化から構成される．

(1) 1 mol の NaCl の結晶（NaCl（固））が完全に分解（decomposition）して，完璧にばらばらの 1 mol の気体の Na⁺（気）と 1 mol の気体の Cl⁻（気）に変化する解離反応（dissociation reaction）．この反応は，結晶がエネルギーを吸収する吸熱反応で

あるため，U は正の値である．次の式 (3-1) は，この反応の
熱化学方程式 (thermochemical equation) である．

$$NaCl（固）= Na^+（気）+ Cl^-（気）- U \qquad (3\text{-}1)$$

以下の (2)～(6) は，エネルギー変化量がわかっている状態変化
である．

(2) 1 mol のナトリウム単体の固体（Na（固））と，$\dfrac{1}{2}$ mol の塩素

単体の気体 $\left(\dfrac{1}{2} Cl_2（気）\right)$ が化合 (combination) して，1 mol の

NaCl の結晶（NaCl（固））が生成 (formation) する発熱反応．
下の式 (3-2) は，この反応の熱化学方程式．右辺の NaCl（固）
は，式 (3-1) の左辺と同じ状態である．

$$Na（固）+ \frac{1}{2} Cl_2（気）= NaCl（固）+ 411\,kJ\,mol^{-1} \qquad (3\text{-}2)$$

右辺の熱量の項を生成エンタルピー，あるいは生成熱 (heat of
formation) という．記号は ΔH_f，添字 f は formation の頭文字．

U の数値計算を簡単にするために，式
(3-2)～式 (3-6) の ΔH の値は小数点以
下を四捨五入したものを用いている．

(3) 1 mol のナトリウムの単体（Na（固））が昇華 (sublimation) し
て，1 mol の気体の原子（Na（気））に分解する吸熱変化．下の
式 (3-3) は，この状態変化の熱化学方程式．左辺は，式 (3-2)
の左辺の Na（固）と同じ状態である．

$$Na（固）= Na（気）- 108\,kJ\,mol^{-1} \qquad (3\text{-}3)$$

右辺の熱量を昇華エンタルピー，あるいは昇華熱 (heat of subli-
mation) という．記号は ΔH_s，添字 s は sublimation の頭文字．

昇華は，固体が液体状態を経ずに直接気
体に状態変化する現象．気体が直接固体
に状態変化する現象も昇華ということが
ある．後者は英語で depositon と表すこ
とがある．固体から気体への直接変化は
吸熱変化，気体から固体への直接変化は
発熱変化である．

(4) $\dfrac{1}{2}$ mol の気体の塩素分子 $\left(\dfrac{1}{2} Cl_2（気）\right)$ の共有結合が切断され

て，1 mol の気体の塩素原子（Cl（気））に解離 (dissociation)
する吸熱反応．下の式 (3-4) は，この反応の熱化学方程式．左

辺は，式 (3-2) の左辺の $\dfrac{1}{2} Cl_2（気）$ と同じ状態である．

$$\frac{1}{2} Cl_2（気）= Cl（気）- 120\,kJ\,mol^{-1} \qquad (3\text{-}4)$$

右辺の熱量の項を解離エンタルピー，あるいは解離熱 (heat of
dissociation) や解離エネルギーという．記号は ΔH_d，添字 d は
dissociation の頭文字．

式 (3-4) の解離熱の値 120 kJ mol^{-1} は，
1 mol の Cl$_2$ の ΔH_d の値 239.2 kJ mol^{-1}
の半分 $\left(\dfrac{1}{2} \Delta H_d\right)$ を小数点以下四捨五入
した値．

式 (3-5) の第 1 イオン化エネルギーの値は **図 2-6-7** (p. 67) を参照. 式 (3-6) の電子親和力の値は**図 2-6-10** (p. 69) を参照.

(5) 1 mol の気体のナトリウム原子 (Na (気)) がそれぞれ価電子を 1 個放出して, 1 mol のナトリウム一価陽イオン (Na$^+$ (気)) と 1 mol の電子 (記号 e$^-$) が生成するイオン化反応 (ionization reaction). この反応は吸熱反応である. 下の式 (3-5) は, この反応の電子を含む熱化学方程式. 左辺は式 (3-3) の右辺の Na (気) と同じ状態, 右辺の Na$^+$ (気) は, 式 (3-1) の右辺の Na$^+$ (気) と同じ状態である.

$$\text{Na (気)} = \text{Na}^+\text{ (気)} + \text{e}^- - 496 \text{ kJ mol}^{-1} \qquad (3\text{-}5)$$

右辺の熱量の項は, ナトリウム原子の第 1 イオン化エネルギーであり, これをイオン化エンタルピー, あるいはイオン化熱 (heat of ionization) という. 記号は ΔH_I, 添字 I は Ionization の頭文字.

(6) 1 mol の気体の塩素原子 (Cl (気)) が 1 mol の電子を受け取り, 1 mol の塩素一価陰イオン (Cl$^-$ (気)) が生成する発熱反応である. このイオン化反応を, 電子付着反応 (electron attachment reaction) や電子付加反応 (electron addition reaction) という. 下の式 (3-6) は, この反応の電子を含む熱化学方程式. 左辺の Cl (気) は, 式 (3-4) の右辺の Cl (気) と同じ状態, 右辺の Cl$^-$ (気) は, 式 (3-1) の右辺の Cl$^-$ (気) と同じ状態である.

$$\text{Cl (気)} + \text{e}^- = \text{Cl}^-\text{ (気)} + 349 \text{ kJ mol}^{-1} \qquad (3\text{-}6)$$

右辺の熱量の項は, 塩素原子の電子親和力 (electron affinity) であり, これを電子付着エンタルピー, あるいは電子付加エンタルピーという. 記号は ΔH_{EA}, 添字 EA は Electron Affinity の頭文字. なお, 電子親和力の値の正負 (±) は, ΔH_{EA} の値とは逆になっていることに注意する (p. 69 の脇注を参照).

電子親和力の熱量としての名称は確定されてなく, 電子親和熱という言葉は用いられてない. ここでは電子親和力を陰イオンの生成エネルギーとし, ΔH_{EA} を Cl$^-$ (気) の生成熱として用いている.

ΔH_I と ΔH_{EA} は, それぞれナトリウム原子の第 1 イオン化エンタルピー (第 1 イオン化熱), 塩素原子の第 1 電子親和力が正確な名称であるが, ここでは「第 1」を省略した.

図 3-1-6 に, 以上の 6 つの状態変化の熱化学方程式 (式 (3-1) ～式 (3-6)) を基にして描いた, NaCl の結晶の U を求めるためのボルン–ハーバーサイクルを示す. なお, 図の下と右の脇注に解説を記している.

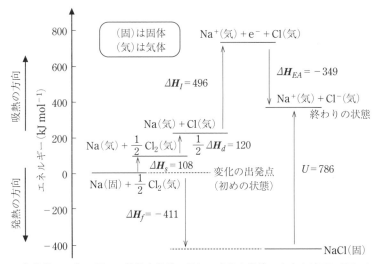

各状態のエネルギーの位置を横線で示し，成分を横線の上または下に示している．

状態変化の方向を縦に引いた矢線で示し，矢線の左または右側にエンタルピー変化の記号と値を示している．エンタルピー変化の値が正の場合は ＋ を記してない（正の値は通常は ＋ を省略する）．

図の左側の縦軸は，反応前のナトリウムと塩素の単体が共存する初めの状態の，式（3-2）の左辺 Na（固）+Cl$_2$（気）の状態のエネルギーをゼロとおいている．

図 3-1-6. 塩化ナトリウムの結晶の格子エネルギー **U** を求めるための定量的なボルン–ハーバーサイクルの図．

図 3-1-6 は，それぞれの状態変化の方向とエンタルピー変化の大小を把握するため，エネルギーの値の目盛を刻んだ縦軸を描き入れた定量的なサイクル図である．

U の計算に定量的な図を用いる必要はなく，各状態間のエネルギーの間隔を考慮せずに定性的なサイクル図を描けばよい．

ボルン–ハーバーサイクル以外の **U** の基本的な計算法に，結晶構造ごとに決められたマーデルング定数（Madelung constant）という値を用いた，イオン間の静電エネルギーの計算に基づく理論的方法がある．

ボルン–ハーバーサイクルは，結晶構造を考慮せずに **U** を計算できる簡便で信頼性も高い方法である．

図 3-1-6 より，NaCl の結晶の格子エネルギー **U** の値（概算値）は，次の式（3-7）から求められる．

$$U = -\Delta H_f + \Delta H_s + \frac{1}{2}\Delta H_d + \Delta H_I + \Delta H_{EA}$$

$$= -(-411) + 108 + 120 + 496 - 349 = 786 \qquad (3\text{-}7)$$

次の式（3-8）は，式（3-1）に式（3-7）の **U** の値を代入した熱化学方程式である．

$$NaCl（固）= Na^+（気）+ Cl^-（気）- 786\ kJ\ mol^{-1} \qquad (3\text{-}8)$$

式（3-8）の **U** の値は概算値である．**表 3-1** に，ボルン–ハーバーサイクルから求められた，代表的な 2 成分イオン結晶の，最も確からしいと考えられている **U** の値を示す．それぞれの値には，不確かさの範囲が示されている．

表 3-1 より，二価陽イオンを含む MgF$_2$ や MgO などの結晶の格子エネルギー **U** の値は，一価陽イオンを含む NaCl などと比べて 1 桁大きいことがわかる．すなわち，陽イオンや陰イオンのイオン価

図 3-1-6 のボルン–ハーバーサイクルの ΔH_f と ΔH_{EA} は負の値であることに注意する．

表 3-1 中の値は，精密さ（precision）と正確さ（accuracy）が高められた値である．

物理量の値の精密さと正確さは，厳密に使い分けられている．測定や計算から求めた値の精密さは，その不確かさ（uncertainty）の程度（範囲）が小さいほど高い．

精密さの尺度を精度，あるいは精密度という．

不確かさは誤差（error）に代わり使用されている数学（統計）用語であり，複数回の同じ測定や計算の結果から求められた複数の値の，ばらつきの範囲である．ばらつきが小さいほど測定や計算の「再現性」が高い．

正確な値とは真の値（true value）である．実験による測定や計算から求めた値が真の値に近いほど正確さは高い．

正確さの尺度を正確度や確度という．

表 3-1. 代表的な 2 成分イオン結晶の格子エネルギー（±の後の値は不確かさ）[注]

化合物	U (kJ mol^{-1})	化合物	U (kJ mol^{-1})
LiF	1019±3	CsF	733±5
LiCl	839±2	CsCl	646±5
LiBr	793±2	CsBr	610±6
LiI	750±2	CsI	589±6
NaF	909±2		
NaCl	771±2	MgF$_2$	2922±5
NaBr	733±2	MgO	3760±21
NaI	697±2	CaF$_2$	2596±5
KF	807±2	CaCl$_2$	2222±5
KCl	701±2	CaO	3371±21
KBr	670±2	SrO	3197±21
KI	641±2	BaF$_2$	2318±5
RbF	778±2	BaBr$_2$	1941±5
RbCl	679±2	BaI$_2$	1861±5
RbBr	650±2	BaO	3019±21
RbI	627±2		

注）本表の U の値は，標準状態の 1 標準気圧下で，化合物の成分の単体から生成する結晶および気体状態のイオンの，温度が 25℃（298.15 K）の場合の標準生成エンタルピーと次の式で関係づけられて求められたものである．

$$U(\mathrm{M}_m\mathrm{X}_n) = m\,\Delta H_f(\mathrm{M}^{n+}, \mathbf{g}) + n\,\Delta H_f(\mathrm{X}^{m-}, \mathbf{g})$$
$$-\Delta H_f(\mathrm{M}_m\mathrm{X}_n, \mathbf{s}) - (m+n)\,RT$$

g, s はそれぞれ気相，固相を表す．m と n は，化合物の化学式中の 2 つの成分の化学量論係数，R は気体定数，T は絶対温度である．この式から右辺の $(m+n)RT$ を除いて，$m = n = 1$ とすれば，本文中の U の概算値を求める式（3-7）と等しい．$(m+n)RT$ は，結晶の内部エネルギー変化である U の，より確からしい値を求めるために加えられた補正項である．たとえば，温度が 25℃（298.15 K）の，NaCl の結晶の $(m+n)RT$ の値は，$(1+1)×8.3145×298.15 ≒ 4957.9$ J mol^{-1} ≒ 5.0 kJ mol^{-1} である．

が大きいほど格子エネルギーは大きい．さらに，陽イオンが同じ NaF, NaCl, NaBr, NaI のようなイオン結晶の系列や，陰イオンが同じ MgO, CaO, SrO, BaO のような系列では，イオン半径比が大きいほど格子エネルギーが小さくなることもわかる．一般に，格子エネルギーが大きいほど結晶中のイオン結合は強いので，結晶の安定性が高くなり，融点が高くなる傾向がある．

格子エネルギーは，たとえば，第 4 章（4.1.1（p. 183））で述べるイオン結晶の水への溶解のような，結晶の成分イオンが引き離されてばらばらになる状態変化のエネルギー（エンタルピー）変化量と関係づけられている．

共有結合 (covalent bond) は，原子どうしが互いの価電子を共有する化学結合であり，一般に，典型非金属元素からなる物質（分子）中の原子間の化学結合のタイプである．前節 3.1 で述べたイオン結合は，電気陰性度の差が大きい原子間の電子移動によってイオンが生成して成立するが，原子間の電子移動が期待できない場合，たとえば，電気陰性度が同じ同一元素の原子で形成された水素分子（H_2）や酸素分子（O_2），炭素の単体のダイヤモンドや，電気陰性度の差が比較的小さい水素原子と酸素原子から成る水分子（H_2O），巨大分子の二酸化ケイ素（SiO_2）など，および，メタン（CH_4）などの有機化合物の分子中の，原子間の化学結合は共有結合である．

本節では，古典的な初期の共有結合理論，および，第 2 章 3 節〜6 節で学んだ原子の電子軌道と電子配置を用いた共有結合理論の概念と，代表的な分子の構造や性質の説明を紹介する．

3.2.1 初期の共有結合理論

共有結合の概念は，ボーアが水素原子模型を発表した 3 年後の 1916 年に，ルイス（Lewis）が提唱した．その概要を以下に述べる．

原子どうしが互いに 1 個ずつ価電子を出しあい，2 個の電子を互いの原子核の間に電子対（p.60）として共有し，結合を形成する．結合したそれぞれの原子は，周期表で，その元素の最も近くにある希ガス元素の電子配置（希ガス型電子配置，p.65）をもつことになるので，安定な分子が形成される．

この概念は，現代の共有結合理論に受け継がれている基本概念である．当初は電子対結合（electron pair bond）といわれ，1920 年頃から共有結合といわれるようになった．

次に，電子対を用いて共有結合を表現する方法を述べるが，これは高等学校化学で学ぶ原子の価電子表示法の，電子式を用いて共有結合を表現する方法である．電子式は化学式の 1 つであり，一般に，ルイス式やルイス-ラングミュア（Langmuir）式という．本書では「ルイス式」を用いる．

図 **3-2-1** に，2 個の原子が共有結合して分子（二原子分子）が形成される過程を，ルイス式を用いた化学反応式で表した例を 4 つ示す．

典型金属元素や遷移元素の原子間の共有結合も知られている．

第 1 章の**図 1-1-3**（p.6〜p.7）に示した黒リン，ダイヤモンド，グラファイトや二酸化ケイ素の固体（結晶）は，共有結合によって形成された巨大分子である（p.6 の脇注も参照）．

ボーアの原子模型（p.37）は，前節のイオン結合と，本節の共有結合の 2 つの概念を誕生させた．

ルイスの概念は，電子対結合説やルイスの共有結合説といわれる（「説」を「理論」ということもある）．

ラングミュアは，ルイスの理論を発展させて初期の共有結合理論を作りあげた．

図 **3-2-1** の右端の構造式は，1 対の共有電子対を「結合線」という 1 本の線で表した化学式である.

原子の価電子 1 個を 1 本の線で表す方法は，1919 年にラングミュアが提案した. 原子の価電子 1 個を表す線を，原子の原子価の「価標」という. 結合線は，2 つの原子が互いの価標の一端を結合させた線である.
結合線は方向性が明確な，分子内の原子間に局在化した共有結合や配位結合の表示に用いられる.

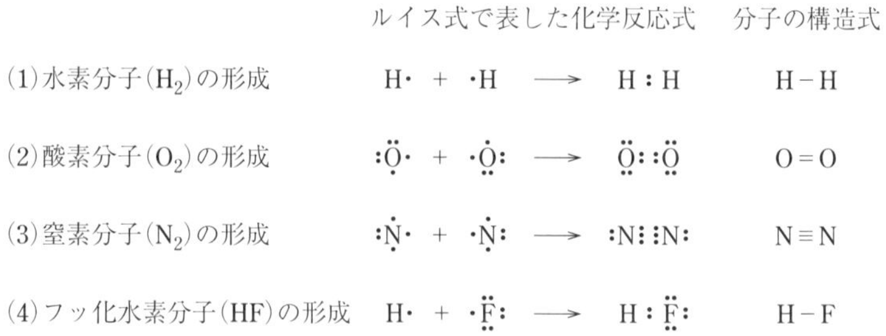

			ルイス式で表した化学反応式	分子の構造式

(1) 水素分子 (H_2) の形成 $\quad$ H· $\;+\;$ ·H $\;\longrightarrow\;$ H:H $\qquad$ H–H

(2) 酸素分子 (O_2) の形成 $\quad$:Ö· $\;+\;$ ·Ö: $\;\longrightarrow\;$ Ö::Ö $\qquad$ O=O

(3) 窒素分子 (N_2) の形成 $\quad$:N̈· $\;+\;$ ·N̈: $\;\longrightarrow\;$:N:::N: $\qquad$ N≡N

(4) フッ化水素分子 (HF) の形成 $\quad$ H· $\;+\;$ ·F̈: $\;\longrightarrow\;$ H:F̈: $\qquad$ H–F

$\quad$ H_2, O_2, N_2 を，それぞれ二水素分子，二酸素分子，二窒素分子ということもある.

図 3-2-1. 共有結合形成の基盤概念を理解するための，ルイス式で表した化学反応式と生成した分子中の共有結合を結合線で表した構造式.

原子のルイス式は，元素記号の上下左右 4 か所の縁に，価電子をその数だけ点で示す（点電子表記法という）. 1 個の価電子を表す点（・）は，元素記号の 4 か所の縁に 1 個ずつ描いてゆく. 1 か所の縁には電子の点を 2 個まで：と描くことができ，原子 1 個について 4 か所の縁に最大 8 個まで点を描くことができる. ただし，価電子が 1 個の水素原子と 2 個のヘリウム原子は，それぞれ H・，He：のように，元素記号の縁に 2 個までしか点を描けない.

$\quad$元素記号の 1 か所の縁に電子の点が 2 個（：）あるとき，2 個の電子は 1 対の電子対を形成している. 電子の点が 1 個だけのとき，その電子は不対電子（p.60）である.

$\quad$原子間の共有結合を形成する原子の価電子は不対電子である. 分子のルイス式は，結合した原子の原子核どうしが共有している電子対を，その数だけ元素記号の間に：で描く. 共有された電子対を**共有電子対**（covalent electron pair）という. 共有されてなく，結合に参加しない原子の電子対を**孤立電子対**（lone electron pair）や非共有電子対（unshared electron pair）という.

$\quad$ルイスの共有結合形成の概念の要点は，次の 2 つである.

・2 つの原子が出しあった 1 個ずつの価電子は，2 つの原子核の間に 1 対の共有電子対を形成する.

・2 つの原子核の間の共有電子対が，原子核どうしを強く引きつけて共有結合が成立する.

$\quad$共有結合した 2 つの原子は，それぞれが共有電子対を含めて 8 個ずつの電子（4 対の電子対）を所有することになるので，これを**オクテット則**（octet rule）や八隅則という. ところが，価電子が 1 個の水素原子，2 個のベリリウム原子（Be）とマグネシウム原子（Mg），3 個のホウ素原子（B）とアルミニウム原子（Al）のような，

第 2 章（p.58）で述べたように，電子軌道の場合は 1 つの軌道に電子が 2 個まで入るので，1 つの軌道に電子が 2 個配置されているとき，その 2 個の電子は 1 対の電子対を形成している. 電子が 1 個だけ配置されているとき，その電子は不対電子である.

大学では「孤立電子対」がよく用いられる. ローンペア（lone pair）ということが多く，lp と書くこともある. 本章の次節以降に，孤立電子対が分子の立体構造や性質を決める例がいくつか紹介されている.

ルイスはいくつかの原子の価電子の表示法を提案した. その中に，原子核を囲む立方体の 8 つの頂点に 1 個ずつ価電子を置いてゆく方法があり，8 つの頂点をオクテット（8 つの隅）といったことから，ルイスの概念をオクテット説（八隅説）ともいう.

共有結合を形成しても8個の電子を所有できない原子がある．一般に，分子中のこれらの原子はオクテットが不完全であり，電子が不足しているので，本章4節で述べる配位結合（p.159）を形成して電子を8個所有する傾向が強い．所有できる電子が最大2個の水素原子は，結合して共有電子対を1対だけ形成するので，水素原子の場合は**デュエット則**（duet rule）や二隅則という．

原子間の共有電子対の数は，共有結合の**結合次数**（bond order）である．**図 3-2-1** の水素分子（H_2），酸素分子（O_2），窒素分子（N_2），フッ化水素分子（HF）の共有結合の結合次数は，それぞれ 1，2，3，1 である．結合次数が 1，2，3 の共有結合を，それぞれ単結合（一重結合）（single bond），二重結合（double bond），三重結合（triple bond）という．なお，水素原子は他の原子と単結合だけを形成する．分子の構造式では，共有電子対の数を結合線で示して結合次数を表す．2つの元素記号の間の1本の線（−），2本の線（＝），3本（≡）の線は，それぞれ単結合，二重結合，三重結合を表す．

オクテット則とデュエット則は，周期表の第2周期までの元素からなる分子の共有結合を説明する簡便な規則として現在も利用されているが，第3周期以降の元素を含む化合物の中には，これらの規則が適用できない分子や分子イオン，および，遷移金属錯体や有機金属化合物といわれる化合物がある．初期の共有結合理論では，これらの化合物の共有結合は，シジウィック（Sidgwick）が提唱した，有効原子番号則や18電子則といわれる規則から説明が試みられたが，それでもなお説明できない化合物が残された．

ルイスの電子対結合から始まった初期の共有結合理論は，原子の価電子が共有結合を形成するという基礎概念を確立して化学結合の「電子論」の基盤を築き，その後，原子の電子軌道を用いる現代の理論へと発展した．次の項目から，現代の共有結合理論の概要を紹介する．

3.2.2 現代の共有結合理論

現代の共有結合理論は**原子価結合論**（valence bond theory）と**分子軌道論**（molecular orbital theory）の2つに大別される．どちらの理論も初期理論の基礎概念に基づき，シュレディンガーの電子軌道を用いて共有結合を説明するものである．いずれも到達する結論は同じであるが，共有結合形成の概念（解釈）がやや異なる．**図 3-2-2** は，2個の水素原子が共有単結合を形成して水素分子が生成する反応の，2つの理論による解釈を表したものである．

結合次数は結合の多重度（bond multiplicity）ともいわれる．
結合次数（多重度）が2以上の共有結合の総称は，多重結合（multiple bond）である．
2個以上の遷移元素の原子を含む化合物の中には，2つの遷移元素の原子間の結合次数が4（四重結合）と考えられるものがある．

初期の理論では酸素分子（O_2）の正確な電子構造を説明できなかった．これは現代の共有結合理論の1つの分子軌道論によって説明された（p.132）．

原子価結合論は，1927 年にハイトラー（Heitler）とロンドン（London）が提案した水素分子の共有結合エネルギーの計算法を基に，1930 年代にスレーター（Slater）とポーリングが発展させ，構築した理論である．

分子軌道論は，1927 年にフントとマリケンが提案したフント-マリケン理論を基に，スレーターやレナード＝ジョーンズ（Lennard-Jones）らが発展させ，1950 年代前半にポープル（Pople），パリサー（Pariser），パール（Paar）らが構築した理論である．

図 3-2-2 は，水素原子の原子価軌道である 1s 軌道の電子雲に，1 個の価電子と原子核を描き込んだ図を用いている．電子雲は第 2 章（p.54）を参照．

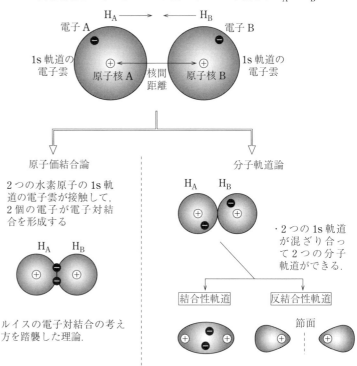

共有結合しようとして互いに近づく 2 つの水素原子 H_A と H_B

$H_A \longrightarrow \longleftarrow H_B$

電子 A　　　　　　　　　　　　　　　電子 B
1s 軌道の電子雲　　　　　　　　　　　　1s 軌道の電子雲
原子核 A　核間距離　原子核 B

原子価結合論

2 つの水素原子の 1s 軌道の電子雲が接触して，2 個の電子が電子対結合を形成する

H_A　　H_B

ルイスの電子対結合の考え方を踏襲した理論．

※この理論から混成軌道という考え方が生まれた．

分子軌道論

H_A　H_B

・2 つの 1s 軌道が混ざり合って 2 つの分子軌道ができる．

結合性軌道　　反結合性軌道

節面

・2 個の電子は結合性軌道に入り，1 対の電子対をつくる（水素分子の電子基底状態）．

図 3-2-2. 2 個の水素原子から水素分子（二水素分子 H_2）が生成する反応における原子価結合論と分子軌道論の共有結合形成の解釈．

分子軌道は，混ざり合った原子の電子軌道の数だけ形成され，その数は形成に参加した原子の電子軌道の数より多くも少なくもない．たとえば，原子の電子軌道 2 つが混ざり合うと，必ず 2 つの分子軌道が形成され，1 つあるいは 3 つ以上の分子軌道が形成されることはない．

別々の原子の電子軌道が接触あるいは重なって混ざり合うことを，電子軌道どうしが「相互作用（interaction）する」と表現することもある．

　原子価結合論の共有結合形成の解釈は，ルイスの電子対結合の概念を忠実に踏襲して，原子のルイス式を電子軌道（原子価軌道（p. 65））で描き直したものである．分子軌道論では，共有結合する 2 個の原子の 2 つの原子価軌道が互いに重なって混ざり合い，分子軌道（molecular orbital）という分子全体に広がる「分子の電子軌道」が 2 つ形成されて，共有電子対は 2 個の原子核の間に空間分布をもっている方の分子軌道に入ると解釈する．すなわち，原子価結合論では，分子中の電子は，ある 1 つの原子の電子軌道に属していると考えるが，分子軌道論では，分子中の電子は分子全体に広がる分子軌道に存在すると考えるのであり，この点が原子価結合論とは大きく異なる．

　なお，これ以降は，それぞれの理論の名称を「VB 法」，「MO 法」と書き表す．VB と MO は理論計算の方法（method）としての名称の，原子価結合法と分子軌道法の略記である．

次の項目から，MO法の概念と，この方法を用いた共有結合の説明を述べる．VB法については次節3.3（p.147）で，その発展の過程で提案された，混成軌道という概念を用いた共有結合と分子の立体構造の説明を述べる．

VB法とMO法は，実験から得られたデーターを，より精密に再現でき，より正確に説明できるように（近似（approximation）を高めるために）修正されながら発展してきた．

3.2.3 分子軌道法の理解に向けた準備

この項目では，MO法の概念を述べる．

図3-2-3は，共有結合を形成する力と，切断する力を示した力学モデルである．2個の原子核AとBの間や，周囲の任意の位置に1個の電子を置き，原子核と電子の間に働く静電引力と静電反発力をベクトル（vector）で表している．

Case I

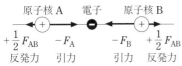

Case II

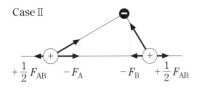

Case III

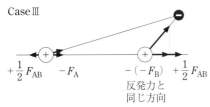

反発力と
同じ方向

◆F_{AB} は2個の原子核Aと原子核Bの間に働く反発力．
2個の原子核の位置は固定されているので，反発力 F_{AB} の強さはCase I，II，IIIすべて同じ．
◆F_A は原子核Aと電子の間に働く引力．
◆F_B は原子核Bと電子の間に働く引力．
※力 F の値の正負（±）の符号：2個の原子核が互いに離れる方向の力は正（+），引き付け合う方向の力は負（−）とする．

図3-2-3の2個の原子核AとBを陽子と考えれば，水素分子から電子を1個取り去った二水素分子陽イオン（H_2^+）の力学モデルになる．
H_2^+ は特別な実験装置の中で生成させることができる．

左の各図に電子をもう1個加えて1対の電子対（電子2個）にすると，2個の電子間の静電反発力も考慮しなければならない．これは水素分子（H_2）の場合に相当する．

原子核AとBの間に働く正味の力とその方向は，AとBを通る直線上の，引力と反発力の成分ベクトルを合成したベクトルの和で表される．
Case I とCase II は $|-F_A+(-F_B)| > |F_{AB}|$ であり，原子核AとBの間に働く静電反発力の和よりも，電子がAとBを引きつける静電引力の和が大きいので，2個の原子核は静電引力と静電反発力が釣り合う距離まで近づくことができる．
Case III は $|-F_A+(-F_B)| < |F_{AB}|$ であり，原子核AとBの間に働く静電反発力の和が，電子が原子核AとBを引きつける静電引力の和よりも大きいので，2個の原子核は引き離される．

図3-2-3. 1個の電子と2個の原子核AとBの間に働く静電力．

図の1個の電子と2個の原子核の間に働く静電引力は，2つの原子が結合する方向に働き，静電反発力は結合しない方向に働く．引力が反発力よりも優勢な場所に電子がある場合は，2つの原子を結

合させる「結合力」が働いて，2個の原子核が静電引力と静電反発力が釣り合う距離まで近づき，電子は2個の原子核の間に共有されて原子どうしを結合させる接着剤の役目を果たす．反発力が引力よりも優勢な場所に電子がある場合は，結合力と反対方向の，2つの原子を結合させない「反結合力」が働く．反結合力は結合を切断する力である．

　図3-2-4は，図3-2-3を電子軌道の電子雲に似たイメージに描き換えたものである．便宜上，分子中の電子が結合力と反結合力を生み出す空間を，それぞれ結合領域，反結合領域ということにする．

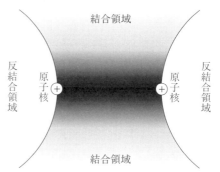

結合領域

反結合領域　原子核　＋　＋　原子核　反結合領域

結合領域

この図は，電子が結合領域に存在して反結合領域には存在しない，分子が安定に存在できる場合を表している．
結合領域に電子が存在するときは，2個の原子核を引きつける結合力が働いて2つの原子間に共有結合が形成される．結合領域の濃淡は，分子中の電子の存在確率の高低（電子密度）のイメージ．濃い領域ほど高い確率で電子が存在する（電子密度が高い）．反結合領域に電子が存在するときは結合を切断しようとする反結合力が働き，2個の原子核は引き離されて共有結合は弱くなるか切断される．

図3-2-4. 2個の原子からなる分子（二原子分子）中の結合力と反結合力を生み出す電子の居場所のイメージ．

　図3-2-4の結合領域に，2個の原子核の間に1個以上の電子が存在すると考えれば，電子が2つの原子に共有された状況になる．これは，**図3-2-2**（p.126）右下の分子軌道の，結合性軌道が存在する領域である．したがって，2個の原子間に結合力が働く空間領域の結合性軌道に電子や電子対が存在すると，共有結合が成立して分子が存在できる．結合性軌道に存在する電子1個が反結合性軌道に移ると，結合力が弱くなって2個の原子核は互いに少し遠ざかり，結合性軌道の電子がすべて反結合性軌道に移ってしまうと，2個の原子間には反結合力だけが働いて共有結合は切断され，分子は分解（解離）して原子に戻る．

　次の項目から，2つの原子からなる二原子分子（diatomic mole-

三次元空間の電子の存在確率を表す確率密度関数 Ψ^2 をドット図（p.53，**図2-4-2**）で点描画すると，値の高低が点の密度の高低（濃淡）で表されるので，点描画図の印象から電子密度といっている．点の密度が高く濃くみえる部分は電子が存在する確率が高いので「電子密度が高い」といわれる．

cule) の共有結合の MO 法による解釈と，いくつかの性質の説明を
述べる．

3.2.4　等核二原子分子の分子軌道と電子構造

本項目では，MO 法による共有結合形成の解釈の要点を，同じ元
素の 2 個の原子からなる等核二原子分子の (1) 二水素分子 (H_2)，
(2) 二酸素分子 (O_2)，(3) 二窒素分子 (N_2)，(4) 第 2 周期元素の
等核二原子分子，を例にとり，この順に紹介する．なお，この項目
以降は分子軌道を MO と書き表し，分子軌道に対して原子の電
子軌道を原子軌道（atomic orbital）(p.48) といい，AO と書き表
す．

等核二原子分子の「等核」は，原子核中
の陽子数が等しい同種の元素，という意
味．
異なる元素の原子 2 個からなる分子は，
次の項目 3.2.5 の異核二原子分子であ
る．

(1)　二水素分子 (H_2) の分子軌道と電子配置（2 つの原子の 1s 軌道から形成される MO）

水素原子の価電子が存在する AO は 1s 軌道である．2 個の水素
原子の 1s 軌道どうしが重なって混ざり合い，MO を形成して共有
結合すると H_2 が生成する．**図 3-2-5** に，H_2 の電子配置を表した
MO のエネルギー準位図を示す．この図には，MO を形成した 1s
軌道のエネルギー準位と電子配置，MO と AO の名称や電子雲の
大まかな形なども記した．

2 個の水素原子から H_2 が生成する反応
過程の表現は，**図 3-2-1** (1)(p.124) と
図 3-2-2 (p.126) を参照．

図 3-2-5 の AO（1s 軌道）と MO は，**図
3-2-2** 右下の図と同じである．
分子の構成原子の AO と MO のエネル
ギー準位の関係を表す**図 3-2-5** のような
図を，AO と MO の相関図ということが
ある．
図 3-2-5 の反結合性軌道（反結合性
MO）の σ^* 軌道は，分子の中心点（対称
中心）を含む対称面（図中の節面）を介
して電子雲が対称的に分布した 1 つの
MO である（分子の内側にもごくわずか
に電子雲が分布している）．したがって，
σ^* 軌道のエネルギー準位の横線は 1 本
だけである．簡略化のため，図には σ^*
軌道の電子雲を 2 つに分けて描いてい
る．
節面は理論上，電子の存在確率がゼロの
面である．
なお，結合性軌道の σ 軌道の電子雲は，
分子の外側にもごくわずかに分布してい
る．

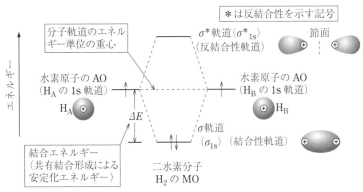

左右の AO の横線の端と MO の横線の端の間の破線は，AO の混ざり合いと
MO の形成を示すために引かれたものである．

図 3-2-5. 二水素分子 (H_2) の MO と水素原子の 1s 軌道の電子配置を表した定
性的なエネルギー準位図と，各 AO と MO の記号と電子雲の大まか
な形．

2 個の水素原子の 1s 軌道どうしが混ざり合うと，σ 軌道と σ^*（シ
グマ・スター）軌道という 2 つの MO が形成され，AO の 1s 軌道
は消滅する．

本章末の**付録 3.1** (p.173) に，1s 軌道
の電子の波動関数を用いた MO 形成の
量子論的取り扱いの概要を表した図を掲
載した．

MO は，その対称性に基づいた名称が付けられている．本章末の**付録 3.2**（p. 174）に，σ 軌道と σ^* 軌道，および，次の (2) で紹介する π 軌道と π^* 軌道の対称性と命名の概要を示した図を載せた．

σ 軌道は**結合性分子軌道**（bonding molecular orbital）というタイプの MO である．以後は，このタイプの MO を結合性 MO という．σ 軌道のエネルギー準位は水素原子の 1s 軌道の準位よりも低い（結合エネルギー ΔE は後述する）．結合性 MO の電子雲は 2 個の原子核の間に分布しているので，σ 軌道に電子が配置されると，2 個の原子間に結合力が生じて共有結合が形成される．2 個の水素原子の価電子は，結合性 MO の σ 軌道に入る（配置される）．MO への電子の配置は，第 2 章で述べた原子の電子基底状態の，電子配置の構成原理（p.58）が適用されて，分子の電子基底状態の電子配置が構成される．すなわち，

・1 つの MO には電子が 2 個まで配置される．
・電子はエネルギー準位が最も低い MO から順に配置されてゆく．
・1 つの MO に 2 個の電子が配置される場合は，パウリの排他原理に従って，スピン（電子スピン）の向きを互いに逆にして配置される．
・エネルギー準位が同じ（縮重した）複数の MO に電子が配置される場合は，フントの規則に従って配置される（H_2 は適用外である．次の (2) O_2 と (3) N_2 は，この規則が適用される）．

したがって，2 個の水素原子の価電子 2 個は，エネルギー準位が最も低い結合性 MO の σ 軌道に，スピンの向きを互いに逆にして配置されるので，2 個の原子核の間に 1 対の共有電子対が存在することになり，H_2 が生成するのである．

MO 法では，理論計算の結果に反結合性 MO のエネルギー準位も出てくる．これは MO 法の特徴の 1 つであり，VB 法にはないものである．
AO から形成された結合性 MO のエネルギー準位は，元の AO よりも必ず低くなり，反結合性 MO は元の AO よりも必ず高くなる．

σ^* 軌道は**反結合性分子軌道**（anti-bonding molecular orbital）というタイプの MO である．以後は，このタイプの MO を反結合性 MO という．反結合性 MO は，記号の右肩に $*$ を記して結合性 MO と区別する．σ^* 軌道のエネルギー準位は，水素原子の 1s 軌道の準位よりも高い．反結合性 MO の電子雲は 2 個の原子核の外側に分布しているので，σ^* 軌道に電子が配置されると，2 個の原子間に共有結合を弱める反結合力が働く．

結合性 MO と反結合性 MO に配置された電子数から，共有結合の結合次数が，次の式（3-9）を用いて求められる．

$$結合次数 = \frac{\begin{array}{c}結合性軌道の電子数\\（結合性電子数）\end{array} - \begin{array}{c}反結合性軌道の電子数\\（反結合性電子数）\end{array}}{2}$$

（3-9）

H$_2$ の場合は，結合性の σ 軌道に電子（結合性電子）が 2 個配置され，反結合性の σ^* 軌道には電子（反結合性電子）がないので，式(3-9)から結合次数は 1 になり，H$_2$ の水素原子間の結合は単結合であることが説明される．

2 個の水素原子の 1s 軌道のエネルギー準位を結ぶ破線は，H$_2$ のMO の，エネルギー準位の重心である．この重心は，MO と AO の間の，エネルギー差の見積もりに利用する．

H$_2$ の結合性 MO の，2 個の電子が配置された σ 軌道のエネルギー準位は，水素原子の 1s 軌道から ΔE 低下している．この ΔE は，H$_2$ の共有単結合の結合エネルギーである．H$_2$ の結合エネルギーは，2 個の水素原子から H$_2$ が生成する反応（発熱反応）の初めの状態の，2 個の水素原子の価電子 2 個が，そのエネルギーの一部を放出して MO を形成し，初めの状態の 1s 軌道よりもエネルギーが低い結合性 MO の σ 軌道に配置されて共有結合が形成され，1 個の水素分子 H$_2$ が生成した終わりの状態に到達する間に放出されるエネルギーである．したがって，**図 3-2-5** は，水素は原子の状態では存在せず，2 個の原子が共有結合して，エネルギーが低く安定な二原子分子 H$_2$ の状態で存在することも説明している．これは，量子力学が基盤の現代の化学結合論と，古典力学が基盤の化学熱力学が学問的に通底していることを示す例の 1 つである．

結合エネルギー ΔE は，共有結合している原子間に働く結合力が最大のときのエネルギーである．このときの，2 個の原子核の中心間の距離を，原子間の**結合距離**（bond distance）という．H$_2$ のH－H 結合距離は 74.1 pm である．

電子配置を表した**図 3-2-5** のような MO のエネルギー準位図を用いると，分子の電子励起状態や，分子の性質の説明も可能である．本章末の**付録 3.3**（p. 173）に，H$_2$ の共有結合が切断されて 2 個の水素原子に解離する反応の，**図 3-2-5** を利用した説明を記載した（第 2 章の**図 2-1-2**（p. 40）中の，水素放電管の中で起こる反応）．この付録では，MO 法の特徴の 1 つである反結合性 MO を利用して H$_2$ の電子励起状態が説明される．

(2) 二酸素分子（O$_2$）の分子軌道と電子配置（2 つの原子の 2p 軌道から形成される MO）

O$_2$ のルイス式では，2 個の酸素原子間に 4 個の電子が 2 対の電子対として共有される．構造式は O＝O であり，原子間に二重結合

外部から分子にエネルギーを与えて共有結合を切断し，構成原子に分解する実験の結果から求められた結合解離エネルギー（p. 119 の解離エンタルピー ΔH_d）を，分子の結合エネルギーという（H$_2$ の $\Delta H_d = 432 \text{ kJ mol}^{-1}$）．

図 3-2-5 の ΔE の値は，MO 法の理論計算によって求められる．精度が高い（近似が高い）方法で求めた ΔE の値は，実験から求められている ΔH_d の値とよい一致を示す．

結合距離を結合長（bond length）や平衡核間距離ということもある．原子は常に（絶対零度でも）振動しているので，複数個の原子からなる分子も振動している．したがって，分子中の原子間の共有結合は絶えず小さく伸び縮み（振動）している．平衡核間距離は化学結合論でしばしば使用される用語であり，その意味は，振動する 2 個の原子核間の時間平均の距離である．

2 個の酸素原子から O$_2$ が生成する反応過程のルイス式を用いた表現は，**図 3-2-1**（2）（p. 124）を参照．

を表す2本の結合線が引かれている。O_2の共有結合をMO法で解釈すると、ルイス式や構造式を用いた初期の共有結合理論では説明できなかったO_2の電子構造と、それに基づく性質の説明が可能になる。

酸素原子の電子配置は$(1s)^2(2s)^2(2p)^4$である(第2章(p.60)を参照)。結合に関わる価電子は、原子価軌道の2s軌道と2p軌道に配置された計6個の電子であり、O_2のMOは、2つの酸素原子の2s軌道と2p軌道がそれぞれ混ざり合って形成される。2s軌道どうしで形成されるMOは、(1)の1s軌道から形成されたH_2のMOと類似したものになるが、2p軌道から形成されたMOは、これとはずいぶん異なる。次に、2p軌道どうしが混ざり合って形成されるMOについて述べる。

図3-2-6に、2p軌道どうしのMOの形成過程のイメージを示す。2p軌道には、電子雲の大きさと形が同じ$2p_x$, $2p_y$, $2p_z$の3つの軌道がある。それぞれ方向(方位)が異なり、互いに直交しているので、分子の空間座標の原点と方位を定める必要がある。この図では、座標の原点をおのおのの原子の原子核の中心とし、2つの原点を通る直線を分子の主軸(結合軸)に定めてz軸としている。z軸に添ったAOは$2p_z$軌道であり、x軸とy軸に添ったAOはそれぞれ$2p_x$軌道と$2p_y$軌道である。このように分子の軸方位を決めて、下図のように結合軸に沿って2つの原子を接近させる。

酸素原子の電子配置を表した定性的なエネルギー準位図は図2-6-3(p.59)を、定量的なエネルギー準位図は図2-6-8(p.68)を参照。

$2p_x$, $2p_y$, $2p_z$の3つの2p軌道のエネルギー準位は縮重している(三重縮重あるいは縮重度3)(p.58)。

・原子Aと原子Bが近づく。

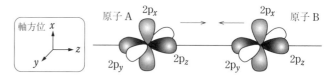

・2つの原子の3つの2p軌道どうしの電子雲がそれぞれ重なって混ざり合う。

・2つの原子の計6つの2p軌道から6つの分子軌道ができる。

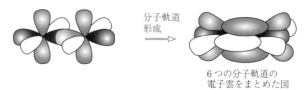

6つの分子軌道の電子雲をまとめた図

左上枠内の挿入図は軸方位(右手系の直交座標)。

図3-2-6. 2p軌道どうしがMOを形成する過程のイメージ。

3つの2p軌道どうしが重なって混ざり合うと6つのMOが形成されるが、$2p_z$軌道と、$2p_x$ならびに$2p_y$軌道の重なり方が異なる

ので，電子雲の分布（形と存在領域）が異なる2種類のMOが形成される．**図3-2-7**に，2通りの2p軌道の重なり方と，形成されるMOの名称と電子雲の大まかな形を示す．

◆ 2つの$2p_z$軌道からできる2つのMOの名称と電子雲の大まかな形

◆ 2つの$2p_x$軌道，2つの$2p_y$軌道からできる計4つのMOの名称と電子雲の大まかな形

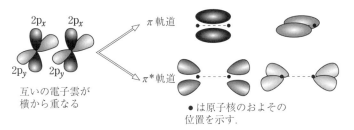

●は原子核のおよその位置を示す．

図3-2-7. 2通りの2p軌道の重なり方と，形成されるMOの名称と電子雲の大まかな形．

MOの名称と対称性は**付録3.2**（p. 174）を参照．

図3-2-7のσ^*軌道，π軌道，π^*軌道はいずれも1つのMOである．
簡略化のため，図にはσ^*軌道とπ軌道の電子雲を2つに分けて描き，π^*軌道の電子雲は4つに分けて描いている．

2通りの2p軌道の重なり方は，**図3-2-9**（p. 135）にも描かれている．

図3-2-6と**図3-2-7**より，2つの$2p_z$軌道は互いの電子雲が大きく重なって，分子の結合軸のまわりに結合性のσ軌道と反結合性のσ^*軌道を形成する．2つの$2p_x$軌道と2つの$2p_y$軌道は，それぞれ電子雲が横から重なり，結合軸を含む平面の上下に，それぞれ結合性のπ軌道と反結合性のπ^*（パイ・スター）軌道という2つのMOを形成する．$2p_x$軌道と$2p_y$軌道から形成された2つのπ軌道と，2つのπ^*軌道はそれぞれ同じ種類のMOであり，電子雲を結合軸に沿って90°回転させると重なるので互いに直交している．次の**図3-2-8**に，2p軌道から形成された6つのMOのエネルギー準位図を示す．この図にはO_2の電子配置も示している．

2p軌道から形成された6つのMOは，エネルギー準位が低い方から順に結合性のσ軌道1つとπ軌道2つ，反結合性のπ^*軌道2つとσ^*軌道1つである．$2p_x$軌道と$2p_y$軌道から形成された2つのπ軌道と2つのπ^*軌道は，それぞれエネルギー準位が同じである．すなわち，2つのπ軌道と2つのπ^*軌道のエネルギー準位は，それぞれ二重に縮重している（縮重度2）．

2つの$2p_z$軌道から形成されたσ軌道とσ^*軌道のエネルギー準

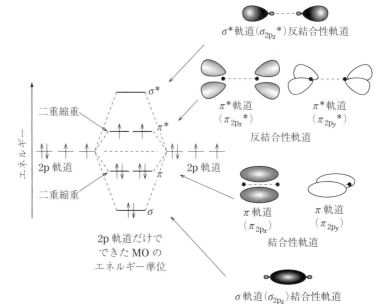

図3-2-8では，共有結合エネルギー ΔE は，MO のエネルギー準位の重心と，MO に配置された個々の電子のエネルギーの差を合算したものになる.

π*軌道
$(\pi_{2p_x}*)$

π*軌道
$(\pi_{2p_y}*)$

反結合性軌道

二重縮重

二重縮重

σ*

π*

2p 軌道

2p 軌道

π

σ

2p 軌道だけで
できた MO の
エネルギー準位

π軌道
(π_{2p_x})

π軌道
(π_{2p_y})

結合性軌道

σ軌道(σ_{2p_z})結合性軌道

左側と右側の 2p 軌道のエネルギー準位の間に引かれた破線は，6 つの MO の，エネルギー準位の重心（p. 131）である.

図 3-2-8. 二酸素分子（O_2）の電子基底状態の電子配置を示した，2p 軌道から形成された MO の定性的なエネルギー準位図と，各 AO と MO の記号と電子雲の大まかな形.

位は，それぞれ MO のエネルギーの重心から大きく離れており，2 つの軌道間のエネルギー準位の開き（エネルギー差）が大きい. これに比べて，$2p_x$ 軌道と $2p_y$ 軌道から形成された π 軌道と π* 軌道のエネルギー準位は重心からそれほど離れてなく，2 つの軌道間のエネルギー差は小さい. このような結合性 MO と反結合性 MO のエネルギー差の大小は，混ざり合う 2 つの AO の，電子雲の重なりの大小の程度で決まり，重なりが大きいほど MO の重心からのエネルギー差は大きい.

2 つの AO の混ざり合いの程度は，電子雲の重なりが大きいほど大きく，小さいほど小さくなる.

　図 **3-2-9** に，2 つの $2p_z$ 軌道と，2 つの $2p_x$ 軌道または $2p_y$ 軌道の電子雲の重なりのイメージを示す.

　上図より，$2p_z$ 軌道どうしの電子雲の重なりは大きく，$2p_x$ 軌道または $2p_y$ 軌道どうしの，横からの電子雲の重なりは小さいことがわかる. したがって，2 つの $2p_z$ 軌道の電子雲が大きく重なって形成される σ 軌道と σ* 軌道は，MO の重心からのエネルギー差が大きいが，2 つの $2p_x$ 軌道または $2p_y$ 軌道の電子雲の，横からの小さい重なりから形成される π 軌道と π* 軌道は，重心からのエネルギー差が小さい.

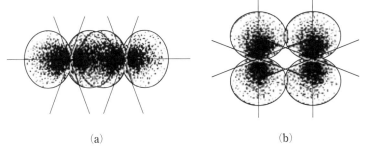

(a)　　　　　　　　　　　　　　(b)

（a）と（b）の2個の原子核間の距離は同じ.

図 3-2-9. 2通りの 2p 軌道の重なり方の，電子雲の重なりの大小を直感的に
捉えるためのイメージ.
(a) σ 軌道と σ* 軌道を形成する 2 つの $2p_z$ 軌道の電子雲の重なり
（σ 型の重なり）.
(b) π 軌道と π* 軌道を形成する $2p_x$ または $2p_y$ 軌道の電子雲の重
なり（π 型の重なり）.

図 3-2-9 は，2p 軌道の電子の存在確率
の高低（電子密度分布）を，点の濃淡で
表したドット表示（ドット図）と曲面表
示を併用した図である．電子密度は**図
3-2-4**（p. 128）と脇注を参照.

　図 3-2-8 の，MO のエネルギー準位図に示した O_2 の電子配置
は，2 個の酸素原子の 2p 軌道に配置されている価電子 4 個ずつの
計 8 個の価電子を，電子配置の構成原理に従って，次のように MO
に配置したものである．なお，O_2 の電子配置の文中表記は，
$(\sigma)^2(\pi)^2(\pi)^2(\pi^*)^1(\pi^*)^1(\sigma^*)^0$ である.

　8 個の電子のうち 6 個は，σ 軌道から 2 つの π 軌道へと，パウリ
の排他原理に従って，互いにスピンの向きを逆にして 1 つの MO
に 2 個ずつ配置される．2 つの π 軌道はエネルギー準位が縮重して
いるので，フントの規則とパウリの排他原理に従って，それぞれに
1 個ずつ計 4 個の電子を配置してゆく．残った 2 個の電子は，エネ
ルギー準位が縮重している 2 つの π* 軌道に，フントの規則に従っ
てスピンの向きが同じ電子を 1 個ずつ配置する.

　図 3-2-8（p.134）は，2p 軌道だけから形成された 6 つの MO の
エネルギー準位を示したものである．O_2 の MO には，これらの 6
つの MO の他に，酸素原子のもう 1 つの原子価軌道の，2s 軌道か
ら形成された MO も含まれる．2s 軌道と 2p 軌道の電子雲の広がり
はほぼ同じなので，2s 軌道どうしも重なって MO を形成し，2 つ
の酸素原子の 2s 軌道の，計 4 個の価電子も結合に参加する．2 つ
の原子の 2s 軌道は，**図 3-2-5**（p.129）の 1s 軌道から形成された
MO と似た σ 軌道と σ* 軌道を形成する．次の**図 3-2-10** は，その 2
つの MO も含めて O_2 の電子配置を示した MO のエネルギー準位
図である.

　図より，O_2 では 2s 軌道から形成された結合性の σ 軌道，2p 軌
道から形成された結合性の σ 軌道と 2 つの π 軌道に 2 個ずつ，計 8

MO の電子配置の文中表記は，原子の電
子軌道と同様に左から右へ，エネルギー
準位が低い軌道から記号を書き並べ，そ
れぞれの MO に配置されている電子数
を記号の右肩に記す.
本文中の $(\sigma^*)^0$ のように，電子が配置さ
れてない場合は書かないこともある.

2s 軌道から形成された σ 軌道と σ* 軌道
の電子雲は，1s 軌道から形成されたこ
れらのタイプの MO と形はよく似てい
るが，空間分布はかなり大きい（節の数
も多い）.

図 **3-2-10** のエネルギー準位図は，三重縮重した 2p 軌道と二重縮重した π および π^* 軌道の，エネルギー準位を示す横線を束ねて描いている．このような描き方は，縮重を強調するためによく用いられる．

図 **3-2-10** には MO のエネルギーの重心を記入してない．

酸素原子の 1s 軌道の電子雲は小さく，O_2 の原子間の結合距離（120.7 pm）では 2 個の原子の 1s 軌道どうしの重なりがきわめて小さいので，共有結合に関与しないと考える．すなわち，酸素原子の 1s 軌道とその電子は，それぞれ原子価軌道，価電子として取り扱わない．

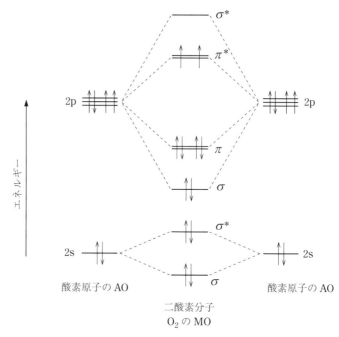

図 **3-2-10.** 2 個の酸素原子の 2s 軌道および 2p 軌道から形成された二酸素分子（O_2）の，電子基底状態の電子配置を示した定性的な MO のエネルギー準位図と，各 AO と MO の記号.

結合性 σ 軌道と結合性 π 軌道に配置された電子対による共有結合のタイプは，それぞれ σ 結合，π 結合といわれる．

図 **3-2-8**（p. 134）または本ページの図 **3-2-10** を用いて，二酸素（dioxygen：O_2）分子のイオンの電子基底状態の電子配置も定性的に表すことができる．一般に，二酸素分子のイオンは，陰イオンの超酸化物イオン（superoxide：O_2^-）と過酸化物イオン（peroxide：O_2^{2-}），および陽イオンの二酸素（1+）（dioxygen (1+)：O_2^+）がよく知られている．これらの分子イオンの，電子基底状態の電子配置を表す図の作成手順を以下に記す（p. 59 の一番下の脇注に記した原子のイオン（単原子イオン）の場合の手順と同様である）．
O_2^- は，O_2 の π^* 軌道に電子を 1 個，パウリの排他原理に従って下向き矢印↓で描き込んで配置し，O_2^{2-} はさらに電子を 1 個，π^* 軌道に下向き矢印↓で描き込んで配置する．
O_2^+ は，O_2 の π^* 軌道の不対電子 2 個のうちどちらか 1 個を取り去る．

個の結合性電子が配置され，2s 軌道から形成された反結合性の σ^* 軌道に 2 個，2p 軌道から形成された反結合性の 2 つの π^* 軌道にそれぞれ 1 個ずつ，計 4 個の反結合性電子が配置される．これらの電子数を，結合次数を求める式（3-9）（p. 130）に代入すると O_2 の結合次数は 2 となり，酸素原子間の二重結合が説明される．

　MO の電子配置から，O_2 は結合性軌道に計 4 対の共有電子対をもつが，反結合性の σ^* 軌道に 1 対の電子対と，2 つの π^* 軌道にそれぞれ 1 個ずつ不対電子をもつ．反結合性の 2 つの π^* 軌道の電子雲は分子の外側に分布しているので，O_2 の 2 個の不対電子は分子の外側に存在している．

　MO 法から説明された O_2 の電子構造は，ルイス式で示された電子構造（図 **3-2-1**（2）（p. 124））とは少し異なる．O_2 のルイス式では 2 個の不対電子が示されてない．不対電子をもつ物質は磁石の性質（常磁性）を示す（磁性は本章末の**付録 3.4**（p. 176）を参照）．O_2 が常磁性を示す理由は，初期理論のルイス式では説明できなかったが，MO 法の特徴の 1 つである反結合性軌道によって説明された．

（3）二窒素分子（N₂）の分子軌道と電子配置（2つの原子の 2s 軌道と 2p 軌道から形成される MO）

N₂ では，2個の窒素原子の2つの 2s 軌道と6つの 2p 軌道から，4つの結合性 MO と4つの反結合性 MO が形成され，さらに，1s 軌道も少し重なって σ 軌道と σ* 軌道が1つずつ形成される。**図 3-2-11** に，電子配置を示した N₂ の MO のエネルギー準位図を示す。

2個の窒素原子から N₂ が生成する反応過程のルイス式を用いた表現は，**図 3-2-1**（3）（p.124）を参照。

窒素原子の電子配置を表した定量的なエネルギー準位図は，**図 2-6-8**（p.68）を参照。

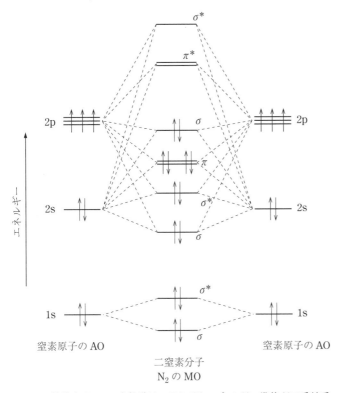

図 3-2-11 は，図 3-2-10 と同様に，二重縮重した π および π* 軌道の，エネルギー準位を示す2本の横線を束ねて描いている。

2s 軌道，2p 軌道と各 MO の間に引かれた破線は，各 AO の混ざり合いを示す。混ざり合う程度は各 MO で異なる。

2s 軌道と 2p 軌道から形成される N₂ の MO の，電子雲の空間分布（形）は，図 3-2-8 のような 2p 軌道から形成された O₂ の MO の電子雲の，対称性が高いきれいな形からいくぶん歪んだ形になる。

物質の電子構造や性質の説明には，曖昧さをもつ電子雲の図を用いるよりも，電子配置を示した MO のエネルギー準位図を用いる方が理解しやすいことが多い。

2つの π 軌道と2つの π* 軌道は，それぞれエネルギー準位が二重縮重している。

図 3-2-11. 2個の窒素原子の 2s 軌道と 2p 軌道，1s 軌道から形成された二窒素分子（N₂）の，電子基底状態の電子配置を示した定性的な MO のエネルギー準位図と，各 AO と MO の記号。

図 3-2-11 より，N₂ では一方の窒素原子の 2s 軌道と 2p 軌道が，それぞれ他方の 2s 軌道，2p 軌道と複雑に混ざり合い，8つの MO が形成される。ところが，前記（2）の O₂ では，一方の酸素原子の 2s 軌道と，電子雲の広がりがほぼ同じ他方の酸素原子の 2p 軌道が重なっても，これらの AO は混ざり合わない。この違いの主な要因は，2s 軌道と 2p 軌道の軌道間のエネルギー差である。第2章の

窒素と酸素は，周期表で隣り合う第2周期元素であり，原子番号が1（原子核中の陽子と電子各1個）異なるだけであるが，分子の MO のエネルギー準位や，その高低の順序と電子配置が異なるので，原子の電子構造に基づく分子の物理的，化学的性質は異なる。

MO 形成の有無の，AO の軌道間エネルギー差の境界値は明確ではない.

2 つの AO のエネルギー差が大きいと，電子どうしの相互作用は小さい. 2 つの AO のエネルギー準位が近く，軌道間エネルギー差が小さいことは，MO を形成できる AO の条件の 1 つである. MO を形成できる AO の条件は，次の項目 3.2.5 で紹介する.

MO のエネルギー準位には，1 つの MO に配置された 2 個の電子間や，MO の電子対や不対電子の間の静電反発も寄与するが，ふつうはエネルギー準位の高低の順序を変えるほど大きな影響を与えることはない.

下図は，N_2 の MO を形成する 2 個の窒素原子の 1s 軌道と 2s 軌道の電子雲の広がりと重なりを説明するためのイメージである.

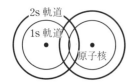

2p 軌道の電子雲の広がりは 2s 軌道とほぼ同じ.

HOMO と LUMO は，それぞれホモ，ルモと発音する.

図 2-6-8（p. 68）より，この軌道間のエネルギー差は酸素原子が約 1800 kJ mol^{-1}，窒素原子が約 1100 kJ mol^{-1} であり，窒素原子の方が小さい. すなわち，2s 軌道と 2p 軌道のエネルギー差が小さい方の窒素は，2 つの原子の，電子雲の広がりがほぼ同じ 2s 軌道と 2p 軌道の計 4 つの AO が互いに複雑に混ざり合って MO を形成する.

図 3-2-11 の N_2 の電子配置は，電子配置の構成原理に従って MO に 2 個の窒素原子のすべての電子 14 個を配置したものである. 図中の，2s 軌道と 2p 軌道から形成された 8 つの MO の電子配置を，MO の電子配置の表記を用いてエネルギー準位が低い方から書き表すと $(\sigma)^2(\sigma^*)^2(\pi)^2(\pi)^2(\sigma)^2(\pi^*)^0(\pi^*)^0(\sigma^*)^0$ である. ところが O_2 では，図 3-2-10 の 2s 軌道から形成された 2 つの MO の電子配置を含めて $(\sigma)^2(\sigma^*)^2(\sigma)^2(\pi)^2(\pi)^2(\pi^*)^1(\pi^*)^1(\sigma^*)^0$ であり，N_2 の，2s 軌道と 2p 軌道から形成された σ 軌道と 2 つの π 軌道の，エネルギー準位の高低の順序が，2p 軌道から形成された O_2 の，これらの MO の順序と入れ換わって（逆転して）いる. この逆転は，N_2 の MO の 2s 軌道と 2p 軌道の混ざり合いの程度（割合）の違いに起因する. それぞれの MO の 2s 軌道と 2p 軌道の混ざり合いの割合は，MO にエネルギー準位が近い AO の割合が大きく，遠い AO は小さい. 混ざり合いの割合が異なる MO は，電子軌道としての性格が少し異なり，エネルギー準位が 2s 軌道に近い MO は 2s 軌道の性格が強く，2p 軌道に近い MO は 2p 軌道の性格が強い.

N_2 の結合性電子と反結合性電子の数は，それぞれ 10 個と 4 個である. これらの値を式 (3-9)（p. 130）に代入すると，N_2 の共有結合の結合次数は 3 となり，窒素原子間の三重結合が説明される.

結合性電子数と反結合性電子数の差は N_2 が 6，O_2 が 4 である. N_2 の三重結合は O_2 の二重結合よりも結合性電子数が 2 個多いため，2 個の原子核を引きつける結合力が O_2 よりも強いので結合は強い（結合強度が高い）. この強い結合によって，N_2 の窒素原子間の結合距離（109.8 pm）は，O_2 の結合距離（120.7 pm）よりも短くなる. 結合距離が短いため，窒素原子の 1s 軌道は電子雲が小さいにもかかわらず少し重なり合い，MO を形成して共有結合に参加する. したがって，N_2 の MO では，窒素原子の 1s 軌道と 2 個の電子も，それぞれ原子価軌道と価電子とみなして取り扱われているが，2 つの 1s 軌道から形成された σ 軌道と σ^* 軌道は，それぞれ結合性電子 2 個と反結合性電子 2 個が配置されているので，結合次数には影響しない. なお，エネルギー準位が最も高い電子が配置されている MO を **最高被占分子軌道（HOMO）**（highest occupied molecular orbital) といい，電子が配置されてなくエネルギー準位が最も低い空の MO を**最低空分子軌道（LUMO）**（lowest unoccupied molecular orbital）という．

N_2 分子中の，すべての電子は電子対を形成しているので，N_2 は不対電子をもたない．したがって，2 個の不対電子をもつ O_2 のような常磁性は示さない（N_2 の磁性（反磁性）は本章末の**付録 3.4**（p. 176）を参照）．

次の項目では，O_2 と N_2 を含む第 2 周期元素の等核二原子分子の電子構造と性質について述べる．これらの分子の電子構造は，**図 3-2-10** と**図 3-2-11** の，O_2 と N_2 と同様な MO のエネルギー準位図を用いて説明される．

（4）第 2 周期元素の等核二原子分子の分子軌道と性質

第 2 周期元素の等核二原子分子の，MO のエネルギー準位と電子配置，および，分子の電子配置に基づく性質の説明をいくつか紹介する．

リチウムからフッ素までの等核二原子分子の名称は，原子番号順に二リチウム（Li_2），二ベリリウム（Be_2），二ホウ素（B_2），二炭素（C_2），二窒素（N_2），二酸素（O_2），二フッ素（F_2），二ネオン（Ne_2）である．Li_2，Be_2，B_2，C_2，Ne_2 は，実験装置中の特別な条件下で生成する気体の分子である．**図 3-2-12** は，Ne_2 を除く 7 種類の分子の，原子の 2s 軌道と 2p 軌道から形成された MO のエネルギー準位と電子配置をまとめたものである．

図中の枠で囲んだ Li_2 から N_2 までの 5 種類の分子の MO は，N_2 と似ている．その理由は N_2 と同じであり，リチウムから窒素までは 2s 軌道と 2p 軌道のエネルギー差が大きくないので，2s 軌道も MO の形成に参加することである．F_2 の MO が O_2 と似ている理由は，フッ素原子の 2s 軌道と 2p 軌道のエネルギー差は酸素原子よりも大きいので，これらの軌道は混ざり合わないことである．

図 3-2-12 の Li_2 から F_2 まで元素の原子番号が大きくなるにつれて，MO を形成する 2s 軌道と 2p 軌道のエネルギー準位は低くなってゆくので，MO のエネルギー準位も徐々に低下してゆく．

表 3-2 は，**図 3-2-12** の 7 種類の分子の分子式と構造式，ルイス式，結合次数，原子間の結合距離，共有結合エネルギー，不対電子数，磁性をまとめたものである．

図 3-2-12 と**表 3-2** の電子構造と共有結合に関係するデーターか

図 3-2-11（p. 137）の，N_2 の MO 中の HOMO は，電子が配置されたエネルギー準位が最も高い σ 軌道．LUMO は，エネルギー準位が最も低く，電子が配置されてない空の 2 つの π^* 軌道．

図 3-2-10（p. 136）の，O_2 の MO 中の HOMO は，それぞれ電子 1 個が配置された（半充填の）2 つの π^* 軌道．半充填 MO を SOMO（singly occupied MO）ということがある．

第 2 周期元素はすべて典型元素であり，価電子が配置されている原子価軌道は 2s 軌道と 2p 軌道である．

2p 軌道と 2s 軌道から形成された MO

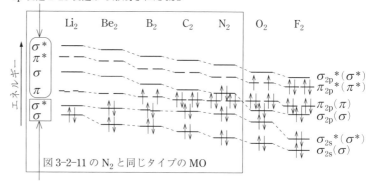

図 3-2-11 の N₂ と同じタイプの MO

主に 2s 軌道から形成された MO

O₂ と F₂ の MO の記号の右下に MO を形成した AO を示している.
右端の括弧内の MO の記号は，左端の MO のタイプとの対応を示す.
共有結合への寄与が小さい 1s 軌道から形成された MO は記入してない.

図 3-2-12. 第 2 周期元素の等核二原子分子の，電子基底状態の電子配置を示した MO のエネルギー準位図.

表 3-2 中の結合次数は，**図 3-2-12** の電子配置から結合性電子数と反結合性電子数を読み取り，それらの値を式 (3-9) (p. 130) に代入すると求まる.

結合次数は形式的な値である．同じ結合次数の分子でも結合エネルギーは異なる．一般に，結合エネルギーが小さいほど共有結合は弱く，分子は不安定になる.

不対電子数も MO の電子配置から読み取る.

ルイス式は古典的な共有結合の表示法であるが，MO の電子配置から求めた結合次数の値は，ルイス式から読み取った値と同じである．ルイス式は共有結合の本質を突いているので，その有用性が色あせることはない.

表 3-2. 第 2 周期元素の等核二原子分子の共有結合に関係するデーターと磁性

分子式	Li₂	Be₂	B₂	C₂	N₂	O₂	F₂
構造式	Li–Li	—	B–B	C=C	N≡N	O=O	F–F
ルイス式	Li:Li	—	:B:B:	:C::C:	:N::N:	Ö::Ö	:Ḟ:Ḟ:
結合次数	1	0	1	2	3	2	1
結合距離 (pm)	267.3	—	159	124.25	109.8	120.7	141.2
結合エネルギー (kJ mol⁻¹)	101	—	289	599	942	493	155
不対電子数 (個)	0	—	2	0	0	2	0
磁 性注)	反磁性	—	常磁性	反磁性	反磁性	常磁性	反磁性

注) 本章末の**付録 3.4** (p. 176) を参照.

ら，これらの 7 種類の分子の性質と，その系統的な変動が以下のように説明される.

　Be₂ の結合次数はゼロである．この分子は特別な条件下で生成するが，きわめて不安定で，生成しても瞬時に解離して原子に戻るので，実質上存在できない分子である．これは，理論上は結合次数がゼロの分子は存在できないことと矛盾しない．希ガスの Ne の分子であるニネオン (Ne₂) も結合次数はゼロである．Ne₂ の電子配置は，**図 3-2-12** の F₂ の MO の，電子が配置されてない空の σ_{2p}^* 軌道に電子を 2 個配置したものであり，結合性電子と反結合性電子が同数になるので，式 (3-9) (p. 130) より結合次数はゼロである．こ

の Ne_2 も特別な条件下で生成するが，Be_2 と同様な，きわめて不安定で実質上存在しない分子である．18族元素の希ガスの，二原子分子の結合次数が理論上ゼロになることは，第2章（p.65）で述べたように，希ガスの原子の電子配置がきわめて安定であり，化学反応性（以降は反応性と略す）が乏しく，他の元素と化学結合を形成しないことを説明する．

B_2，C_2，N_2 は，この順に2つの結合性の π 軌道に電子が配置されてゆくので，結合次数が $1 \to 2 \to 3$ と増大して結合エネルギーが高くなり，結合距離は短くなる．この変動は，共有結合の強さ（結合強度）が $B_2 \to C_2 \to N_2$ の順に高くなり，最大の結合次数と結合エネルギー，最短の結合距離をもつ N_2 が，第2周期元素の等核二原子分子中で最も安定に存在できる分子であることを強く示唆する．

N_2，O_2，F_2 では，O_2 から反結合性の2つの π^* 軌道に電子が1個ずつ配置され，次の F_2 は π^* 軌道に電子が2個ずつ配置されて反結合性電子数が増加する．したがって，結合次数は $N_2 \to O_2 \to F_2$ の順に $3 \to 2 \to 1$ と低下し，結合エネルギーも低下するので，この順に結合強度が低下して共有結合が弱くなり，結合距離は長くなる．$N_2 \to O_2 \to F_2$ の順に共有結合が弱くなることは，これらの分子の反応性が高くなる傾向と深く関係する．N_2 は反応性が低い安定な分子であり，O_2 は反応性をもつが，比較的安定な分子である．F_2 は反応性が高く，やや不安定な分子である．実際に，F_2 と O_2 は酸化作用を示し，F_2 の酸化力は O_2 と比べて強い．

次の項目では，異種元素からなる異核二原子分子の，MO法による共有結合の解釈について述べる．等核二原子分子は電気陰性度が同じ2つの原子で形成されるが，異核二原子分子は電気陰性度が異なる2つの原子で構成され，その MO と共有結合は，等核二原子分子とはやや異なっている．

3.2.5 異核二原子分子の分子軌道と電子構造

異核二原子分子は，異なる2種類の元素の原子2個が結合した分子であり，その MO は，2つの原子の種類が異なる AO や，エネルギー準位が異なる同種の AO から形成される．前項目 3.2.4 で述べた MO を形成できる AO の条件は，① 電子雲が重なり合うことができ，② エネルギー準位の間隔（エネルギー差）が小さいことの2つである．本項目では，典型的な異核二原子分子のフッ化水素（HF）を例にとり，MO 法による異核二原子分子の共有結合の説明

希ガス元素は他の元素と化合物を作らず，天然に原子のまま存在しているが，電気陰性度が高いフッ素や酸素などと，Rn, Xe, Kr との不安定な化合物が合成されている．
Ar とフッ素の化合物も特別な条件下で生成するが，きわめて不安定である．

結合次数1の Li_2，B_2，F_2 を比べると，アルカリ金属元素の二原子分子の Li_2 は，結合エネルギーが最小で結合距離は最長であり，結合強度が最も低く，かなり不安定である．リチウムは同種の原子間で共有結合を形成するよりも，電気陰性度が高い元素とイオン結合してイオン性化合物を形成する方が，元素として安定に存在できるのである．

条件①，②の他に，2つの AO の「重なり積分（overlap integral）」がゼロにならないこと，という条件がある．この条件は，本章末の**付録3.5**（p.176）を参照．

を述べる．

　HF のルイス式では，水素原子とフッ素原子が価電子を 1 個ずつ出し合って共有結合を形成している．第 2 章の図 2-6-8（p. 68）より，水素原子とフッ素原子の AO の電子配置から，HF の MO は，水素原子の 1s 軌道と，フッ素原子の 3 つの 2p 軌道のうち価電子 1 個（不対電子）が配置された 1 つの 2p 軌道から形成される．次に，フッ素原子の原子価軌道の 2s 軌道と 2p 軌道について，MO を形成する AO の 2 つの条件 ①，② を検証する．

　図 3-2-13 に，共有結合を形成しようとして互いに近づく水素原子の 1s 軌道と，フッ素原子の 2s 軌道と 2p 軌道の電子雲を示す．

水素原子とフッ素原子から HF が生成する反応過程のルイス式を用いた表現は，図 3-2-1（4）（p. 124）を参照．

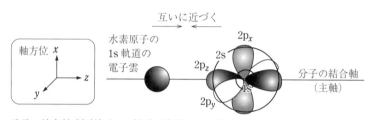

分子の結合軸（主軸）と 2p 軌道の方位の決め方は図 3-2-6（p. 132）と同じ．

図 3-2-13. 互いに近づく水素原子の 1s 軌道と，フッ素原子の 2s 軌道と 2p 軌道の電子雲のイメージ．

　図の電子雲の空間分布（形と大きさ．2p 軌道は方向も含む）から，フッ素原子の 5 つの AO のうち，電子雲が小さい 1s 軌道を除く 2s 軌道と 2p 軌道は，すべて水素原子の 1s 軌道と重なると推測され，特にフッ素原子の 2s 軌道と結合軸の z 軸上の $2p_z$ 軌道は大きく重なることがわかる．フッ素原子の $2p_x$ 軌道と $2p_y$ 軌道も少し重なると思われるが，水素原子の 1s 軌道の電子雲の空間分布がフッ素原子の 2p 軌道よりもかなり小さく，電子雲どうしの重なりはきわめて小さくなるので，$2p_x$ 軌道と $2p_y$ 軌道は MO の形成にほとんど関与できないと考えられる．したがって，フッ素原子の 2s 軌道と $2p_z$ 軌道が条件 ① を満たす．

　図 2-6-8（p. 68）より，水素原子の 1s 軌道のエネルギー準位は $-1312\,\mathrm{kJ\,mol^{-1}}$，フッ素原子の 2s 軌道と 2p 軌道のエネルギー準位はそれぞれ $-3870\,\mathrm{kJ\,mol^{-1}}$ と $-1681\,\mathrm{kJ\,mol^{-1}}$ である．水素原子の 1s 軌道とフッ素原子の 2p 軌道のエネルギー差は約 370 kJ $\mathrm{mol^{-1}}$ と小さいが，2s 軌道との差は約 2560 kJ $\mathrm{mol^{-1}}$ と大きいので，$2p_z$ 軌道は MO を形成するが，2s 軌道は MO の形成にほとん

フッ素原子の 1s 軌道は電子雲の大きさがきわめて小さく，HF の原子間結合距離（91.7 pm）ではフッ素原子と水素原子の 1s 軌道どうしの重なりはない（無視できる）と考える．

フッ素原子の $2p_x$ 軌道と $2p_y$ 軌道が MO の形成にほとんど関与しない深い理由は，本章末の付録 3.5 の重なり積分から説明される．

ど関与できないと考えられる．したがって，フッ素原子の $2p_z$ 軌道が条件 ① と ② を満たし，水素原子の 1s 軌道と MO を形成すると考えるのである．

　次の**図3-2-14**は，HF の電子配置を示した MO のエネルギー準位図であるが，異核二原子分子には，前節で述べた等核二原子分子にはみられないタイプの MO が存在する．

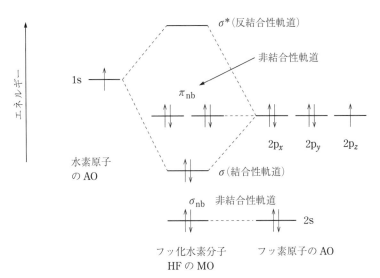

2つの π_{nb} 軌道はエネルギー準位が縮重している．フッ素原子の 1s 軌道は省略した．

図3-2-14. フッ化水素分子（HF）の電子基底状態の電子配置を示した定性的な MO のエネルギー準位図と，各 AO と MO の記号．

HF の結合性の σ 軌道の，電子雲の外形はニワトリの卵形で，両端近くに2つの原子核を含む．反結合性の σ^* 軌道は，分子の外側の両方に卵形の電子雲が分布し，分子の内側にもわずかに分布している．

　HF は3種類の MO をもつ．うち2つは，水素原子の 1s 軌道とフッ素原子の $2p_z$ 軌道から形成された結合性の σ 軌道と反結合性の σ^* 軌道である．水素原子とフッ素原子の価電子1個ずつ，計2個の電子は，原子間に電子雲が分布する結合性の σ 軌道に配置され，1対の電子対を形成して共有単結合を形成する．もう1つは，水素原子の 1s 軌道と MO を形成できず，共有結合に参加しなかったフッ素原子の 2s，$2p_x$，$2p_y$ 軌道の3つの AO が，分子が形成されたために MO の名称と記号に変更されたものである．フッ素原子の 2s 軌道は σ_{nb} 軌道，$2p_x$ と $2p_y$ の2つの軌道は π_{nb} 軌道に記号が変わる．π_{nb} 軌道のエネルギー準位は，AO のときの $2p_x$，$2p_y$ 軌道と同様に縮重している（二重縮重）．これらの MO には，AO のときの電子2個が電子対を形成したまま残る．このような MO を**非結合性分子軌道**（non-bonding molecular orbital）という．3対の電子

共有結合の結合次数の計算に，共有結合に参加しない非結合性 MO に配置された電子（非結合性電子）は含まれない．

図 3-2-14 の電子配置から，結合性電子は σ 軌道に配置された 2 個，反結合性電子はゼロである．HF の共有結合の結合次数は，式 (3-9)(p. 130) より 1 である．

HF の結合エネルギーは $566\,\mathrm{kJ\,mol^{-1}}$ である．

付録 3.6 には，O_2 の性質も少し述べられている．

対は，HF 分子のルイス式の，フッ素原子の周囲に描かれた 3 対の孤立電子対に相当する．

以上に述べた説明では，フッ素原子の 1s, 2s, $2p_x$, $2p_y$ の 4 つの AO の，HF の共有結合への寄与は考えなかった．これらの AO を無視すると，非結合性の σ_{nb} 軌道と 2 つの π_{nb} 軌道のエネルギー準位を示す横線は，図 3-2-14 中では AO と同じ高さに引かれることになり，電子雲も，原子のときに所属したフッ素原子の原子核の周囲に，AO のときと同じ分布をもつことになる．ところが，原子のときと分子を形成したあとでは環境 (電子構造) が異なるので，HF の σ_{nb} 軌道と 2 つの π_{nb} 軌道は，フッ素原子の 2s, $2p_x$, $2p_y$ 軌道と同じと考えてはならない．分子が形成されると，共有結合して接近した水素原子の原子核と，σ 軌道の共有電子対の静電的な影響によって，σ_{nb} 軌道と 2 つの π_{nb} 軌道のエネルギー準位も電子雲の分布も，AO のときからわずかに変化するのである．

フッ素原子の 1s 軌道も分子中では MO として取り扱うべきであるが，共有結合にはほとんど寄与しないので，考慮する必要はない．

本章末の付録 3.6 (p. 177) に，その他の異核二原子分の例として，一酸化炭素 (CO) 分子の MO と電子構造を示し，その性質について記した．

3.2.6 分子の極性

この項目では，前項目のフッ化水素 HF の共有結合の性格と，分子の極性の関係について述べる．

最高の電気陰性度をもつフッ素原子は，自身がもっているすべての電子を原子核に強く引き寄せている．フッ素原子が他の元素の原子と結合すると，結合相手の電子も強く引き寄せる．そのために，HF 分子中では，水素原子の 1 個の電子はフッ素原子の原子核に強く引き寄せられている．HF 分子のルイス式では，共有電子対が水素原子とフッ素原子の原子核の中間に存在して，均等に共有されているように描かれるが，実際は，共有電子対はフッ素原子の原子核に近づいて片寄っている．次に，この状況を MO 法の視点から説明する．

HF の共有電子対が配置されている結合性の σ 軌道は，水素原子の 1s 軌道とフッ素原子の $2p_z$ 軌道が均等に混ざり合っているのではなく，σ 軌道にエネルギー準位が近い方のフッ素原子の $2p_z$ 軌道

の方が多めに混ざり，遠い方の水素原子の1s軌道は少なめに混ざって形成されている．この混ざり合いの程度から，HFの結合性MOのσ軌道はフッ素原子の2p軌道の性格が強い．反結合性のσ^*軌道は，水素原子の1s軌道とエネルギー準位が近いので，水素原子の1s軌道の方がフッ素原子の2p軌道よりも多めに混ざり，水素原子の1s軌道の性格が強い．フッ素原子の2p軌道の性格が強い結合性のσ軌道には，水素原子とフッ素原子の価電子が1個ずつ，計2個の電子が配置されている．2個の電子は電気陰性度が高いフッ素の原子核に引きつけられ，MOの形成で水素原子が提供した1個の価電子は，分子中でフッ素原子の原子核に引き寄せられて水素の原子核から少し離れている．そのために，HFのσ軌道の2個の電子はフッ素原子の原子核の周囲に存在することが多く，σ軌道の2個の電子の存在確率（Ψ^2，電子密度（p.128の脇注））はHF分子のフッ素側が高い．したがって，HFのフッ素の原子核のまわりは，9個の電子を有した原子のときよりも電子の存在確率（電子密度）が高くなり，水素の原子核のまわりは，電子1個を有した原子のときよりも電子密度が低くなる．**図3-2-15**に水素原子とフッ素原子，HFの10個の電子の電子密度のイメージを示す．

　HFは電荷をもたない電気的に中性の分子であるが，フッ素の原子核の周辺は原子のときよりも電子密度が高く，フッ素の原子核の周囲に集まった電子の負電荷が，原子核の正電荷よりも多い（強い）ので，フッ素の部分が少し負電荷を帯びる．一方，水素の原子核の周辺は，フッ素の原子核に電子密度を取られている．したがって，電子密度は原子のときよりも低下し，原子核の正電荷を完全に中和するだけの電子密度がないので少し正電荷を帯びる．このように，HFは電子密度分布に片寄りがあるので，分子の水素側に電気的に正（＋）の部分が生じ，フッ素側に負（−）の部分が生じて分子の両側にそれぞれ**部分電荷**（partial charge）をもつ．一般に，電気陰性度が異なる原子からなる分子は，電気陰性度が高い原子側の電子密度が高くなるので負の部分電荷をもち，電気陰性度が低い原子側は電子密度が低くなるので正の部分電荷をもつ．

　1つの物体の両端が，それぞれ正負が反対の電荷（電気）を帯びた状態を，**電気分極**（electric polarization）しているという．電気分極によって生じる性質を包括して**極性**（polarity）といい，電気分極して部分電荷をもつ分子を**極性分子**（polar molecule）という（極性を示さない分子は無極性分子や非極性分子（nonpolar molecule）という）．なお，本章5節（p.160）で述べる水素結合は，水素原子

分子の部分電荷表示方法の1つを下図に示す．例はHF.
$\delta+$ と $\delta-$ は部分電荷の表示.

$$\delta+ \quad \delta- \qquad 0 < \delta \ll 1$$
$$H - F$$

1対の同じ大きさの正負の荷（電荷や磁荷）からなる要素（element）（1つのユニット）を双極子（dipole）という．すなわち，正負の2つの極（pole）をもった1つの物体は双極子である．物体が帯びる荷（または気）が電荷（電気）の場合は電気双極子（electric dipole）という．磁荷（磁気）の場合は磁気分極した磁気双極子（magnetic dipole）である．

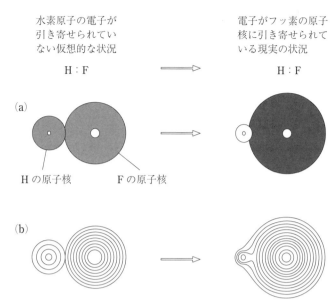

水素原子の電子が
引き寄せられてい
ない仮想的な状況

電子がフッ素の原子
核に引き寄せられて
いる現実の状況

H：F $\Longrightarrow$ H：F

(a)

Hの原子核　　Fの原子核

(b)

図 3-2-15.（a）濃淡および（b）等高線を用いた電子密度のイメージ.
左図は水素原子とフッ素原子が重なった状態，右図はフ
ッ化水素（HF）分子.

をもつ極性分子の間の化学結合である.

　電気分極している HF の化学結合は，100 ％ の共有結合ではなく
イオン結合を含んでいると解釈されている. すなわち，異なる元素
の原子間の化学結合は，共有結合性とイオン結合性の双方を含んで
いると考えるのである.

　次の式（3-10）は，異核二原子分子の化学結合に含まれるイオン
結合性の割合を見積もるために提案された方法のうち，最も簡単な
ハニー-スミス（Hanney-Smith）の式である. 計算にはポーリング
の電気陰性度を用いる.

$$\text{イオン結合性の割合（\%）} = 16|\chi_A - \chi_B| + 3.5(\chi_A - \chi_B)^2$$

（3-10）

χ_A, χ_B：原子 A と原子 B のポーリングの電気陰性度の値

ポーリングの電気陰性度は第 2 章の**図
2-6-12**（p.71）よ り，H 2.2, F 3.98,
Cl 3.16, Br 2.96, I 2.66.

　式（3-10）を用いて求めた，ハロゲン化水素の化学結合に含まれ
るイオン結合性の割合は，HF 40 ％，HCl 19 ％，HBr 14 ％，HI 8 ％
である. これらの値が真実を示しているのか，議論の余地は残され
ているが，ハロゲンの原子番号が大きくなるほど，その原子価軌道
である p 軌道のエネルギー準位が上昇して，水素原子の 1s 軌道の
エネルギー準位に近づくので，ハロゲンが F から I へと変わるに

つれて，形成される MO の，ハロゲン原子の1つの p 軌道と水素原子の 1s 軌道の混ざり合いは大きくなり，電子密度の片寄りが減少して共有結合性が増すことになる．

　以上に述べた HF の化学結合の解釈から，100 ％ の共有結合と 100 ％ のイオン結合は理想的な状態であり，実在する物質中の原子間の化学結合は，共有結合とイオン結合の状態が混ざっていると考えられる．したがって，100 ％ 共有結合や 100 ％ イオン結合の物質は存在しないと考えることもできる．このような化学結合の本質の解釈は，現在のところ最も確からしいと考えられている．本章末の**付録 3.7**（p.179）に，この考え方の MO 法を利用した説明を記した．

　本節では，単純な分子構造の二原子分子を例に，MO 法といくつかの利用について紹介した．MO 法は，本章 6 節で述べる金属結合の解釈にも用いられる．

　MO 法は，化学結合の本質に迫ることが可能な有用な方法であるが，三原子以上で構成された多原子分子の，立体構造を含めた化学結合のわかりやすい説明は望めない．その例として，折れ線型の分子構造をもつ三原子分子の水（H_2O）の電子配置を表した MO のエネルギー準位図を，本章末の**付録 3.8**（p. 180）に示した．多原子分子の立体構造は，次節の混成軌道を用いた説明の方がわかりやすい．

3.3　混成軌道と分子の形

　分子はそれぞれ固有の形をもっている．分子の立体構造（spacial structure）を取り扱う化学の領域を**分子立体化学**（molecular stereochemistry）という．本節では，前節の**図 3-2-2**（p. 126）中に示した，VB 法から誕生した概念である**混成軌道**（hybridized orbital）を用いた分子の立体構造の説明を主題として，VB 法の共有結合の解釈と分子立体化学の基礎事項を述べる．

3.3.1　分子構造と混成軌道

　分子の形は，その外形（輪郭）を表す図形の名称で表現される．直線状や折れ線状，平面的，立体的な分子は，その中心に位置する 1 個の原子（中心原子（central atom））に結合して隣り合っている原子間を直線で結んだ輪郭の平面図形や立体図形の名称で形が表現される．たとえば，メタン分子は多面体図形の正四面体型分子構造

混成軌道の概念は，1931 年にポーリングが提唱した．

本節に続く 3.4 配位結合，3.5 水素結合では，混成軌道を用いた説明を行う．

VB 法の理論計算の結果には，前節の MO 法の反結合性軌道がないので，分子の電子状態の説明には不便さがある．
VB 法による分子の電子基底状態と電子励起状態の理論計算は，それぞれ個別に行われる．

単に「分子構造」という場合は，立体構造の他に化学式で表される分子の化学組成などの化学構造も含んでいる．

分子立体化学の視点からは,「構造」の英語は structure よりも geometry の方が, より適切である.

ベンゼンの構造式は, 本章末の**付録3-9**（p.181）を参照.

混成軌道は, 実験によって立体構造が解明された分子の方向が定まっている共有結合を説明するだけでなく, 解明されてない分子の立体構造と共有結合も推定できる簡便で有用な概念である.

（tetrahedal molecular structure）, 平面的なエテン（エチレン）分子中の1個の炭素原子のまわりは平面図形の三角形分子構造（trigonal planar molecular structure）, エチン（アセチレン）分子は直線型分子構造（linear molecular structure）, 水は折れ線型分子構造（bent molecular structure）といわれ, 6つの炭素原子からなるベンゼンの環状の分子骨格は正六角形構造といわれる. これらの例のように, 分子の立体構造は, 中心原子とその結合相手の原子間の, 共有結合の数と方向で決まる.

　混成軌道は原子の電子軌道であり, 結合相手の原子の方向に向いた電子雲をもつように, 中心原子の原子価軌道のAOを混ぜ合わせたものである. VB法は, 前述した（p.126）ようにルイスの電子対結合を忠実に踏襲した理論である. したがって, 混成軌道とは, 点で示された原子のルイス式の不対電子（・）や孤立電子対（：）を, 分子の立体構造と共有結合の両方を説明できるように方向をもたせた電子軌道で描き直したものである. 混成軌道には, 共有結合を形成する不対電子や孤立電子対が配置される. **表3-3** に, 混成軌道の例と, その軌道を用いて説明できる分子の形（立体構造）などを示す.

　次の項目から, 有機化合物のメタン, エテン（エチレン）, エチン（アセチレン）を例にとり, それぞれの分子の中心原子である炭素原子の sp^3 混成軌道, sp^2 混成軌道, sp 混成軌道の電子雲の方向と, これらの軌道による共有結合の形成について述べる. 混成軌道を用いた分子の立体構造と共有結合の説明では, 共有電子対と孤立

表3-3. 混成軌道の例と説明できる分子の形.

共有電子[注]対の数	混成軌道の記号	分子の形
2	$\boxed{sp}$, dp	直　線
3	$\boxed{sp^2}$, dp^2	正三角形
4	$\boxed{sp^3}$, d^3s	正四面体
4	dsp^2	正方形
5	dsp^3	三角両錐
5	d^2sp^2	四角錐
6	d^2sp^3	正八面体
6	d^4sp	三角柱
7	d^3sp^3	五角両錐

本節では, ▢ で囲んだ3種類の代表的な混成軌道を紹介する.
（sp の読み方：エス・ピー）
（sp^2 の読み方：エス・ピー・ツー）
（sp^3 の読み方：エス・ピー・スリー）

注）中心原子と, それに結合した他の原子との間の共有電子対の数. 中心原子が孤立電子対をもつ場合は, 孤立電子対の数も加えて数える.

電子対が重要な役割を演じる.

3.3.2 sp³ 混成軌道とメタンの共有結合

図 3-3-1 に，メタン（CH₄）の分子構造と中心原子の炭素の原子価軌道（AO），および，AO から形成される sp³ 混成軌道を示す.

メタン分子の正四面体型の立体構造を示した構造式

H−C−H の結合角度∠H−C−H = 109° 28′
6 つの結合角度はすべて同じ

C−H 結合距離は 108.7 pm
4 本の結合距離はすべて同じ

炭素原子の 4 つの原子価軌道の混ざり合いによる sp³ 混成軌道の形成

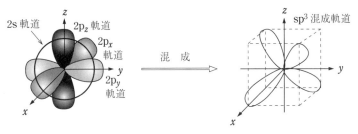

図 3-3-1.　メタンの分子構造と炭素原子の原子価軌道の AO（2s 軌道と 3 つの 2p 軌道），および，これらの AO から形成された 4 つの sp³ 混成軌道の電子雲の形と方向.

　分子の立体構造を説明できる混成軌道を作るために，まずはじめに立体構造を決める要素の，中心原子に共有結合した原子の位置と，結合した 2 つの原子間の結合距離，および，中心原子を含む 3 つの原子が成す**結合角度**（bond angle）を知る必要がある. なお，結合角度は内角（interior angle）を用いる.

　メタンは中心原子の炭素に 4 つの水素原子が共有結合（単結合）した分子であり，4 つの炭素-水素間の C−H 結合距離は等しい（等価である）. これは共有結合の強さが同じことを示す. 水素-炭素-水素の 6 つの結合角度∠H−C−H も等価である. これらの分子構造のデーターから**図 3-3-1** 中の構造式が描かれ，構造式中の隣り合った水素原子の中心を線で結ぶと正四面体が描かれる. 炭素原子は正四面体の重心に位置し，実験から確認された∠H−C−H は，正四面体の重心と，隣接した 2 つの頂点の 3 点が成す内角の 109°28′と等しい. したがって，メタン分子は正四面体型の立体構造をもつと説明される. 共有結合の方向と結合距離から分子の立体構造が決

メタン分子中の結合角度∠H−C−H は 109.5°とされることがある. **図 3-3-1** では正四面体の重心と，隣接する 2 つの頂点の 3 点が成す正確な値を，六十分法を用いて 109 度 28 分と記している（109°28′ = 109.4666…°）.
109°28′ は，正四面体型構造の分子の理想的な結合角度の値である.

図 3-3-1 右下の sp³ 混成軌道の電子雲の方向は，4 つの sp³ 混成軌道に 1 個ずつ電子を配置すると，4 つの軌道の電子間反発が均等で釣り合った状況の方向である. したがって，sp³ 混成軌道の電子雲は，正四面体の頂点方向に向いていると説明される.

外角（exterior angle）を結合角度に用いることはない.

まれば，次に価電子が配置された中心原子の AO を用いて，分子の輪郭の，図形の各頂点の方向に電子雲が分布する混成軌道を形成させる．

メタン分子の等価な 4 本の C–H 共有結合は，炭素原子から正四面体の頂点の 4 つの水素原子に向かっている．炭素原子の原子価軌道は 1 つの 2s 軌道と 3 つの 2p 軌道である．これらの AO は，そのままでは 4 つの水素原子の 1s 軌道と正四面体型構造を形づくる 4 本の単結合を形成できない．すなわち，炭素原子の 3 つの 2p 軌道と 3 つの水素原子の 1s 軌道が，それぞれ共有結合を形成すると仮定すれば結合角度 ∠H–C–H は 90° になり，さらに，球状の電子雲の 2s 軌道と 1 つの水素原子の 1s 軌道が共有結合を形成すると，その水素原子はどこにでも移動できることになるので立体構造を説明できない．正四面体型構造の分子の結合角度 109°28′ を実現できる 4 つの sp³ 混成軌道は，それぞれの電子雲が正四面体の各頂点に向くように，2s 軌道と 3 つの 2p 軌道を混ぜ合わせて形成する．この 4 つの電子軌道は，s 軌道 1 つと p 軌道 3 つから形成されるので sp³ 混成軌道という．図 3-3-2 に，電子軌道のエネルギー準位図を用いて表した炭素原子の sp³ 混成軌道の形成過程を示す．

混成軌道の数は，その形成に参加した AO の数より多くも少なくもない．たとえば，原子の AO が 4 つ混ざり合うと必ず 4 つの混成軌道が形成される．これは前節の MO 法と同じ考え方（p. 126 の脇注）であり，無から有は生じないという，哲学の唯物論の思想に基づく現実世界の真理である．

混成軌道の記号は，その形成に参加した原子の AO の主量子数と，方位量子数を示す記号（s, p, d）を量子数が小さい方から並べ，混成に参加した同じ種類の軌道の数を方位量子数を示す記号の右肩に記し（1 は省略する），主量子数の値（炭素原子の AO は 2）は付けない．

主量子数が異なる複数の AO から形成される混成軌道では，主量子数が小さい方から，その方位量子数の記号（s, p, d）を並べ，それぞれに混ざり合った軌道の数を記号の右肩に記す．

電子 [He]
配置 （[He] = (1s)²) (2s)² (2p)² $\xrightarrow{\text{昇位}}$ [He](2s)¹(2p$_x$)¹(2p$_y$)¹(2p$_z$)¹ $\xrightarrow{\text{混成}}$ [He](sp³)⁴
　　　　　　　　　　　　　　　　　　　　　　　　　　　　　　　　　　　　　((sp³)⁴ = (sp³)¹(sp³)¹(sp³)¹(sp³)¹)

2p ↑ ↑
$E(2p) = -1028\ \text{kJ mol}^{-1}$
2s ↑↓
$E(2s) = -1878\ \text{kJ mol}^{-1}$

2p ↑ ↑ ↑
2s ↑

sp³ ↑ ↑ ↑ ↑
$E(\text{sp}^3) = \frac{1}{4}(E(2s) + 3E(2p))$
$= -1241\ \text{kJ mol}^{-1}$

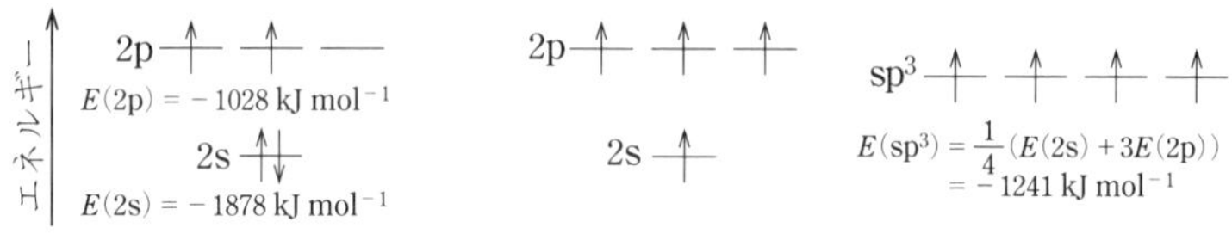

炭素原子の 2s 軌道と 2p 軌道のエネルギー準位と電子配置．

2s 軌道の電子 1 個が 1 つの空の 2p 軌道に昇位した仮想的状態．

sp³ 混成軌道のエネルギー準位と電子配置．エネルギー準位は四重縮重している．

電子の昇位は実験で確認されてない．混成軌道の形成過程は仮想的なものと考えられている．

図 3-3-2. 電子配置を示したエネルギー準位図で表した，炭素原子の sp³ 混成軌道の形成過程．

その他の混成軌道の形成過程も，sp³ 混成軌道と同様である．

sp³ 混成軌道の形成は，はじめに炭素原子の 2s 軌道の 2 個の価電子のうちの 1 個を，電子が配置されてない空の 2p 軌道に昇位（promotion）させ，4 個の価電子のスピンの向きをすべて同じにして，4 つの AO に 1 個ずつ均等に価電子が配置された状態にする．次に 4 つの AO を混ぜ合わせて，電子雲が正四面体の頂点方向に

向いた 4 つの sp^3 混成軌道を形成させる．これらの軌道のエネルギー準位は同じであり，四重縮重しているので，炭素原子の 4 個の価電子を 4 つの軌道に 1 個ずつ均等に配置する．1 つの sp^3 混成軌道は電子をもう 1 個受け入れることができるので，水素原子の 1s 軌道の価電子 1 個と電子対を形成して共有単結合を形成する．炭素原子の sp^3 混成軌道と水素原子の 1s 軌道の間の共有単結合の形成は，以下のように説明される．

前述したように，VB 法の共有結合の解釈は，ルイスの電子対結合そのものである．脇注の化学反応式は，1 つの炭素原子と 4 つの水素原子からメタン分子が生成する反応を，ルイス式を用いて書き表したものである．この式中の，炭素原子の 4 個の価電子を 4 つの sp^3 混成軌道に置き換え，水素原子の 1 個の価電子を 1s 軌道に置き換えると，**図 3-3-3** のように，方向をもつメタン分子の 4 本の C–H 共有単結合が表現される．この図では，電子対結合を示すために，炭素原子の sp^3 混成軌道と水素原子の 1s 軌道の電子雲の接触の上に，共有電子対を点（：）で描き入れている．水素原子の 1s 軌道と炭素原子の sp^3 混成軌道の電子雲が，互いに正面から接触して形成された共有結合を σ 結合という．なお，2 つの電子雲は重なっているが，VB 法の概念には混ざり合いによる新しい軌道（MO）の形成はないので「接触」と表現する．

以上のように，メタン分子の 4 本の C–H 共有単結合（結合次数 1）と，その方向にもとづく正四面体型の立体構造は，炭素原子の sp^3 混成軌道によって説明される．

混成軌道の電子雲は，結合相手の原子に向いている（配向している）ので，混成軌道は方向性原子価（directed valence）ともいわれる．

本節の項目 3.3.4 以降と次節 3.4 配位結合，3.5 水素結合では，水（H$_2$O）やアンモニア（NH$_3$）などの，いくつかの分子の立体構造と共有結合が sp^3 混成軌道を用いて説明される．

3.3.3 sp^2 混成軌道とエチレンの共有結合

sp^2 混成軌道は，その名称より，1 つの s 軌道と 2 つの p 軌道から形成される．**図 3-3-4** に，エチレン（C$_2$H$_4$）の分子構造と中心原子の炭素の AO，および，炭素原子の sp^2 混成軌道を示す．

エチレンは，6 つの構成原子が同一平面上に存在する平面分子である．2 個の炭素原子は互いの間に二重結合（C=C）を形成し，水

エネルギー準位が縮重した 4 つの sp^3 混成軌道に，炭素原子の 4 個の価電子を「再配置」する場合は，フントの規則に従って 1 つの軌道に 1 個ずつ配置する．他の混成軌道も同様に，フントの規則に従って価電子を再配置する．

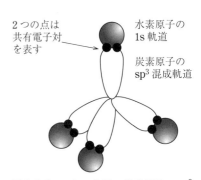

2 つの点は共有電子対を表す

水素原子の 1s 軌道

炭素原子の sp^3 混成軌道

図 3-3-3. メタン分子の炭素原子の sp^3 混成軌道と，4 個の水素原子の 1s 軌道との共有結合（電子対結合）のイメージ．このような電子雲どうしの接触を「σ 型の接触」ということにする．

図 3-3-3 より，VB 法の共有結合の解釈は AO の接触による電子対の共有であることが把握できる．MO 法では，共有結合は原子核も含めた分子全体に広がるものと解釈されているので，VB 法と MO 法の概念の違いも把握できる．
MO 法では，σ 結合は電子雲が正面から重なって形成された σ 軌道による共有結合である．

混成軌道は，p.124 の脇注で述べた原子の「結合の価標」の線を，方向性をもつ電子軌道で置き換えたものである．

エチレンはエテンの慣用名．

素原子と炭素原子は等価な2本のC–H単結合を形成しているので，分子の形は2個の炭素原子間の中点を介して対称的である．C=C二重結合とC–H単結合の結合距離は前者が長く，これらの共有結合がなす結合角度∠H–C–Hと2つの∠C–C–Hはわずかに異なるが，結合角度をすべて120°とみなし，2つの炭素原子のまわりの構造を，それぞれ正三角形とみなす．したがって，2つの炭素原子の正三角形構造は，電子雲の分布が正三角形の頂点に向き，互いに120°の挟角（setting angle）をなす3つの混成軌道を用いて説明することになる．

エチレンの分子構造と分子の軸方位

ルイス式　　　　構造式

H　　H
H : C : : C : H

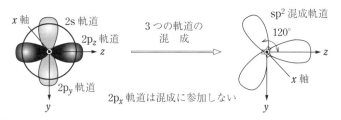

炭素原子の sp² 混成軌道の形成

電子配置：$[He](2s)^2(2p)^2 \xrightarrow{\text{昇位}} [He](2s)^1(2p_x)^1(2p_y)^1(2p_z)^1 \xrightarrow{\text{混成}} [He](sp^2)^3(2p_x)^1$

図 3-3-4. エチレンの分子構造と炭素原子の3つのAO（2s軌道と2つの2p軌道），および，これらのAOから形成された3つのsp²混成軌道の電子雲の形と方向．

正三角形構造の説明には，炭素原子のAOの1つの2s軌道と，3つの2p軌道のうちの2つを混ぜ合わせたsp²混成軌道を用いる．**図3-3-4**の下図のように分子の主軸と方位を決めると，2s軌道と$2p_y$軌道，$2p_z$軌道から3つのsp²混成軌道が形成され，それぞれの軌道に炭素原子の3個の価電子が1個ずつ配置される．3つのsp²混成軌道のうち2つは，それぞれ2個の水素原子の1s軌道と電子雲を接触させ，1対の電子対を共有してC–H単結合（σ結合）を形成する．残る1つのsp²混成軌道は，隣り合う炭素原子の1つのsp²混成軌道とC–C単結合を形成する．この単結合は，2つの軌道の電子雲が正面から接触して1対の電子対を共有するσ結合である．

左欄注:
2個の炭素原子間の中点はエチレン分子の対称中心．

エチレン分子の実際の結合角度∠H–C–Hと2つの∠C–C–Hが理想的な角度の120°からわずかにずれている理由は，本節の項目3.3.5で説明する．

互いに120°の角度をなす3つのsp²混成軌道に1個ずつ電子を配置すると，3つの軌道の電子間反発が均等で釣り合う．

エチレンの炭素原子間の共有結合は C=C 二重結合である．もう 1 本の共有結合は，**図 3-3-5** に示すように，sp² 混成軌道の形成に参加しなかった 2 つの炭素原子の $2p_x$ 軌道の電子雲が，互いに横から接触して形成される．$2p_x$ 軌道には 1 個の価電子が配置されているので，横の接触によって 1 対の電子対が共有され，1 本の C−C 単結合が形成される．この共有結合を π 結合という．したがって，C=C 二重結合は 1 本の σ 結合と 1 本の π 結合からなる．

sp² 混成軌道は，二重結合をもつ有機分子の共有結合や，正三角形構造のホウ素やアルミニウムなどの化合物の，無機分子の構造と共有結合の説明に用いられ，次節 3.4 にホウ素化合物の例（p.160）が示されている．本章末の**付録 3.9**（p.181）に，正六角形構造の分子骨格をもつベンゼンの，sp² 混成軌道を用いた立体構造と共有結合の説明を記載した．

3.3.4　sp 混成軌道とアセチレンの共有結合

sp 混成軌道は，1 つの s 軌道と 1 つの p 軌道から形成される．**図 3-3-6** に，アセチレン（C_2H_2）の分子構造と中心原子の炭素の AO，および，炭素原子の sp 混成軌道を示す．

アセチレンは，4 つの構成原子が直線上に並んだ直線型構造の分子である．2 つの炭素原子は互いの間に三重結合（C≡C）を形成し，水素原子と炭素原子は C−H 単結合を形成している．アセチレン分子は 2 個の炭素原子間の中点を介して対称的である．1 つの炭素原子のまわりの構造は直線型であり，結合角度 ∠C−C−H は 180° である．したがって，2 つの炭素原子の直線型構造の説明には，電子雲の分布が互いに正反対で，180° の角度をなす 2 つの混成軌道を用いる．

直線型構造の説明には，炭素原子の AO の 1 つの 2s 軌道と，3 つの 2p 軌道のうちの 1 つを混ぜ合わせた sp 混成軌道を用いる．**図 3-3-6** 中の下図のように分子の主軸と方位を決めると，2s 軌道と $2p_z$ 軌道から 2 つの sp 混成軌道が形成され，それぞれの軌道に炭素原子の 2 個の価電子が 1 個ずつ配置される．2 つの sp 混成軌道のうち 1 つは，それぞれ 1 個の水素原子の 1s 軌道と接触して 1 対の電子対を共有し，σ 結合の C−H 単結合を形成する．残る 1 つの sp 混成軌道も，隣り合う炭素原子の 1 つの sp 混成軌道と電子雲が正面から接触し，1 対の電子対を共有した σ 結合の C−C 単結合を形成する．

アセチレンの炭素原子間の共有結合は C≡C 三重結合である．1

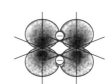

2 つの ⊖ は共有電子対を表す．

図 3-3-5. $2p_x$ 軌道どうしの電子雲の横からの接触による π 結合形成のイメージ．
このような電子雲どうしの接触を「π 型の接触」ということにする．

MO 法では，π 結合は電子雲が横から重なり混ざり合うことで，新たに形成された π 軌道による結合である．

アセチレンはエチンの慣用名．

2 個の炭素原子間の中点はアセチレン分子の対称中心である．

アセチレンの分子構造と分子の軸方位

ルイス式　　　　　　構造式

H : C ∶∶ C : H　　H−C ≡ C−H

120.2 pm　　106.3 pm

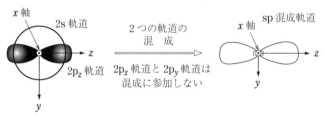

炭素原子の sp 混成軌道の形成

電子配置：[He] $(2s)^2(2p)^2$ $\xrightarrow{\text{昇位}}$ [He] $(2s)^1(2p_x)^1(2p_y)^1(2p_z)^1$ $\xrightarrow{\text{混成}}$ [He] $(sp)^2(2p_x)^1(2p_y)^1$

2s 軌道

2p$_z$ 軌道

2つの軌道の混成

2p$_x$ 軌道と 2p$_y$ 軌道は混成に参加しない

sp 混成軌道

互いに 180° の角度をなす 2 つの sp 混成軌道に配置された 1 個ずつの電子の間の静電反発は最も弱い.

図 3-3-6. アセチレンの分子構造と炭素原子の 2 つの AO（2s 軌道と 1 つの 2p 軌道），および，これらの AO から形成された 2 つの sp 混成軌道の電子雲の形と方向.

本の σ 結合以外の 2 本の共有結合は，sp 混成軌道の形成に参加しなかった 2 つの炭素原子の $2p_x$ 軌道と $2p_y$ 軌道の電子雲が，それぞれ**図 3-3-5**（p. 153）と同様に横から接触して形成される．$2p_x$ 軌道と $2p_y$ 軌道には価電子が 1 個配置されているので，$2p_x$ 軌道どうしと $2p_y$ 軌道どうしの，電子雲の横の接触によって，それぞれ 1 対の電子対が共有され，2 本の π 結合の C–C 単結合が形成される．したがって，C≡C 三重結合は 1 本の σ 結合と 2 本の π 結合からなる．

　sp 混成軌道は，三重結合をもつ有機分子の共有結合や，二塩化ベリリウム（BeCl$_2$）などの直線型構造の化合物の，無機分子の構造と共有結合の説明に用いられる.

BeCl$_2$ は，常温では固体である．BeCl$_2$ 分子は 750 ℃ を超える気体中に存在する.

3.3.5　電子対の間の静電反発と分子構造の歪み

　3 個以上の原子からなる分子は，正四面体のような対称性が高い立体構造をもつものは少なく，対称性が高い図形から少し歪んだ形のものが多い．高い対称性の形からの分子構造の歪み（正対称からの歪み）を，分子中の共有電子対や孤立電子対の間の，静電反発の強弱から説明する**電子対反発則**（Valence Shell Electron Pair Repulsion rule）という規則がある．この規則は，分子の立体構造を推定する簡便な方法であり，その概念は「分子中の電子対はそれぞれ静電反発が最も小さくなるように配置する」である．すなわち，分子は共有電子対や孤立電子対の間の，静電反発の作用の和が最小にな

日本語の直訳は，原子価殻電子対反発則であるが，短縮して電子対反発則や VSEPR 則といわれる．この規則の概念は，1939 年に槌田龍太郎が提唱していたが，その後，ナイホルム（Nyholm）とギレスピー（Gillespie）が槌田とは独立に提唱し発展させた.

って釣り合っている立体構造をとると考える.

　分子中の共有電子対や孤立電子対の間の相対的な静電反発作用の強弱の順，および，共有単結合，二重結合，三重結合の相対的な静電反発作用の強弱の順を下に示す.

● 隣り合った2対の電子対間の静電反発の強弱の順

　　　　　強　い　　　　　　　中　間　　　　　　　弱　い

　孤　立　　　孤　立　　　　孤　立　　　共　有　　　共　有　　　共　有
　電子対 ⇔ 電子対 ＞ 電子対 ⇔ 電子対 ＞ 電子対 ⇔ 電子対

● 多重結合は単結合よりも強い静電反発をもたらす.

　　　三重結合　＞　二重結合　＞　単結合

　この規則は，比較的小さい無機分子や有機分子の，立体構造の説明や推測に用いられる. 特に，典型元素の原子のみで形成された分子は，中心原子の電子対の数がわかれば，隣り合った電子対どうしの静電反発の強弱から，その立体構造や正対称からの歪みの説明や推測ができる. 次に，電子対反発則の利用例として，図 3-3-7 に，無機分子のアンモニア（NH_3）と水（H_2O）の結合角度が，正四面体型構造の結合角度の 109° 28′ から少し小さい理由の図解を示し，図 3-3-8 に，本節の p. 152 で述べた，エチレン分子の結合角度が正三角形構造の結合角度の 120° から少しずれている理由の図解を示す.

　図 3-3-7 に示すように，NH_3 と H_2O の立体構造は，それぞれ三角錐型と折れ線型である. これらの構造は，正四面体型構造のメタンと同様に sp^3 混成軌道を用いて説明できる. NH_3 は 1 つの sp^3 混成軌道に 1 対の孤立電子対をもち，H_2O は 2 つの sp^3 混成軌道にそれぞれ 1 対ずつ，計 2 対の孤立電子対をもっている. NH_3 の結合角度 ∠H−N−H は 106° 47′，H_2O の結合角度 ∠H−O−H は 104° 27′ であり，いずれも正四面体型構造の結合角度 109° 28′ よりもやや小さい.

　図より，NH_3 は，3 対の共有電子対（図中の結合線）の間の静電反発よりも，1 対の孤立電子対と 3 対の共有電子対の間の静電反発が強いので，分子中の 3 つの水素原子が均等に少し下方に押し下げられて，開いた雨傘が少ししぼんだような構造をとる（共有電子対間の角度 ＜ 孤立電子対と共有電子対間の角度と考えてよい）. したがって，結合角度 ∠H−N−H は 109° 28′ よりもやや小さくなる.

　2 対の孤立電子対をもつ H_2O では，これらの間の強い静電反発と，2 対の孤立電子対と 2 対の共有電子対の中間の強さの静電反発

(a) アンモニア分子（NH₃）

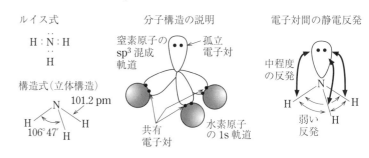

(b) 水分子（H₂O）

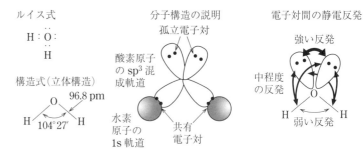

孤立電子対を表す点（：）を sp^3 混成軌道の電子雲の中に描いている．

静電反発を両矢弧線で示し，太線は孤立電子対間の強い反発，中太線は孤立電子対と共有電子対間の中間の強さの反発，細線は共有電子対間の弱い反発を表す．

（a）と（b）の右側の図は，1 本の結合線で 1 つの sp^3 混成軌道と 1 対の共有電子対をまとめて示している．N–H および O–H 結合はすべて単結合（σ 結合）である．

図 3-3-7. （a）アンモニア分子（NH₃）と（b）水分子（H₂O）のルイス式と構造式，窒素原子と酸素原子の sp^3 混成軌道を用いた立体構造と共有結合の表現，および，分子内の電子対間の静電反発のイメージ．

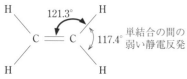

太線は強い静電反発，細線は弱い静電反発を表す．1 本の結合線は 1 対の共有電子対を示している．

図 3-3-8. エチレン（C₂H₄）分子中の静電反発のイメージ．

によって，2 つの水素原子は NH₃ 分子よりもさらに下方に押し下げられて，結合角度はより小さくなる（共有電子対間の角度 ＜ 孤立電子対と共有電子対間の角度 ＜ 孤立電子対間の角度と考える）．

エチレン分子は，1 対の共有電子対で形成された 1 本の σ 結合の C–H 単結合と，2 対の共有電子対で形成された 1 本ずつの σ 結合と π 結合の C＝C 二重結合をもつ．分子中の静電反発は，**図 3-3-8** のように，共有電子対が 1 対の C–H 単結合と 2 対の C＝C 二重結合の間の強い反発と，2 本の C–H 単結合の間の弱い反発がある．すなわち，共有電子対の数が多い共有結合は，その数が少ない共有結合に対して静電反発の作用が強い（1 対の共有電子対と 1 対の共有電子対の間の角度 ＜ 2 対の共有電子対と 1 対の共有電子対の間の角度と考えてよい）．したがって，C＝C 二重結合は 2 本の C–H

単結合を押し込むので，結合角度 ∠C−C−H は 120° よりも少し大きくなり，∠H−C−H は少し小さくなる．

混成軌道と電子対反発則は，分子の立体構造の説明に有用な概念である．次の 4 節と 5 節では，無機分子の立体構造や性質が混成軌道を用いて説明される．

エチレンの C−H 単結合が分子の主軸のまわりを回転して，分子の平面の上下にずれることはない．その理由は，回転すると C＝C 二重結合の σ 結合と π 結合の 2 対の電子対間の静電反発が強くなり，反発が最も弱く，釣り合った元の平面の状態に戻す強い力が働くためである．

3.4 配位結合

孤立電子対をもつ分子中の原子やイオンが，その孤立電子対を結合相手の原子やイオンと共有して形成される化学結合を**配位結合**（coordination bond）という．本節では，配位結合の概念と周辺知識をいくつか紹介する．

3.4.1 電子対結合と配位結合

共有結合の概念を提唱したルイスは，1923 年に電子対結合（p. 123）に基づいた新しい酸（acid）と塩基（base）の定義を提案した．この定義は第 4 章（4.2.1（p. 189））であらためて述べるが，その要点は「酸は電子対を受け取る**電子対受容体**（electron-pair acceptor）であり，塩基は電子対を与える**電子対供与体**（electron-pair donor）である」．この定義の酸と塩基を，それぞれ**ルイス酸**（Lewis acid），**ルイス塩基**（Lewis base）という．

配位結合は，ルイス酸とルイス塩基が形成する化学結合である．具体的には，孤立電子対をもつルイス塩基の原子やイオンが，その孤立電子対を電子対が不足している結合相手のルイス酸の原子やイオンと共有する，共有結合のひとつのタイプである．配位結合形成の概念を化学反応式で模式的に表すと，次のようになる．

$$A + :B \rightarrow A : B$$

A はルイス酸，:B はルイス塩基（: は孤立電子対）である．

配位結合は無機化合物や有機化合物にしばしばみられ，これらの物質の構造や性質の説明に欠かせない重要な概念である．配位結合を理解するために，次にルイス酸とルイス塩基の反応（ルイスの酸–塩基反応）による配位結合の形成の例をいくつか示す．

3.4.2 配位結合の形成と配位化合物

図 **3-4-1** は，水中の酸と塩基（アルカリ）の中和反応をルイスの酸–塩基反応と考えて，水素イオン（H^+）と水酸化物イオン（OH^-）

配位結合は，当初は供与結合（dative bond）といわれた．これは，配位結合が，ルイス塩基が一方的にルイス酸に電子対を与えて（供与して）形成されると解釈されたためである．

金属錯体という化合物中の，ルイス酸の金属陽イオンと，配位子というルイス塩基の分子やイオンの結合は配位結合である．その説明は電子対結合から始まり，イオン結合の概念が基盤の結晶場理論（crystal field theory）や，MO 法を導入した配位子場理論（ligand field theory）を用いて説明されてきた．

の配位結合の形成を表したものである．OH⁻と，生成した水分子（H_2O）の立体構造と共有結合は，前節で述べたsp^3混成軌道（p. 149）を用いて説明する（**図 3-3-7**（b）（p. 156）も参照）．

右の反応式中の（　）内にルイス式を示している．

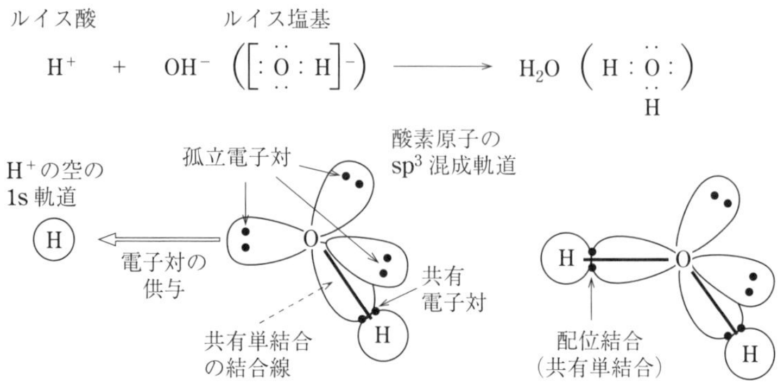

ルイス酸　　　　　ルイス塩基

$$H^+ \quad + \quad OH^- \quad \left(\left[:\overset{..}{\underset{..}{O}}:H\right]^-\right) \quad \longrightarrow \quad H_2O \quad \left(H:\overset{..}{\underset{H}{O}}:\right)$$

H^+の空の1s軌道

孤立電子対

酸素原子のsp^3混成軌道

電子対の供与

共有電子対

共有単結合の結合線

配位結合（共有単結合）

OH^-の酸素原子のsp^3混成軌道の電子雲に共有電子対と孤立電子対，および，結合線の両方を描き込んでいる．

図 3-4-1. 配位結合の概念を理解するためのルイス式で表した水素イオン（H^+）と水酸化物イオン（OH^-）の反応の化学反応式と，酸素原子のsp^3混成軌道を用いた配位結合形成のイメージ．

OH^-はH_2OからH^+が脱離した陰イオンであり，酸素原子の3つのsp^3混成軌道にそれぞれ1対の孤立電子対をもつルイス塩基である．H^+は1s軌道の1個の価電子を失った水素の原子核（陽子1個）である．これらのイオンが互いに近づいて反応すると，OH^-はH^+に配位（coordinate）して，酸素原子の3つのsp^3混成軌道に配置された3対の孤立電子対のうち1対を，H^+の空の1s軌道に供与する．供与された孤立電子対は，OH^-の酸素原子とH^+の間に共有されて配位結合が形成され，水分子H_2Oが生成する．供与されたOH^-の1対の孤立電子対は，水素原子と酸素原子の間の共有電子対となって共有単結合（1本のσ結合）を形成する．したがって，配位結合の本質は共有結合である．

「配位結合」という語句には，化学結合の名称としての意味だけでなく，配位による共有結合形成の過程も含まれる．

　配位結合の概念を用いると，ルイス酸のH^+とルイス塩基のアンモニアから生成するアンモニウムイオン（ammonium ion）（NH_4^+）や，H^+とルイス塩基の水から生成するオキソニウムイオン（oxonium ion）（H_3O^+）の形成過程と，その化学結合と立体構造も説明できる．**図 3-4-2**は，NH_4^+とH_3O^+の立体構造とイオン価を示した構造式である．

オキソニウムイオンは，本来はH_3O^+の1個のHをメチル基などのアルキル基で置換した分子イオンの総称であるが，H_3O^+の名称として習慣的に使用されている．H_3O^+を指す名称は，ヒドロキソニウムイオン（hydroxonium ion），あるいはヒドロニウムイオン（hydronium ion）である．

　NH_4^+は，アンモニアの窒素原子の，孤立電子対が配置された1つのsp^3混成軌道（**図 3-3-7**（a）（p. 156））がH^+の空の1s軌道に孤立電子対を供与し，配位結合（1本のσ結合）を形成して生成する．

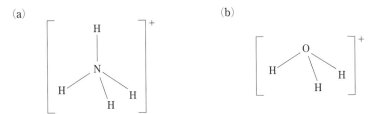

(a)　　　　　　　　　　　　(b)

図 3-4-2. (a) アンモニウムイオン (NH$_4^+$) と (b) オキソニウムイオン (H$_3$O$^+$) の立体構造とイオン価を表した構造式.

NH$_4^+$ や H$_3$O$^+$ のような分子のイオンを分子イオン (molecular ion) や分子性イオンという. また, 単原子イオンに対して多原子イオンという.

水溶液中の水素イオンは単原子イオンの H$^+$ ではなく, 分子イオンの H$_3$O$^+$ として存在する. 水溶液中の一般的な反応では, 化学反応式の H$^+$ は正しくは H$_3$O$^+$ であるが, 習慣的に広く H$^+$ と書き表している.

NH$_4^+$ の 4 本の化学結合はすべて共有単結合 (σ 結合) であり, N–H 結合距離が等しいので, NH$_4^+$ の立体構造はメタンと同様な正四面体型である.

H$_3$O$^+$ は, H$_2$O の酸素原子の, 孤立電子対が配置された 2 つの sp^3 混成軌道のうち 1 つが H$^+$ と配位結合 (1 本の σ 結合) を形成して生成する. 3 本の共有結合はすべて共有単結合 (σ 結合) であり, O–H 結合距離は等しい. したがって, H$_3$O$^+$ の立体構造は NH$_3$ と同様な三角錐型である.

図 3-4-3 は, 配位結合を形成するルイスの酸–塩基反応の典型例としてしばしば取り上げられる, 三フッ化ホウ素分子 (BF$_3$) にアンモニア (NH$_3$) が付加して生成する付加化合物 (adduct (addition product)) の, F$_3$B–NH$_3$ の生成反応である.

BF$_3$ 分子の正三角形構造は, ホウ素原子の sp^2 混成軌道を用いて説明される.

ホウ素原子は価電子を 2s 軌道に 2 個, 1 つの 2p 軌道に 1 個もち, 2 つの 2p 軌道は空である. 3 つの sp^2 混成軌道は, 2s 軌道と, 価電子が配置された 1 つの 2p 軌道, および, 2 つの空の 2p 軌道のうち 1 つから形成され, それぞれに価電子が 1 個配置されてフッ素原子と共有単結合を形成し, 正三角形構造の BF$_3$ 分子となる. 1 つの空の 2p 軌道は混成に参加せず, そのままホウ素原子に残る. この空の 2p 軌道に, NH$_3$ が窒素原子の 1 つの sp^3 混成軌道の孤立電子対を供与して配位し, ホウ素原子と窒素原子の間に配位結合 (B–N 共有単結合) が形成されて付加化合物の F$_3$B–NH$_3$ が生成する. この反応では, BF$_3$ のホウ素原子の sp^2 混成軌道が, sp^3 混成軌道に変わる混成軌道の再構成が起こる. 生成した F$_3$B–NH$_3$ のホウ素原子と窒素原子のまわりの立体構造は, いずれも B–N 単結合の方向 (F$_3$B–NH$_3$ 分子の主軸方向) に少し伸びている歪んだ四面体である. F$_3$B–NH$_3$ のような, 配位結合によって形成された化合物は**配位化合物** (coordination compound) ともいわれる.

正三角形構造の B(OH)$_3$（ホウ酸）や AlCl$_3$, AlH$_3$ のような分子中の B と Al は，1 つのルイス塩基と配位結合して 1 対の孤立電子対を共有し，オクテットを完成させて四面体型構造の付加化合物を形成する．

BF$_3$（沸点 −100.3℃）と NH$_3$（沸点 −33.3℃）はいずれも常温常圧では気体である．BF$_3$ と NH$_3$ の反応は爆発的で危険である．

本章 2 節（p.124）で少し述べたように，価電子が 3 個の 3 族のホウ素とアルミニウム（Al）や，価電子が 2 個の 2 族のベリリウム（Be）とマグネシウム（Mg）のような原子は，共有結合を形成して分子を形成しても，8 個の電子を所有できないために電子が不足しているので，これらの分子はルイス酸になる．分子中のこれらの原子は，孤立電子対をもつルイス塩基と配位結合を形成して電子対を共有し，電子を 8 個所有するオクテットを完成させた付加化合物（配位化合物）を作る傾向が強い．

直線型構造の BeCl$_2$ や MgCl(C$_2$H$_5$) のような分子の立体構造は，sp 混成軌道を用いて説明される．これらの分子中の Be と Mg は，2 つのルイス塩基と配位結合して 2 対の孤立電子対を共有し，オクテットを完成させて四面体型構造の付加化合物を形成する．
なお，MgCl(C$_2$H$_5$) は，一般にグリニャール試薬（Grignard reagent）といわれる有機合成用試薬の例のひとつである．

水素結合の概念は，1912 年にムーア（Moore）とウィンミル（Winmill）が提唱した．

「部分電荷をもつ」をより詳しく表現すると「部分電荷が集中している」や，その部分の電荷密度が高い，あるいは低い，である．

ポーリングの電気陰性度は第 2 章の図 **2-6-12**（p.71）より，H 2.2, F 3.98, O 3.44, N 3.04.

(a)

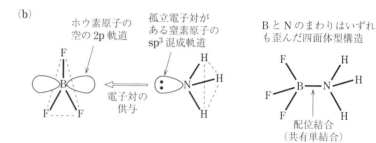

BF$_3$ のホウ素原子に NH$_3$ の窒素原子が孤立電子対を供与して配位する

(b)

BF$_3$ のホウ素原子の空の 2p 軌道に，NH$_3$ が窒素原子の sp^3 混成軌道の孤立電子対を供与して配位結合が形成される．

図 3-4-3. (a) 三フッ化ホウ素（BF$_3$）とアンモニア（NH$_3$）の付加反応の化学反応式（分子式の下はルイス式）と (b) 付加化合物の F$_3$B−NH$_3$ の形成過程のイメージ．

2 節からこの節まで共有結合について述べてきた．次の 5 節では，分子間の化学結合である水素結合を紹介する．

3.5 水素結合

水素原子をもつ分子どうしを，その分子の水素原子がつなぐ化学結合を**水素結合**（hydrogen bond）という．この結合は，本章 2 節で述べた分子の極性（p.144）と深く関連する．本節では，水素結合の本質と，この結合に基づく物質の構造や性質について述べる．

3.5.1 極性分子の水素結合

水素結合は，正の部分電荷をもつ極性分子（p.145）中の水素原子と，その分子に隣り合う極性分子の負の部分電荷をもつ原子との間の静電引力によって形成される結合の方向が明確な（方向性が高い）分子間の化学結合である．水素原子を含む分子の化合物を，分子性水素化合物や分子性水素化物という．一般に，水素結合を形成する分子性水素化合物中の水素原子は，電気陰性度が大きい酸素や窒素，フッ素原子などと共有結合している．水素結合を形成する分

子の代表例は，フッ化水素（HF）と水（H₂O）である．**図 3-5-1** に，これらの分子間の水素結合のイメージを示す．

(a)

(b)

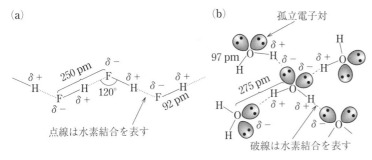

孤立電子対

点線は水素結合を表す

破線は水素結合を表す

δ＋, δ− は部分電荷

水素結合は (a) 点線と (b) 破線で表した．δ＋ と δ− は分子の部分電荷を表す記号（p.145 の脇注を参照）．
H₂O は孤立電子対が配置された酸素原子の sp³ 混成軌道の電子雲を描いている．

図 3-5-1. (a) フッ化水素（HF）と (b) 水（H₂O）の分子間の水素結合のイメージ．

水素結合は，水素原子と結合相手の原子間に破線または点線を引いて表す．

図 3-5-1 は，固体の場合の HF と H₂O（氷）の水素結合である．液体や気体の状態でも水素結合は存在する．たとえば，比較的温度が低いフッ化水素の気体中には，(HF)₂ や (HF)₆ のような，数個の分子が水素結合で連結されたものが存在する．

HF では，1 つの分子の水素原子と，隣接する分子のフッ素原子の間に水素結合が存在し，分子が連結されて 1 つの方向に鎖状に伸びている．H₂O では，1 つの分子の 2 個の水素原子が，それぞれ隣接した 2 つの分子の酸素原子と水素結合して立体的なネットワークを形成している．

水素結合は，共有結合やイオン結合よりもかなり弱い結合である．**図 3-5-1** 中の水素結合した原子間の距離（水素結合距離）の F⋯H や H⋯O は，それぞれの分子の，共有結合の結合距離 H–F や O–H と比べて長い．

メタンや窒素のような，電荷をもたない（電気的中性の）無極性分子や，極性がきわめて低い分子の間に働く引力を分子間力（intermolecular force）という．水素結合は強い分子間力による結合であるが，その結合力は分子間力の約 10 倍ほど強く，明確な方向性をもつことから，分子間力とは区別されている．

分子間力は，電気的中性の分子間の静電相互作用に基づく引力といわれるが，より的確な表現は「分子の凝集力」である．電気的中性の原子や分子の間に働く幾種類かの凝集力の総称が，ファンデルワールス力（Van der Waals force）である．分子間力は分子間に働くファンデルワールス力である．一般に，ファンデルワールス力は原子や分子が重たくなるほど強くなる．
18 族元素のヘリウムなどの原子間のファンデルワールス力はきわめて弱い．

3.5.2 水素結合した化合物の性質と構造

本項目では，水素結合と，分子の性質や構造との関係をいくつか紹介する．

水素結合の有無や強弱によって，分子性水素化合物の性質が大き

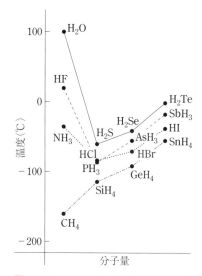

図 3-5-2. 14 族，15 族，16 族，17 族元素の二成分分子性水素化合物の沸点と分子量の関係.

一般に，水素結合の結合エネルギーは共有結合の約 1/20 よりも小さく，ファンデルワールス力による凝集エネルギーの 10 倍程度である．

分子構造が同形の分子では，水素結合が強いものは，弱いものと比べて沸点や融点の他に，液体の粘性や蒸気圧も高い．粘性や蒸気圧が高くなるほど，液体は揮発，蒸発しにくくなる．

強い水素結合でつながって形成された分子の大きな集団は重い（実質的な分子量が大きい）ことも，沸点が高い要因の 1 つである．

固体中でも NH_3，H_2O，HF は強く水素結合しているので，融点も同族元素の他の化合物と比べて特異的に高い．

分子の結晶中の空洞に，小さい分子や原子，イオンが包接された物質を包接化合物（clathrate compound）という．

気体物質を包接した氷を，気体水和物（gas hydrate）ということがある．

く異なることがある．**図 3-5-2** は，周期表の 14 族から 17 族元素の二成分分子性水素化合物の沸点を示したものである．

図中の同族元素の水素化合物は，すべて類似の分子構造をもつ．構造が似た分子は，分子量が大きくなるほど重たくなるので，沸点と融点が高くなる一般的傾向がある．

14 族の化合物は，分子量が増大するメタン（CH_4），シラン（SiH_4），ゲルマン（GeH_4），スタンナン（SnH_4）の順に沸点が高くなる一般的傾向を示す．ところが，15 族，16 族，17 族の第 2 周期元素の化合物のアンモニア（NH_3），水（H_2O），フッ化水素（HF）の沸点は，分子量が大きい同族元素の化合物の沸点よりも非常に高い．その原因は，これらの分子が強い極性をもつので，同族元素の化合物と比べてかなり強い水素結合を形成することである．したがって，これらの液体を気化させるには，強い水素結合を切断するために大きな熱エネルギーが必要であるため，沸点が特異的に高くなる．NH_3，H_2O，HF 以外の 15 族，16 族，17 族元素の水素化合物は，水素原子との電気陰性度の差が小さい元素からなるので分子の極性が低い．したがって，分子間の水素結合はかなり弱いので，沸点や融点は分子量が大きいほど高くなる一般的な傾向を示す．

14 族の水素化合物の分子の立体構造はすべて正四面体型であり，分子に電気的な片寄りがない．したがって，これらの分子は極性をもたない無極性分子であり，分子間に水素結合を形成しないので，分子量が最小のメタンが最も沸点が低く，分子量が大きくなるほど沸点や融点が高くなる一般的な傾向を示す．

水素結合は，極性分子の水素化合物の固体や液体の構造を形づくる．**図 3-5-3** に，固体の H_2O（氷）の結晶構造を示す．

氷は H_2O 分子の水素結合によって形成された結晶である．結晶中では，1 つの水分子は隣接した 4 つの水分子と水素結合して六角形の空洞を形成している．このような結晶中の空洞は，そのサイズよりも小さい分子を包み込む（包接する）ことができる．近年，エネルギー源として利用が期待されているメタンハイドレートは，水分子がつくるかご状の空洞にメタン分子が包接されたものである．

水素結合は，極性を示す水素化合物の分子間に形成される場合が一般的であるが，その他に，2 つの分子間や 1 つの分子内や高分子化合物中の水素結合などもみられる．その例を次の**図 3-5-4** に示す．

図 3-5-4（a）は，食酢の酸味の主成分である酢酸の，2 分子間の

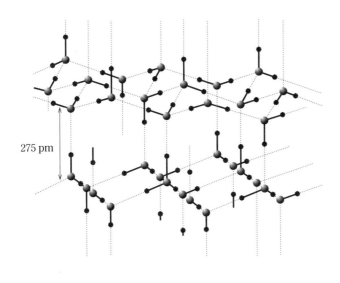

●：O 原子　　　●：H 原子

水素結合は点線で表した.

図 3-5-3. 固体の水（氷）の結晶構造の棒球模型図と結晶中の水素
結合のネットワーク.

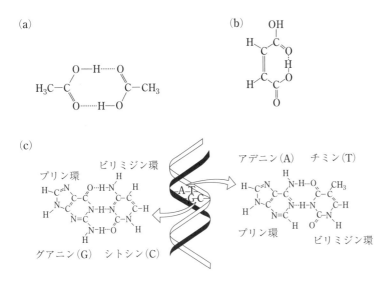

各図中の点線は水素結合を表す

図 3-5-4. 水素結合の例.（a）酢酸（CH₃COOH）分子の分子間水素結合，
（b）マレイン酸の分子内水素結合，（c）DNA の二重らせん構造中
の核酸塩基間の水素結合（プリン環とピリミジン環の，窒素原子と
水素原子間の水素結合）.

水素結合である．液体中や固体中では，2つの酢酸分子が2本のH…O水素結合によって二量体（dimer）を形成して存在する．（b）は，分子内にカルボキシル基（-COOH）を2つもっているマレイン酸の，分子内のH…O水素結合である．この水素結合によってマレイン酸分子は環状構造をとる．（c）は，地球上のすべての生物の遺伝子に含まれるDNA（デオキシリボ核酸）の，二重らせん構造を形成する核酸塩基の間のH…NとH…O水素結合である．水素結合はタンパク質などの生体物質の内外に多数存在し，その構造を保つ役割を担うなど，生命科学的に重要な化学結合である．

3.6 金属結合

金属元素の原子が集まって成立する結合を**金属結合**（metallic bond）という．

本節では，本章の2節で紹介したMO法を用いる金属結合形成の説明と，金属元素の単体のいくつかの性質の説明，および，金属の結晶構造について紹介する．なお，金属の特徴的な性質は，第2章（p.75）にも述べている．

3.6.1 金属結合形成の考え方

一般に，金属結合は次のように説明される．金属元素の原子が価電子を放出して金属の固体（結晶）を形成し，その電子が**自由電子**（free electron）として金属の結晶中を自由に動きまわって原子を結びつける化学結合，である．**図3-6-1**に，金属結合形成のイメージと解説を示す．

一般に，金属元素の原子（金属原子）はイオン化エネルギーが小さいので，価電子を放出して陽イオンになりやすい．金属原子が集合した金属結晶中では，隣接原子どうしの価電子が配置された原子価軌道（AO）が重なり，原子は価電子を離しやすくなる．原子から離れた価電子は，特定の原子に固定（束縛）されることなく原子の間を自由に移動できる自由電子となる．金属結合は，価電子を離した原子（陽イオン）と自由電子との間に働く強い静電引力によって成立し，金属結晶が形成される．

以上の説明から，金属結合は自由電子が金属中のすべての原子に共有された，結晶全体に広がる共有結合と考えることができる．次に，MO法を利用した金属結合形成の概説を述べる．

図3-6-2に，MO法の概念に基づく金属結合の形成過程のイメージを示す．単純化のために，原子は1個の価電子をもち，1つの

2つ以上の分子が何らかの引力により，接近して存在することを分子会合（molecular association）という．

酢酸は液体であるが，融点は16.7℃であり，寒いと凍って固体になる．マレイン酸は融点が131℃の固体である．

量子論による金属結合の取り扱いは，1928年にブロッホ（Bloch）が発表した定理から始まった．

自由電子の定義は「何ら束縛を受けてない完璧に自由な電子」である．金属中の自由電子は，原子（陽イオン）と弱く相互作用しているが，その中を自由に移動できるので自由電子のように振る舞う．このような理想化した考え方を自由電子近似という．

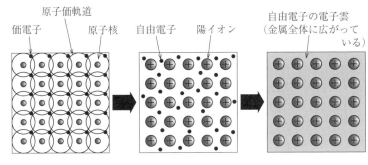

金属元素の原子が集まって原子価軌道が重なっただけの仮想的状態. 個々の原子の価電子はまだ原子核の陽電荷に強く束縛され, 各原子に価電子が固定されて局在化している.

重なった各原子の原子価軌道が混ざり合い, 金属全体に広がる軌道(金属軌道)が形成された仮想的状態. 各原子の価電子は原子核の強い束縛から解放されて非局在化した自由電子になる.

金属全体に自由電子の電子雲が広がって金属結合が形成された状態. 自由電子の海の中で陽イオンがその位置を固定されている. 金属結合は方向性がないことが理解できる.

図 3-6-1. 一般的な金属結合形成の説明のイメージ.
価電子を1個もつ原子からなる単体金属の場合である.

図 3-6-1 の中央の図の陽イオンは, 本章1節で述べたイオン結晶中の陽イオンのような, 陽電荷をもつイオンではない. 原子は荷電子を放出しているが, 頻繁に近づいてくる自由電子によって常に正電荷が中和されるので, 瞬間的に陽イオンになっていると考える.

一般に, 典型金属元素では原子価軌道のs軌道やp軌道の価電子が自由電子となり, 遷移金属元素ではs軌道やp軌道の他に, d軌道の電子も自由電子となって金属結合に参加する.

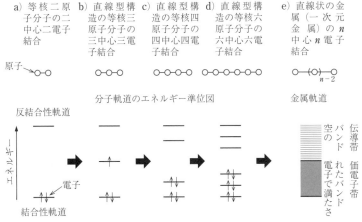

図 3-6-2. MO 法の概念に基づく金属結合形成のイメージ.
図中の原子は水素原子と仮定する. 右端の e) は, 直線型構造の仮想的な水素の n 原子分子である.

図 3-6-2 a) の直線型構造の等核二原子分子の MO は, 水素分子(図 3-2-5 (p. 129))と同様である.

実際の金属の結晶中では, 原子が三次元的に配列して金属結合しているので, MO の電子雲は結晶全体に広がっている. この結晶全体に広がる MO を金属軌道ということもある.

AO のみが MO を形成すると仮定する. この図には, 同種の原子2個からなる等核二原子分子の共有結合(二中心二電子結合という)から出発して, 同じ結合距離で原子が等間隔に共有結合してゆき, 多数の n 個の原子が共有結合(n 中心 n 電子結合)した, 一次元金属という直線型構造の仮想的な等核多原子分子を形成するまでの, それぞれの分子の MO のエネルギー準位と電子配置が示されてい

る.

　直線状に共有結合する原子数が増大すると，形成される複数の結合性 MO のエネルギー準位の間隔も反結合性 MO のエネルギー準位の間隔も徐々に狭くなって互いに接近する．さらに，電子が配置されているエネルギー準位が最も高い結合性 MO（最高被占分子軌道（HOMO））と，エネルギー準位が最も低い結合性 MO（最低空分子軌道（LUMO））の間隔も接近して狭くなる．n 個の原子が直線状に共有結合し，分子全体に渡って多数の MO が形成されて金属結合が成立した状況では，n 個の結合性 MO の群れも，n 個の反結合性 MO の群れも，MO のエネルギー準位の間隔はきわめて狭い．この状況のエネルギー準位図は，個々の MO のエネルギー準位を示す横線が密に描かれて塗りつぶされ，帯状にみえる．この多数の MO の，エネルギー準位の帯は**エネルギーバンド**（energy band）といわれ（エネルギーを省略してバンドということが多い），電子で満たされたバンドを**価電子帯**（valence band），空のバンドを**伝導帯**（conduction band）という．

3.6.2　金属の性質と金属結合

　第 2 章（2.6.5（p.75））で述べた金属の物理的特性（金属性）の(1)〜(4)を以下に示す（一部表現を変更して英語を付けている）．

　(1) 高い光の反射率（light（または optical）reflectance）
　　　　　　（結晶表面の金属光沢（metallic luster）がみえる理由）
　(2) 高い電気伝導性（electrical conductivity）
　　　（温度が上昇すると電気伝導度は減少する（電気抵抗（electrical resistivity）が増大する））
　(3) 高い熱伝導性（thermal conductivity）（熱伝導率が高い）
　(4) 高い塑性（plasticity）
　　　（展性（malleability），延性（ductility）のような機械的性質（mechanical property））．

　金属性はエネルギーバンドを用いて説明されるが，原子やイオン，分子からなる金属以外の物質の特性も説明できる．次に，エネルギーバンド図を用いて，金属性を(2)，(3)，(4)の順に金属以外の物質も含めて説明する．なお，金属も金属以外の物質も，理解しやすい固体状態とする．

　はじめに，金属と金属以外の物質の(2)電気伝導性を説明する．

　図 3-6-3 は，電気の良導体（good conductor）（金属），半導体（semiconductor），電気をほとんど通さない絶縁体（insulator）の定

エネルギーバンドは電子バンド構造ともいわれる．この概念は，量子力学を用いて固体中の電子の状態を解釈するバンド理論（band theory）の基盤である．

HOMO と LUMO は本章 2 節（p.138〜p.139）を参照．なお，直線型等核三原子分子の電子 1 個が配置された MO は，p.139 の脇注で述べた SOMO である．

価電子帯と伝導帯は，電子の充満帯と空位帯という方が適切であるが，固体物質の特性を説明する場合には，前者の名称がよく用いられる．

(1)の光の反射率と金属結合との関係の説明は，理系共通基礎科目のレベルを大きく越える専門知識が必要．
光（光子）と電子の相互作用（特に物質の光の吸収，反射とその周辺知識）を学ぶ機会があれば，説明を考えていただきたい．

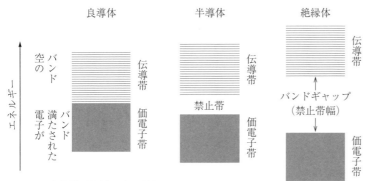

良導体 　　　　　半導体 　　　　　絶縁体

伝導帯は細線の束で示している.
禁止帯：電子が存在しない領域. 禁制帯ともいう.
バンドギャップ（禁止帯幅）：禁止帯のエネルギーの幅.

図 3-6-3. 電気の良導体, 半導体, 絶縁体のエネルギーバンド図.

性的で簡単なバンド図である.

　金属のような電気の良導体では, 価電子帯の上端（HOMO）と伝導帯の下端（LUMO）は, 実質上接しているとみなしてよい. 良導体では, 価電子帯の上端と, それに近いエネルギー準位の MO に配置された電子の一部が, 伝導帯の下端と, それに近いエネルギー準位の MO にしみ出している. 伝導帯にしみ出した電子を**伝導電子**（conduction electron）という. 伝導電子は電気を運ぶキャリアー（career）である. 金属の棒の両端に電極を付けて, 電子の流れの電流（electric current）を流すと, 電子が負極から金属結晶の内部に注入される. 注入された電子は内部の伝導電子を陽極側へ押しやるので, 電子が伝導帯を移動して電流が陽極側に流れる. 金属中の伝導電子は原子（陽イオン）の陽電荷の束縛をほとんど受けないので, 金属は電気抵抗が小さく, よく電気を通す良導体なのである. 金属の電気伝導性の特徴は, その温度依存性（temperature dependence）にある. 金属中の伝導電子は頻繁に陽イオンに接近して衝突するので, 陽イオンは常に振動（熱振動）している. 温度が高くなると伝導電子は熱エネルギーを吸収して運動エネルギーが高くなり, 運動は活発になる. その結果, 伝導電子が陽イオンに衝突する頻度が高くなり（陽イオンの熱振動も激しくなる）, 衝突によって伝導電子の運動にブレーキ（制動）がかけられて, 伝導電子の移動を妨げる度合いが大きくなる. したがって, 金属の温度が高くなるほど電気のキャリアーの伝導電子に対する制動, すなわち, 電気抵抗が増し金属の電気伝導性は低下する. したがって, 金属は温度が高くなるほど電気を通しにくくなる（電気伝導度が低下する）.

価電子帯の HOMO と伝導帯の LUMO 間の, 中央の位置のエネルギーをフェルミ準位（Fermi level）という. 良導体ではフェルミ準位は価電子帯と伝導帯の境界にあるが, 複数種類の AO からなるバンドがいくつも重なっている遷移金属などには, フェルミ準位がはっきりしないものがある.

良導体の価電子帯上部の電子は, わずかな熱エネルギーでも励起（熱励起）して伝導帯の底部に遷移する. 理論では絶対零度（0 K）でも価電子帯の一部の電子が伝導帯にしみ出しているとされる.

伝導電子を金属結合の自由電子と考えることがある. 伝導電子が金属内部を気体のように移動する「電子ガス」という捉え方もある.

半導体は，良導体ほどではないが電気を通す物質（電気の導体）である．代表的な物質は，高純度のケイ素単体などの無機半導体材料である．

絶縁体はほとんど電気を通さない物質である（電気の不導体）．イオン結晶や，ダイヤモンドなどの共有結合性の固体の多くは，固体中のイオンや共有結合した原子間にすべての電子が強く束縛されて局在化し，伝導電子になりうる電子をもたないので絶縁体である．

半導体と絶縁体は，いずれもエネルギーバンドを形成する原子のAOの重なりが大きいので，価電子帯のHOMOと伝導帯のLUMOのエネルギー準位の間が開いた（MOが存在しない）エネルギー領域がある．この領域を禁止帯（forbidden band）や禁制帯といい，そのエネルギーの幅を**禁止帯幅**（band gap）あるいは英語読みのままバンドギャップという．半導体はバンドギャップが比較的小さく，外部から熱などのかたちでバンドギャップよりも大きいエネルギーが与えられると，価電子帯上部のMOから電子が励起（熱励起）されて伝導帯のMOに遷移し，励起した電子が伝導電子として電気を運ぶことができるようになるが，良導体と比べて伝導電子の数が少ないので，電気伝導度は良導体よりも低い．半導体では，温度が高くなると伝導帯に熱励起する価電子帯上部の電子数が増すので，伝導電子の数が増える．したがって，半導体は温度が高くなるほど電気を通しやすくなる（電気伝導度が上昇する）．このように，半導体の電気伝導の温度依存性は，電気の良導体の金属とは逆の傾向を示す．これは金属と半導体の大きな違いである．

絶縁体はバンドギャップが大きく，常温常圧では価電子帯上部のMOの電子が励起して伝導帯に遷移することはない．したがって，絶縁体には伝導電子がないので電気を通さない．絶縁体の価電子帯の電子を励起して伝導帯に遷移させるには，外部からバンドギャップを越える大きなエネルギーを与える必要があるが，大きなエネルギーを与えられた絶縁体の固体は，電気を通す状態になる前に破裂して壊れるか燃える．

以上に述べたように，物質の伝導電子数の多少が，その物理的特性を決めている．次の金属と金属以外の物質の（3）熱伝導性も，電気伝導性と同様に説明される．

金属は熱の良導体である．金属結晶の一部を加熱すると，短時間で結晶全体に熱が伝わって結晶全体の温度が高くなる．金属の伝導電子は結晶全体に分布しているので，熱エネルギーを与えられて運

絶縁体の塩化ナトリウムなどのイオン結晶に高電圧をかけて電流を流し，大きい電気エネルギーを与えると結晶は破裂する（結晶破壊が起こる）．共有結合で形成されたダイヤモンドなどは，空気中では燃え出す．このような現象を絶縁破壊という．身近な例は雷（稲光）である．これは気体絶縁体の大気の絶縁破壊現象である．

動エネルギーが増した伝導電子は，増加分のエネルギーを結晶全体の原子（陽イオン）にすばやく配ってゆく．さらに，ゆっくりではあるが，エネルギーを得て熱振動が激しくなった陽イオンが，隣接する陽イオンに振動（力学的エネルギー）を伝えるため，短時間で金属全体にまんべんなく熱が伝わるので，金属は高い熱伝導性を示す．

伝導電子がない絶縁体は，固体中の原子の，熱振動の増大のみで熱を伝えてゆくので，熱の伝播は金属と比べてかなり遅く，熱伝導性は低い．

半導体は伝導電子が少ないために，熱の伝播は金属と比べて遅いが，絶縁体よりも早く，金属と絶縁体の中間的な熱伝導性を示す．

最後に，金属と金属以外の物質の (4) 塑性を説明する．

金属結晶に強い力を加えると伸び縮みして永久変形し，元の形状に戻らないが，変形後も金属性を保持している．このような固体の性質を塑性という．塑性は展性と延性の 2 つに大別される．金属の高い塑性は次のように説明される．

図 3-6-4 に示すように，原子（陽イオン）が規則正しく配列した金属結晶に外部から強い力を加えると，図中の平面に沿って陽イオンの層が滑って動き，隣接する層との間にずれが生じて陽イオン間の位置関係が変わり，接近してきた陽イオンの間に正電荷どうしの静電反発が生じる．この静電反発は，自由電子がすばやく動いて打ち消す（遮蔽する）ので，陽イオンは静電反発の影響をほとんど受けずに容易に位置を変え，互いの静電反発が最少の規則正しい結晶中の配列に移行する．したがって，金属は少々の外力を受けても壊れることはなく（結晶破壊が起こらず），他の金属性 (1)〜(3) を保持したまま変形（塑性変形）するので，その他の固体物質と比べて優れた塑性を示す．

展性と延性の明確な定義はない．これらは物体を材料として取り扱う際の実用上の用語である．展性は平面的な絞りや広げ，延性は 1 つの方向への伸びや縮みの，物質の機械的性質のことである．

英語の ductility は延性の他に，しばしば展延性（展性と延性の両方を含む言葉）の意味で使われることがある．

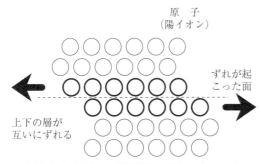

原　子
（陽イオン）

ずれが起こった面

上下の層が互いにずれる

図 3-6-4. 固体中の原子配列のずれのイメージ．

結晶内部に生じた線状や面状のずれ（変位や歪み）を転位（dislocation）という．**図 3-6-4** はすべり転位（glide dislocation）といわれる．転位は結晶の格子欠陥（lattice defect）の 1 つである．格子欠陥には，結晶中の定まった位置に原子やイオンがなかったりずれていたりする場合や，余分な原子が隙間に入り込んでいる場合などもある．

実用の金箔は，金に少量の銀と微量の銅を混合した合金を箔にしたものである．

弾力性をもつゴムなどの高分子固体有機化合物は例外．

金属元素の原子のサイズは原子半径（金属結合半径）で示される（第2章（p.72）を参照）．金属結合半径は，一般に金属元素単体の結晶中の最近接原子間距離の1/2の値である．

図 3-6-5 は，イオン結晶の場合の図 3-1-2（p.109）と図 3-1-4（p.113）と同様な結晶構造模型である．この図から単位格子内の原子数や原子の配位数が求められる．

高い塑性を示す代表的な金属は金である．1 cm³ の金をかなづちで叩いて伸ばすと，面積が約 10 m²，厚さが約 0.1 μm の金箔ができる．

塩化ナトリウムなどのイオン結晶や，ダイヤモンドなどの共有結合性の結晶の多くは塑性がきわめて低く，外部から強い力を加えるとただちに壊れる（結晶破壊が起こる）．イオン結晶内部には，生じた静電反発を打ち消す自由電子が存在しないので，本章1節（p. 116〜p.117）で述べたように，わずかに変形した部分に生じた局所的な強い静電反発によって結晶破壊が起こる．共有結合性の固体では，たとえば，氷砂糖のような水素結合と分子間力によって形成された分子の結晶や，ダイヤモンドや石英などの巨大分子（第1章の図 1-1-3 の脇注（p.6）を参照）もイオン結晶と同様に，変形によって生じた静電反発を打ち消す自由電子が存在しないので，塑性がきわめて低い．

3.6.3　金属の結晶構造

元素の多くは金属元素である（第2章（2.6.5（p.75））を参照）．金属元素の単体は，液体の水銀を除き常温常圧では固体（金属結晶）である．本節では金属元素の単体の結晶構造について述べる．

金属元素の単体の結晶では，イオン結晶におけるイオン球（p. 113）と同様に，剛体球の原子球を仮定するが，単体は1種類の元素から構成されるので，結晶中のすべての原子は同じサイズである．図 3-6-5 に金属の標準的な3種類の結晶構造の，単位格子と原

(a) 体心立方 格子構造
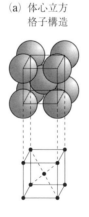

(b) 立方最密 充填構造
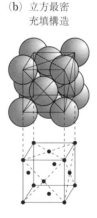

(c) 六方最密 充填構造
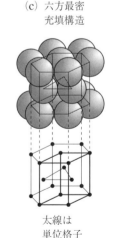

太線は 単位格子

図 3-6-5. 金属の標準的な3種類の結晶構造と名称．原子球の配列と単位格子を示している．

子の配列を示す．ほとんどの金属元素の単体は，これらの結晶構造の1つをとる．

　サイズが同じ剛体球で構成された結晶構造の名称は，結晶学上の単位格子の名称や，球の最密充填（close packing）という結晶構造のタイプの名称を用いて表される．**図3-6-5**（a）の**体心立方格子**（body-centered cubic lattice）構造はbccと略記され，1個の原子の配位数は8である．（b）の**立方最密充填**（cubic close packing）構造はccpと略記され，1個の原子の配位数は12である．ccpの単位格子は面心立方格子（face-centered cubic lattice）ともいうので面心立方格子構造ともいい，fccと略記されることもある．（c）の**六方最密充填**（hexagonal close packing）構造はhcpと略記される．この結晶構造の単位格子は，正六角柱の1/3の菱形柱であり，1個の原子の配位数は12である．

　同一サイズの原子で構成された結晶では，結晶格子の体積のうち原子球が占める体積の割合に注目することがある．この割合を原子の空間充填率（atomic packing factor）という．空間充填率は，単位格子中で隣接する原子球が互いに一点で接した状況のときの，原子球の体積の総和を単位格子の体積で割れば求まり，その値はbccが68％，ccp（fcc）とhcpが74％である．

　図3-6-6に常温常圧下の金属元素単体の，実際の結晶構造を周期表を用いて示す．

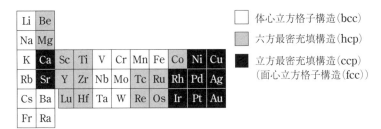

図3-6-6. 金属元素単体の結晶構造.

　図より，実際の結晶構造と，原子のサイズ（金属結合半径）や空間充填率の間には，イオン結晶の場合の結晶構造とイオン半径比の関係（p.113）のような，金属の結晶構造の予測に利用できる明確な傾向はみられないが，1族から11族へと周期表の右側へゆくほど，あるいは原子の価電子数（遷移元素ではd軌道の電子も含む）が増すと，bccからhcp，ccpへと結晶構造が変わってゆく大まかな傾向がみられる．

イオン結晶の代表的結晶構造である塩化セシウム型構造（p.109）の結晶格子は体心立方格子である．

hcpは六方晶系という結晶の形をもつ構造.

金属元素の中には，**図3-6-5**の3種類以外の結晶構造をとるものがある．たとえば，ポロニウム（Po，放射性元素）は，単位格子が下図のような単純立方格子の，単純立方充填（primirive（simple）cubic packing）構造をもつ唯一の例である．

この結晶構造は，立方体の8つの頂点に8個の原子が位置し，充填率は52％である．

金属元素の単体の中には，結晶構造の温度依存性を示すものがある．たとえば，常温で bcc の鉄は温度が 912℃ を越えると ccp に構造相転位し，1400℃ 付近で再び構造相転位して bcc に戻る．高温時の bcc は低温時の bcc と比べて単位格子が少し大きい．これは，温度が高いほど原子の熱振動が激しいので，結晶が少し膨張するからである．

本節の最後に，金属結合の強弱と金属結合エネルギーについて述べる．

金属の結晶の物理的性質や結晶構造データーの中には，結晶中の金属結合の強弱，すなわち，金属結合エネルギーの高低を示唆すると考えられるものがある．次に，そのうちの2つを紹介する．

1つは融点である．金属結晶を加熱すると結晶中の原子の熱振動が激しくなり，やがて融点に達して液化する．金属結合エネルギーのうちの固体（結晶）状態を保つために必要なエネルギーを上回るエネルギーが金属結晶に与えられると，原子は結晶のときの位置から離れて移動できるようになり，融解して液体になる．したがって，融点が高い金属結晶ほど融解に大きな熱エネルギー（高温）が必要になるので，融点は金属結合の強弱を反映すると考えられる．

もう1つは硬度（硬さ）（hardness）である．結晶中で最も近接した原子間の距離が短い金属ほど硬いという一般的傾向がある．金属結晶では，金属結合が強いほど結晶中の原子は互いに接近するので，原子間距離は短くなる（金属結合半径が小さくなる）．したがって，結晶の硬さも金属結合の強弱を反映すると考えられる．

一般に，融点が高い金属結晶は硬い．たとえば，金属元素の単体中で最も高い融点（3422℃）をもつタングステン（W）は，きわめて硬い金属であり，最も低い融点をもつセシウム（28.5℃）は，最も軟らかい金属である．

同族の金属元素の単体は，周期が大きくなる（原子番号が増大する）につれて融点が低下するという一般的傾向がある．たとえば，1族元素のアルカリ金属では，融点は原子のサイズ（金属結合半径）が最小のリチウムが最も高く（180.5℃），ナトリウム（97.7℃），カリウム（63.4℃），ルビジウム（39.3℃），セシウムと，金属結合半径が大きくなるほど融点は低下して，この順に硬さも低下する．したがって，アルカリ金属では，この順に金属結合が弱くなる．なお，このような傾向は，1族から10族までの同族の金属元素の単体にみられるが，11族以降はみられなくなる．

イオン結合の強弱を反映するイオン結晶の格子エネルギー（p. 117）のような，金属結合の強弱を反映する熱化学データーとして，金属の昇華熱（昇華エンタルピー）（p. 119）が挙げられる．昇華熱が最大のタングステンは最も融点が高く，きわめて固い．セシウムは昇華熱が最小で最も融点が低い．なお，液体金属の水銀の融点は，単体金属中最低の −38.8℃ であり，昇華熱も最低である．

MO 法の根本的な考え方は，共有結合する 2 つの原子の電子軌道（AO）の波動関数 Ψ を重ね合わせて混ぜ合わせる，定常波の干渉による「波の合成」である（第 2 章の章末**付録 2.1** (3), (5), (7) が関連する）．**図 3A1-1** に，Ψ を用いた二水素分子（H_2）の MO 形成などのイメージを示す．図の Ψ の重ね合わせと合成は，原子軌道の線形結合法（Linear Combination of Atomic Orbitals method）（LCAO 法）という基本的な理論計算法の考え方である．MO の電子雲とエネルギー準位図は，理論計算から求められた MO の電子の波動関数（固有関数）とエネルギー固有値を基に描かれている．

• 近接した 2 つの水素原子 H_A と H_B の 1s 軌道の波動関数 Ψ_{1s} の 2 通りの重ね合わせ．

(1) 同じ位相の波動関数の一次結合

(2 つの波が干渉して強め合う場合)

→結合性の分子軌道（σ 軌道）が
　　　　　　できる

$$\Psi_{1s}(H_A) + \Psi_{1s}(H_B)$$
$$= \Psi_\sigma \quad (H_2 \text{ の結合性 MO})$$

(2) 互いに位相が逆の波動関数の一次結合

(2 つの波が干渉して弱め合う場合)

→反結合性の分子軌道（σ* 軌道）が
　　　　　　できる

$$\Psi_{1s}(H_A) - \Psi_{1s}(H_B)$$
$$= \Psi_\sigma{}^* \quad (H_2 \text{ の反結合性 MO})$$

（＊実際は左辺に $1/\sqrt{2}$ を乗じて規格化する）

★結合性軌道（σ 軌道）　　　☆反結合性軌道（σ* 軌道）

H_2 の 2 つの
MO の波動
関数 $\Psi(H_2)$
のグラフ

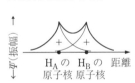
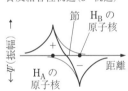

太線は H_2 の分子軌道の波動関数 $\Psi(H_2)$ のグラフ．
細線は 2 個の水素原子の 1s 軌道の波動関数 Ψ_{1s} のグラフ．
グラフ中の +，− は波動関数の位相．

上の波動関数
$\Psi(H_2)$ の
等高線表示

波動関数
の位相　すべて +

波動関数
の位相　+　−

節面

確率密度関数
$\Psi^2(H_2)$ の
グラフの形

電子雲（$\Psi^2(H_2)$）
の形の立体的な
境界線表示

節面

図 3A1-1. MO 法の基本的な考え方のイメージ．

原子の電子軌道と分子軌道の対称性と記号

原子の電子軌道（原子軌道（AO））と，AO から形成された分子軌道（MO）は，その対称性に基づいて記号が付けられる．AO や MO の対称性は，波動関数（軌道関数）の位相から説明される（第 2 章の**付録 2.1**(3)，(5)，(7) が関連する）．

図 **3A2-1** に，1s 軌道と 2p 軌道，および，これらの AO から形成された MO の，σ 軌道，σ^* 軌道，π 軌道，π^* 軌道を例に，それぞれの軌道の電子雲を用いて対称性を示す．

斜線の部分は波動関数の位相が正（＋），白い部分は波動関数の位相が負（－）．

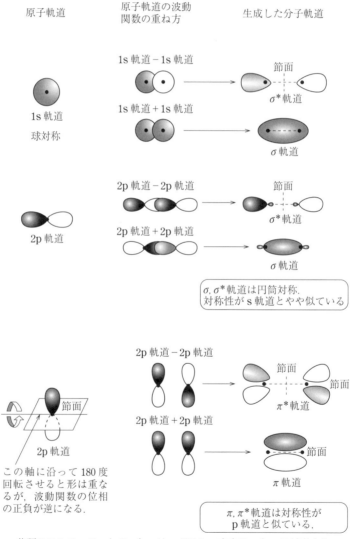

英語のアルファベットの s と p は，ギリシャ文字の σ と π に対応する．

図 **3A2-1.** 電子雲を用いて表した原子軌道（AO）と分子軌道（MO）の対称性と軌道の記号．

付録 3.3 分子軌道のエネルギー準位図を用いた水素分子の解離反応の説明

エネルギー準位図を用いて分子の電子基底状態と電子励起状態を表現できることは，MO 法の大きな特徴である．その例として，**図 3A3-1** に二水素分子（H_2）の共有結合が切断されて 2 個の水素原子に解離する反応 $H_2 \rightarrow 2H$ の過程の，H_2 の MO のエネルギー準位図（**図 3-2-5**（p.129））を用いた定性的な説明の図解を示す．

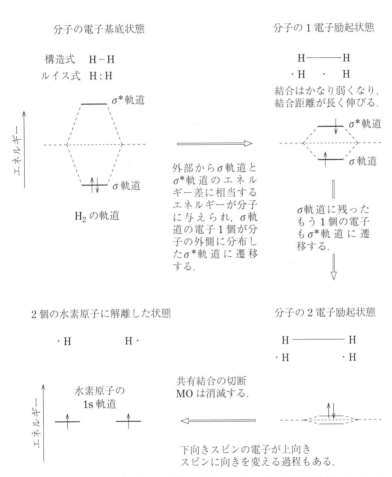

図 3A3-1. 二水素分子（H_2）の定性的な MO のエネルギー準位図を用いた H_2 の解離反応過程の図解．

物質の磁性と電子構造との関係—常磁性と反磁性

物質の磁気的性質を磁性（magnetism）という．磁性は物質中の電子の自転（電子スピン）に基づく性質であり，常磁性（paramagnetism）と反磁性（diamagnetism）に大別される．

一般に，不対電子を1個以上もつ分子や原子，イオン，および，これらで形成された物質は，棒磁石などの永久磁石のように，常に磁石の性質を示す．この磁性を常磁性といい，常磁性を示す物質を常磁性物質という．常磁性物質は磁石に引きつけられる．

右上のイメージのように，強い電磁石のN極とS極の間に液体酸素（沸点 −183℃）を注ぐと，液体が両極の間に溜まる．

二酸素分子（O_2）は，反結合性の2つの$\pi*$軌道に1個ずつ不対電子が配置されている（図3-2-10（p.136）を参照）．したがって，2個の不対電子をもつO_2は常磁性を示す常磁性物質であり，磁石に引きつけられる．

すべての電子（偶数個の電子）が電子対を形成している不対電子をもたない分子や原子，イオン，および，これらで形成された物質は，磁石に引きつけられることはない．この磁性を反磁性といい，反磁性を示す物質を反磁性物質という．

右下のイメージのように，液体窒素（沸点 −196℃）は強い電磁石でも引きつけられることがなく，電磁石の両極の間を通り抜ける．窒素分子（N_2）は14個の電子をもつが，すべての電子は1つの分子軌道に2個ずつスピンの向きを互いに逆にして配置され，電子対を形成しているので不対電子をもたない（図3-2-11（p.137）を参照）．したがって，不対電子をもたないN_2は反磁性を示す反磁性物質であり，磁石に引きつけられない．

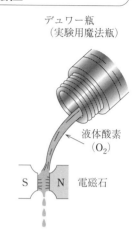

デュワー瓶
（実験用魔法瓶）

液体酸素
（O_2）

S　N　電磁石

デュワー瓶

液体窒素
（N_2）

S　N　電磁石

付録3.5 原子軌道の重なり積分と分子軌道の形成

AOの波動関数の重なり積分（overlap integral）と，MOの形成の有無との関係について概説する．重なり積分は，本文p.141で述べた，MOを形成できるAOの条件①，②に続く第三の条件である．以下に重なり積分の概要をまとめた．

重なり積分とは，軌道の波動関数の積の積分（範囲は全空間）．

下式で表され，記号はSが使われることが多い．Sの値から2つの軌道の，分子軌道の形成の有無を判定する．分子軌道を形成する場合は，結合性軌道になるか，反結合性軌道になるかが判定できる．

$$S = \int \Psi(a)\,\Psi(b)\,d\tau$$

$\Psi(a)$，$\Psi(b)$ はそれぞれ 2 つの
原子 a と b の軌道の波動関数．

- $S=0$ の場合は分子軌道を形成しない．
  （2 つの原子軌道の間に相互作用がない非結合である）
- $S\neq0$ の場合は分子軌道を形成する．
  - $S>0$（正の値）→結合性の分子軌道を形成．
  - $S<0$（負の値）→反結合性の分子軌道を形成．

重なり積分の利用の例：H 原子の 1s 軌道と F 原子の 2p 軌道の重なり

下の図中の ＋，－ は波動関数 Ψ の位相，1s 軌道はわかりやすくするため大きめに描いた．

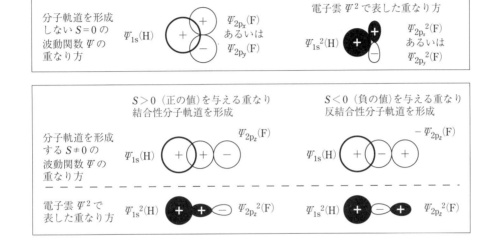

次に，水素原子の 1s 軌道とフッ素原子の 3 つの 2p 軌道の重なり積分から，フッ化水素分子 (HF) の MO 形成の有無を説明する．

フッ素原子の $2p_z$ 軌道は水素原子の 1s 軌道と大きく重なり，位相が ＋，－ いずれの側で重なっても重なり積分の値はゼロではない．したがって，フッ素原子の $2p_z$ 軌道は水素原子の 1s 軌道と相互作用し，結合性の σ 軌道と反結合性の σ^* 軌道の 2 つの MO を形成する．

フッ素原子の $2p_x$ 軌道と $2p_y$ 軌道の波動関数が水素原子の Ψ_{1s} と対称的に重なる場合は，位相が ＋ と ＋ の部分の重なり積分の正の値と，位相が ＋ と － の部分の重なり積分の負の値の絶対値が等しいので，重なり積分の値は差し引きゼロになる．したがって，重なり積分がゼロになる水素原子の 1s 軌道とフッ素原子の $2p_x$ 軌道，$2p_y$ 軌道は相互作用せず，MO を形成しない．

以上の検証の結果，フッ素原子の $2p_z$ 軌道のみが，本文 p.141 の条件 ①，② と，重なり積分の値がゼロではないという条件をすべて満たすので，水素原子の 1s 軌道とフッ素原子の $2p_z$ 軌道が，共有結合が成立する HF の MO の形成に関与する．

付録3.6　一酸化炭素の分子軌道と電子構造

異核二原子分の電子構造の例として，**図 3A6-1** に，一酸化炭素分子 (CO) の電子配置を示した MO のエネルギー準位図を示す．CO は非結合性 MO の σ_{nb} 軌道を 2 つもっている，

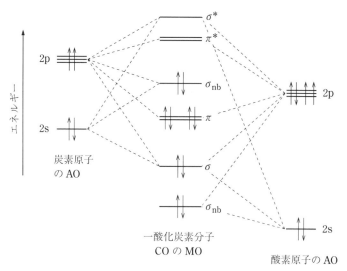

図 3A6-1. 一酸化炭素分子 (CO) の電子基底状態の電子配置を示した定性的な MO のエネルギー準位図と，各 AO と MO の記号.

次に，CO 分子の電子構造と性質の，MO を用いた説明の例を述べる.

図より，CO は結合性 MO の σ 軌道と，エネルギー準位が縮重した 2 つの π 軌道に 6 個の結合性電子が配置されている. 反結合性 MO の σ^* 軌道と，エネルギー準位が縮重した 2 つの π^* 軌道には電子が配置されてないので，反結合性電子はない. 式 (3-9) (p. 130) から計算した炭素原子と酸素原子の共有結合の結合次数は 3 であり，炭素原子と酸素原子は三重結合 C≡O を形成して強く結合している.

2 つの非結合性 σ_{nb} 軌道のうち，エネルギー準位が低い方は酸素原子の 2s 軌道と 2p 軌道が混ざり合って形成されている. この σ_{nb} 軌道の電子雲は，分子中の酸素の原子核の周囲に分布する. エネルギー準位が高い方の σ_{nb} 軌道は炭素原子の 2s 軌道と 2p 軌道から形成され，電子雲は炭素の原子核の周囲に分布する. これらの σ_{nb} 軌道には，それぞれ 2 個の電子が配置されて電子対を形成し，それぞれ CO 分子の酸素原子側と炭素原子側に孤立電子対として存在する.

CO は人間を含む多くの動物にとって危険な有害物質であり，炭素を含んだ可燃物質の不完全燃焼で発生する反応性が高い気体である. 動物は血液中に酸素 (O_2) を運搬するタンパク質のヘモグロビン (Hb と略す) をもち，Hb に含まれる鉄 (Ⅱ) イオン (Fe^{2+}) に O_2 を結合させて体内に取り込んでいる. O_2 は，分子の外側に電子雲が分布する π^* 軌道に配置された不対電子を用いて Hb 中の鉄 (Ⅱ) イオンに配位結合 (本章 4 節) するが，その結合は弱く，体内の酸素が不足している (酸素分圧が低い) 部分では，結合が容易に切断されて O_2 が脱離する. CO が血液中に入ると，炭素側の σ_{nb} 軌道の孤立電子対が，エネルギー準位が近い鉄 (Ⅱ) イオンの原子価軌道 (主に 3d 軌道) と強い配位結合 (本章 4 節) を形成し，O_2 のように脱離することがないので，O_2 を運ぶ Hb の量は減少する. したがって，動物が多量の CO を吸入すると体内の酸素が欠乏し，一酸化炭素中毒を起こして最悪の場合は死に至る.

なお，CO と電子数が同じ 14 個の化合物 (等電子化合物) の 1 つであるシアン化物イオン (CN^-)

の MO と電子配置も，**図3A6-1** を用いて定性的に説明できる．

付録 3.7　化学結合の本質の解釈

　二原子分子を例に，MO 法の考え方に基づく化学結合の本質の解釈を概説する．この解釈の図解を，本付録末尾の**図3A7-1**に示した．

　はじめに，等核二原子分子の原子間の結合を，100％の共有結合と仮定する．単純化のため，MO を形成する 2 つの構成原子の 1 つの原子価軌道の AO に，それぞれ 1 個の価電子が配置されているとする．等核二原子分子は 2 つの構成原子の電気陰性度が同じであり，2 つの原子の 2 つの AO の，混ざり合いの程度が大きい結合性と反結合性の 2 つの MO が形成される．2 つの原子の AO は MO が形成されると消滅し，形成された MO の電子雲の空間分布（形）は，AO とはまったく異なったものになる．2 つの原子の価電子は，MO 形成で元の所属先の AO が消滅したために，エネルギー準位が低い結合性の MO に配置されて電子対を形成する．この電子対は 2 つの原子核に等しく共有されるので，それぞれの電子の，元の所属先の原子（原子核）の判別が不可能になる．このような等核二原子分子の状態を，2 つの原子間に共有結合性 100％ の化学結合が形成された状態と考える．

　異核二原子分子では，2 つの構成原子の電気陰性度の差が大きくなると，MO を形成する 2 つの原子の 2 つの AO の，エネルギー準位の高低差（エネルギー差）が大きくなるので混ざり合いの程度が低くなり，結合性 MO も反結合性 MO も，電子雲の形に元の AO の性格が少し表れる．エネルギー準位が低い結合性 MO に配置された 2 個の電子は電子対を形成する．この結合性 MO には，エネルギー準位が近い方の原子の AO の性格が少し表れるので，2 個の電子は 2 個の原子核に等しく共有されず，結合性 MO にエネルギー準位が近い AO をもっていた原子核側にやや片寄って共有された状態になる．この状態ではまだ共有結合性は高いが，一方の原子に 2 個の電子が片寄りぎみになっているので部分電荷が生じてイオン結合性が少し表れる．この状態の分子は部分電荷をもつ極性分子（p. 145）であり，原子間の共有結合の安定化エネルギー（結合エネルギー）は等核二原子分子よりも小さくなる．電気陰性度の差がかなり大きい異核二原子分子の MO は，AO の混ざり合いの程度がかなり低い．結合性 MO と反結合性 MO のエネルギー準位は，それぞれエネルギー準位が低い方と高い方の原子の AO に近く，2 つの MO は実質的に AO と考えることができる．2 個の原子の価電子は，エネルギー準位が低い結合性 MO に電子対を形成して配置されるが，反結合性 MO にエネルギー準位が近い方の原子の AO に配置されていた 1 個の価電子が，結合性 MO にエネルギー準位が近い方の原子の AO に移動し，それぞれの原子が陽イオンと陰イオンになってイオン結合とほとんど変わらない状態になる（結合性 MO の電子雲の大きさは，陽イオン側が小さく陰イオン側が大きい）．電子雲の形は，2 つの AO の電子雲が重なっただけの状態に近く，結合性 MO として共有結合を形成する部分はかなり小さい．

　以上に述べたように，MO 法の考え方に基づき，化学結合の解釈の出発点を 100％ の共有結合としてイオン結合の割合を増してゆくと，分子の極性が生じる理由の他に，電気陰性度の概念なども説明できる．なお，100％ のイオン結合から出発して，共有結合の割合を増してゆく方法も試みられたが，化学結合の本質の説明に成功しているとはいいがたい．

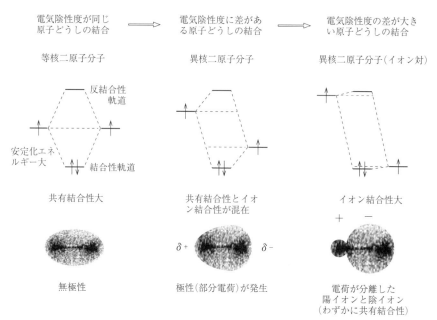

電気陰性度が同じ原子どうしの結合 ⟹ 電気陰性度に差がある原子どうしの結合 ⟹ 電気陰性度の差が大きい原子どうしの結合

等核二原子分子　　　　　　異核二原子分子　　　　　異核二原子分子（イオン対）

反結合性軌道

安定化エネルギー大　　　結合性軌道

共有結合性大　　　　　共有結合性とイオン結合性が混在　　　　　イオン結合性大

無極性　　　　　　極性（部分電荷）が発生　　　　　電荷が分離した陽イオンと陰イオン（わずかに共有結合性）

図 3A7-1. MO のエネルギー準位図と電子雲を用いた，二原子分子の化学結合性が共有結合からイオン結合に移行するイメージ．

付録 3.8　水の分子軌道と電子構造

　水（H_2O）は折れ線型の分子構造をもつ三原子分子である．図 3A8-1 に，H_2O の電子配置を示した MO のエネルギー準位図を示す．

　図から，H_2O の MO の電子雲の分布（場所と形）を想像することは難しい．また，分子の立体構造を直感的に把握することも困難である．現代化学の初学者にとって，多原子分子の電子構造と立体構造の両方が直感的に理解できるわかりやすい説明は，MO 法には望めない．多原子分子の立体構造は，本章 3 節の混成軌道を用いる説明の方が，初学者には理解しやすい．MO 法と VB 法（混成軌道）のそれぞれの利点は，H_2O の電子構造と立体構造の説明を比べてみると認識できるであろう．

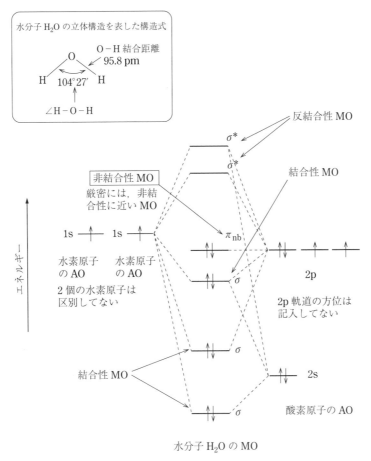

図 3A8-1. 水分子 (H₂O) の電子基底状態の電子配置を示した定性的な MO
のエネルギー準位図と，各 AO と MO の記号．

ベンゼン (C₆H₆) は正六角形の骨格構造をもつ分子である．下に 3 種類の構造式を示す．

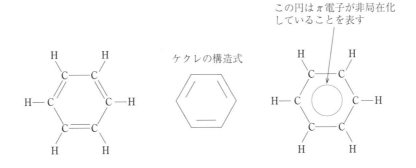

ベンゼンの炭素原子間の，6つの C–C 共有結合の結合距離はすべて 139.9 pm である．炭素原子と水素原子間の結合距離は 110.1 pm，結合角 ∠C–C–C と ∠C–C–H は 120° である．したがって，ベンゼンは図の左と中央の構造式のように，6つの炭素原子間に単結合と2重結合が交互に存在することはなく，炭素原子間の共有結合はすべて等価である．このような共有結合を共役二重結合（conjugated double bond）といい，分子中で隣り合う炭素原子間の結合次数は 1.5 となる（1.5 重結合）．

　図の右の構造式は，ベンゼンの共役二重結合を表現している．炭素原子の sp² 混成軌道を用いると，ベンゼンの正六角形の骨格構造と共有結合は，右図のように説明される．混成に参加しない6個の炭素原子の6つの 2p 軌道は分子骨格の平面の上下に電子雲があり，それらが接触して6個の電子を共有し，3本の π 結合を形成する．

　MO 法では，分子骨格の面の上下に結合性 π 軌道と反結合性 π* 軌道が3つずつ，計6つの MO が形成され，6個の電子が3つの π 軌道に電子対を形成して配置される．

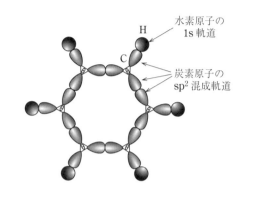

水素原子の
1s 軌道

炭素原子の
sp² 混成軌道

第4章 溶液と化学反応

　化学反応とは原子・分子・イオンなどの粒子どうしが衝突することで生じる化学変化であり，反応が起こる確率はある体積中における粒子の数および粒子の速度に比例する．これらの点から溶液は化学反応の進行に適した状態といえる．これまでの研究では，固相・液相・気相での化学反応もみられるが，大部分は溶液中における反応であり，その中でも水溶液中での研究例が非常に多い．水は最も一般的かつ重要な溶媒であり，多くの無機化合物が水に溶ける．そこで本章では，イオン性化合物の水溶液について取り扱う．はじめに，イオン性化合物が水に溶解する現象，溶解したイオンの電離の様子，物質の溶解度について紹介する．次に，代表的な化学反応として酸塩基反応と酸化還元反応について解説する．酸塩基反応は最も基本的かつ重要な化学反応であり，一般的な中和反応だけでなく，配位結合の概念にも酸塩基の考え方が含まれている．また酸化還元反応では単純な酸素による酸化だけでなく，電子の授受に基づいた定義と電極反応についても取り扱う．

配位結合は第3章4節（p.157）を参照.

4.1　水溶液

4.1.1　イオン性化合物の電離

　固体状態のイオン性化合物を，構成している陽イオンと陰イオンに解離させるには，陽イオンと陰イオン間の結合を切断するために大量のエネルギー（第3章で述べた格子エネルギー（p.117））を必要とする．たとえば，1 mol の塩化ナトリウム結晶をナトリウムイオンと塩化物イオンに分解するためには，式（4-1）のように771 kJ mol^{-1} ものエネルギーが必要になる（**表3-1**（p.122）を参照）．

$$NaCl(s) = Na^+(g) + Cl^-(g) - 771 \text{ kJ mol}^{-1} \qquad (4\text{-}1)$$

ここで（s）は固体状態を，（g）は気体状態を示す．

　一方，イオン性化合物の結晶を水に溶かすと，結晶を構成している陽イオンと陰イオンの結合は容易に切断され，水溶液中では陽イオンと陰イオンが別々に振る舞うことができるようになる．このようにイオンに分かれる変化を**電離**（electrolytic dissociation）とい

う．ただし，水溶液中のイオンは溶媒である水分子と弱く結合しており，単独のイオンとして存在しているわけではない．この水分子との結合を**水和**（hydration）という．イオン結晶の構成イオンが真空中で孤立した状態（気体状態）から，水に溶解して水和した状態になる過程において放出される熱エネルギーを水和熱（heat of hydration）あるいは水和エンタルピー（enthalpy of hydration）（記号 ΔH_{hyd}）という．**表 4-1** に代表的なイオンの水和エンタルピーを示す．水和エンタルピーはイオンの電荷が大きいほど大きな負の値になり，電荷が同じ場合はイオン半径が小さいほど大きな負の値になる．

水和エンタルピー（水和に伴い放出される熱）：大きな電荷のイオンや小さなイオンほど大きな負の値になる．

表 4-1. イオンの水和エンタルピー ΔH_{hyd}（室温）

イオン	ΔH_{hyd} (kJ mol^{-1})	イオン	ΔH_{hyd} (kJ mol^{-1})
Li^+	−536.3	Al^{3+}	−4690
Na^+	−420.8	Mn^{3+}	−4648
K^+	−337.1	Fe^{3+}	−4393
Rb^+	−312.5	Co^{3+}	−4774
Cs^+	−287.3	In^{3+}	−4167
Ag^+	−471.5	Tl^{3+}	−4130
Tl^+	−326		
Be^{2+}	−2470	F^-	−513.6
Mg^{2+}	−1908	Cl^-	−362.8
Ca^{2+}	−1577	Br^-	−331.8
Sr^{2+}	−1456	I^-	−291.5
Ba^{2+}	−1289	BF_4^-	−298
Mn^{2+}	−1833	ClO_4^-	−239
Cu^{2+}	−2088	I_3^-	−183
Zn^{2+}	−2029		
Cd^{2+}	−1791		
Pb^{2+}	−1464		

イオン結晶の溶解の例として，塩化ナトリウムの結晶を水に溶解する場合を考える．塩化ナトリウムの結晶を水の中に入れると，結晶の表面にある陽イオンのナトリウムイオンへ，水分子が負電荷に分極した酸素原子により引き寄せられる．同様に，陰イオンである塩化物イオンへ，正電荷に分極した水素原子により水分子が引きつけられる．水分子と弱く結合（水和）したナトリウムイオンと塩化物イオンは，塩化ナトリウム結晶中の他のナトリウムイオンや塩化物イオンとのイオン結合が切断されることで，水和したイオンとしてバルクの水の中へ広がるように溶け出してゆく．この過程がくり返されることにより，塩化ナトリウム結晶は徐々に崩れながら，水

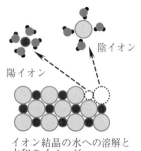

陰イオン

陽イオン

イオン結晶の水への溶解と
水和のイメージ

へ溶解してゆく.

$$NaCl(s) \rightarrow Na^+(aq) + Cl^-(aq) \qquad (4\text{-}2)$$

ここで，(aq) はイオンが水和している状態を示す.

このような電離はイオン結晶だけでなく，塩化水素のような共有結合からなる分子の場合にもみられる.塩化水素は極性分子であり，水に溶けやすい.塩化水素分子を水に溶かすと，式 (4-3) に示すように，分子内の共有結合が解裂し，水素イオンと塩化物イオンに電離する.実際には，式 (4-4) に示すように，水素イオンは水分子と結合したオキソニウムイオン H_3O^+ として存在している.

オキソニウムイオンについては第3章4節 (p.158) を参照.

$$HCl(g) \rightarrow H^+(aq) + Cl^-(aq) \qquad (4\text{-}3)$$

$$HCl(g) + H_2O \rightarrow H_3O^+(aq) + Cl^-(aq) \qquad (4\text{-}4)$$

水への物質の溶解の際には，熱の放出または吸収がみられる.この熱は溶解熱 (heat of dissolution) といわれ，溶解に熱の放出を伴う場合，すなわち発熱反応のときに溶解熱は負の値となる.溶解熱は溶解エンタルピー (enthalpy of dissolution)(記号 ΔH_{sol}) ともいう.主なイオン結晶の無限希釈時における標準溶解エンタルピーを**表 4-2** に示す.次の式 (4-5) のように，溶解エンタルピー ΔH_{sol} は結晶の格子エネルギー U(**表 3-1**(p.122)) と水和エンタルピー ΔH_{hyd}(p.184) からも計算することができる.この関係を**図 4-1-1** に示す.ただし，計算によって求めた値と熱化学実験による測定値との間には多少の差がみられる.

溶解の際に発熱する代表的な物質としては，硫酸や水酸化ナトリウムがある.

無限希釈とは，溶媒が無限にあり，溶解している物質の濃度が限りなくゼロに近い仮想的な状態のことで，溶解している物質（イオン）間の相互作用がないと考えることができる.

$$\Delta H_{sol} = U + \Delta H_{hyd} \qquad (4\text{-}5)$$

表 4-2. 主なイオン結晶の無限希釈時における
標準溶解エンタルピー ΔH_{sol} (298.15 K)

化合物	ΔH_{sol} (kJ mol^{-1})	化合物	ΔH_{sol} (kJ mol^{-1})
LiCl	-37.03	CsCl	17.80
NaCl	3.883	CaCl$_2$	-81.34[a]
NaBr	-0.60	CaBr$_2$	-103.1[a]
NaI	-7.531	CaI$_2$	119.7[a]
KCl	17.217	AgCl	65.49[a]
RbCl	17.28		

a) 1 mol kg^{-1} 希釈時における値.無限希釈時の値に換算するには希釈エンタルピー ΔH_{dil} を加える.

溶解エンタルピー（溶解熱）の値が正の場合は吸熱反応であり，物質の溶解に熱エネルギーを必要とする.そのため，溶解エンタルピーが非常に大きな正の値となる場合には，物質は溶解しない.ま

た，塩化ナトリウムのように格子エネルギー（771 kJ mol^{-1}）と陽イオンと陰イオンの水和エンタルピーの和（-784 kJ mol^{-1}）がほぼ等しい場合には，溶解熱は小さくなり，溶解度もほとんど温度依存性を示さない．

　溶解エンタルピーを計算できることからもわかるように，格子エネルギーと水和エンタルピーは溶解度を支配する主な要因であるが，次の項目 4.1.2 で述べるように，温度など多くの要因が溶解度に影響するため，格子エネルギーと水和エンタルピーだけでイオン結晶の溶解度を予測することは困難である．

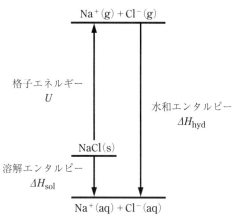

図 4-1-1. 塩化ナトリウム結晶の格子エネルギー U，溶解エンタルピー ΔH_{sol} および水和エンタルピー ΔH_{hyd} の関係．
（s）は固体状態，（g）は気体状態，（aq）は水和している状態を示す．

4.1.2　溶解度

　塩化ナトリウム結晶の溶解が進むと，水溶液中の水和したナトリウムイオンと塩化物イオンの数が非常に多くなるため，塩化ナトリウム結晶表面に衝突するイオンが増加し，一部のイオンは再び結晶を構成する他のナトリウムイオンや塩化物イオンに捕らえられる．単位時間あたりの結晶から溶液中へ溶解してゆくイオンと溶液中から結晶に捕らえられるイオンの数が等しい，すなわち溶解と結晶化の速度が等しくなった場合には，見かけ上，溶解が進行していない状態になる．これが**溶解平衡**（solution equilibrium）であり，このときの溶液を**飽和溶液**（saturation solution）という．溶解平衡は他の化学平衡と同様に温度に依存する．そのため，飽和溶液中における溶質の濃度，すなわち**溶解度**（solubility）は温度に依存する．例として，**表 4-3** に AgCl，Hg$_2$Cl$_2$，PbCl$_2$ の水に対する溶解度の温度依存性を示す．

溶解度はある温度における溶質の最大濃度を意味し，その濃度の溶液が飽和溶液である．

溶解度の温度依存性は一定ではなく，物質によって異なる．

表 4-3. AgCl, Hg$_2$Cl$_2$, PbCl$_2$ の水に対する溶解度の温度依存性

温度（℃）	0	10	20	25	30	40	50	60	80	100
AgCl（×10^{-4}）[a]	0.70	1.05	1.55	1.93	2.4	3.6	5.4	⋯	⋯	21
Hg$_2$Cl$_2$（×10^{-4}）[b]	1.4	1.65	2.35	2.95	3.80	6.0	⋯	⋯	⋯	⋯
PbCl$_2$[b]	0.67	0.80	0.97	1.07	1.17	1.40	1.64	1.92	2.56	3.23

a) 飽和溶液 100 cm^3 中の質量（g），b) 飽和溶液 100 g 中の質量（g）.

溶解度の単位としては，飽和溶液 100 g に含まれる溶質の質量（g）で表す質量パーセント濃度（%）が一般的である．溶解度があまり大きくない場合は，水 1 kg に溶ける溶質の物質量（mol）で表す質量モル濃度（mol kg^{-1}），または溶液 1 dm^3 に含まれる溶質の物質量（mol）で表す容量モル濃度（mol dm^{-3}）が用いられる．

ハロゲン化アルカリの場合，陽イオンと陰イオンの半径がともに小さい塩の溶解度は小さい．また，陽イオン，陰イオンともに半径が大きい塩も比較的溶解度が小さい．これに対して，陽イオンと陰イオンの半径に差のある塩は溶解度が大きい傾向がある．このことから，イオン半径の大きな陰イオンのアルカリ金属塩では，小さなリチウムの塩が最も溶解度が大きく，イオン半径が大きくなるにつれて溶解度が小さくなることが予想される．

アルカリ金属以外の金属イオンのイオン性化合物の場合にも，ハロゲン化アルカリと同様な関係がみられる．イオン性のフッ化銀の溶解度はハロゲン化アルカリの溶解度から予想される傾向に近い．一方，塩化銀，臭化銀，ヨウ化銀の場合は，結晶中の銀イオンとハロゲンイオン間の結合に共有結合性があるため，水への溶解度は非常に小さく，容易に沈殿を生じる．

ある化学反応で沈殿が生じるのは，生成した物質の溶解度が小さいためである．一般に，イオン結合性の物質の場合，金属イオンと陰イオンのイオン半径がともに小さく，両者の電荷がともに大きいと結合が強く，難溶性になることが多い．難溶性塩の化学式を A$_m$B$_n$ とすると，飽和溶液中での平衡は次の式 (4-6) のように表すことができる．

$$A_mB_n(s) \rightleftarrows mA^{n+} + nB^{m-} \qquad (4\text{-}6)$$

電離して生じた金属イオン A^{n+} と陰イオン B^{m-} の濃度から，次式 (4-7) の平衡定数が得られる．

$$K = \frac{[A^{n+}]^m[B^{m-}]^n}{[A_mB_n(s)]} \qquad (4\text{-}7)$$

ハロゲン化アルカリの溶解度の規則性：陽イオンと陰イオンの半径の差が大きいほど溶解度が大きくなる傾向がある．

難容性で沈殿しやすい AgCl を水に入れた場合でも，ごく少量は溶解し，Ag$^+$ と Cl$^-$ に電離する．

難容性塩を構成する陽イオンまたは陰イオンを加えると，平衡が移動し，沈殿生成量が増加する．

ここで，[ ]はその物質またはイオンのモル濃度（mol dm^{-3}）を表している．固体の濃度は一定とみなして，$[A_mB_n(s)] = 1$とすると，式 (4-7) は次の式 (4-8) のように書くことができる．

$$K_{sp} = [A^{n+}]^m[B^{m-}]^n \qquad (4\text{-}8)$$

この定数 K_{sp} を**溶解度積**（solubility product）という．K_{sp} は物質に固有の値であり，温度が一定ならば K_{sp} は一定となる．K_{sp} が小さいほど，その物質が難溶性であることを示している．主な難溶性塩の溶解度積を**表 4-4** に示す．式 (4-8) が示すように，組成が等しい難溶性塩の間では，溶解度積の大きさから溶存イオン濃度の比較が可能である．

K_{sp} は，特定の金属イオンと陰イオンの組合せにより，沈殿が生成するかどうかを判断する目安となる．金属イオンと陰イオンの濃度の積と溶解度積との関係には，以下の3つの場合が考えられる．

（ⅰ）$[A^{n+}]^m[B^{m-}]^n = K_{sp}$：イオンの濃度の積と溶解度積が等しい

溶解平衡状態にある飽和溶液であり，見かけ上，沈殿は生成もしないし，溶解もしない．

（ⅱ）$[A^{n+}]^m[B^{m-}]^n < K_{sp}$：イオンの濃度の積よりも溶解度積が大きい

不飽和溶液の状態であり，イオンの濃度が低すぎるため，沈殿は生成しない．また，沈殿があると溶解する．

（ⅲ）$[A^{n+}]^m[B^{m-}]^n > K_{sp}$：イオンの濃度の積よりも溶解度積が小さい

過飽和溶液の状態であり，イオンの濃度が高すぎるため，沈殿が生成する．また，沈殿があっても溶解しない．

溶解度積 K_{sp} はその物質の難溶性の指標となる．

陽イオン濃度と陰イオン濃度の積を溶解度積と比較すると，沈殿生成の有無の目安となる．

見かけ上の変化
飽和溶液 　：変化なし．
不飽和溶液：沈殿がある場合，飽和溶液になるまで溶解する．
過飽和溶液：飽和溶液になるまで，沈殿が生成，増加する．

表 4-4. 主な難溶性塩の溶解度積 K_{sp}（18～25℃）

化合物	K_{sp}	化合物	K_{sp}
AgCl	1.8×10^{-10}	Fe(OH)$_3$	1.1×10^{-36}
AgBr	7.7×10^{-13}	FeS	6×10^{-18}
AgI	1.5×10^{-16}	PbCl$_2$	1.7×10^{-5}
Ag$_2$S	6×10^{-50}	PbCrO$_4$	1.8×10^{-14}
Al(OH)$_3$	1.9×10^{-32}	PbS	3×10^{-28}
Co(OH)$_3$	3.2×10^{-45}	PbSO$_4$	7.2×10^{-8}
CoS	5×10^{-22}	ZnS	4.3×10^{-25}
CuS	6×10^{-36}	Zn(OH)$_2$	2×10^{-15}

4.2 酸と塩基

4.2.1 酸と塩基の定義

「酸（acid）」と「塩基（base）」は物質の性質に基づく最も基本的な分類の1つであり，古くから用いられてきた．現在，酸と塩基の定義として，アレニウスの定義，ブレンステッド-ローリーの定義，ルイスの定義の3つが一般的に用いられている．

（1）アレニウスの定義

1884年にアレニウス（Arrhenius）が提唱した定義では，水溶液中での水素イオンまたは水酸化物イオンの放出に基づいて酸と塩基を定義している．すなわち，**アレニウス酸**（Arrhenius acid）とは水溶液中で水素イオン（プロトン）H^+ を与える物質であり，**アレニウス塩基**（Arrhenius base）とは水溶液中で水酸化物イオン OH^- を与える物質のことである．たとえば，塩化水素 HCl や硫酸 H_2SO_4 は水溶液中では次の式（4-9），（4-10）のように電離し，H^+ を与えるため酸である．

$$HCl \rightarrow H^+ + Cl^- \tag{4-9}$$

$$H_2SO_4 \rightarrow 2H^+ + SO_4{}^{2-} \tag{4-10}$$

一方，水酸化ナトリウム $NaOH$ は水溶液中で Na^+ と OH^- に電離するため塩基である．また，アンモニア NH_3 は水と反応し OH^- を与えるため塩基である．

$$NaOH \rightarrow Na^+ + OH^- \tag{4-11}$$

$$NH_3 + H_2O \rightarrow NH_4{}^+ + OH^- \tag{4-12}$$

酸と塩基を混合すると酸塩基反応が進行する．等モルの H^+ と OH^- を混合する酸塩基反応では，酸および塩基ともそれぞれに特徴的な性質を失う．これは酸を特徴づけている H^+ と塩基を特徴づけている OH^- が次の式（4-13）の反応によって消滅するからである．

$$H^+ + OH^- \rightarrow H_2O \tag{4-13}$$

このように酸と塩基の双方の性質を打ち消しあう酸塩基反応を中和（neutralization）という．中和反応は非常に速いことが特徴である．また，中和反応では水とともに塩（salt）を生成する．たとえば，HCl と $NaOH$ の中和反応では，式（4-14）のように $NaCl$ が塩として得られる．

$$HCl + NaOH \rightarrow H_2O + NaCl \tag{4-14}$$

アレニウスの定義
　酸　：H^+ を与える物質．
　塩基：OH^- を与える物質．

中和の状態では，$[H^+] = [OH^-]$．

正塩は H^+ も OH^- も含まない塩であり，強酸-強塩基の正塩は水に溶けたときに中性，強酸-弱塩基の正塩は酸性，弱酸-強塩基の正塩は塩基性を示す．

なお，実際の水溶液中では水素イオン，すなわちプロトンが遊離の形で水溶液中に存在することはなく，式 (4-4) に示したように，水 H_2O と結合してオキソニウムイオン H_3O^+ として存在している．

(2) ブレンステッド-ローリーの定義

　塩化水素の水溶液である塩酸をアンモニア水で中和する反応は，式 (4-9) と式 (4-12) から，次の式 (4-15) のように表すことができる．

$$HCl + NH_3 + H_2O \rightarrow NH_4{}^+ + Cl^- + H_2O \qquad (4\text{-}15)$$

　一方，塩化水素とアンモニアが空気中で出会った場合，式 (4-16) のように，塩化アンモニウムの白煙が生じ，塩化水素は酸としての性質を失うことから，アンモニアは塩化水素を中和したことになる．しかしながら，この反応では，式 (4-12) のようにアンモニアは OH^- を放出しておらず，アレニウス塩基とはいえない．

$$HCl + NH_3 \rightarrow NH_4Cl \qquad (4\text{-}16)$$

ブレンステッドの定義
酸：プロトン供与体
塩基：プロトン受容体

　1923 年，ブレンステッド (Brønsted) とローリー (Lowry) は，それぞれが別々にプロトン H^+ の授受によって酸と塩基を定義した．ブレンステッド-ローリーの定義では，酸とはプロトンを与えることができる物質，すなわちプロトン供与体 (proton donor) であり，塩基とはプロトンを受け取ることができる物質，プロトン受容体 (proton acceptor) である．この酸を **ブレンステッド酸** (Brønsted acid)，塩基を **ブレンステッド塩基** (Brønsted base) という．たとえば，塩酸はプロトン供与体であるから，ブレンステッド酸である．

$$HCl \rightarrow H^+ + Cl^- \qquad (4\text{-}17)$$

　一方，アンモニアはプロトンを受け取ってアンモニウムイオンを生じるので，プロトン受容体であり，ブレンステッド塩基である．つまり，式 (4-16) でのアンモニアはブレンステッド塩基として働いている．

$$NH_3 + H^+ \rightarrow NH_4{}^+ \qquad (4\text{-}18)$$

　アレニウス酸はすべて H^+ を与える物質であるので，ブレンステッド酸となる．また，OH^- は H^+ と反応し水を生じるため，OH^- を与えるアレニウス塩基はすべてブレンステッド塩基となる．

　ブレンステッド-ローリーの定義における特徴として，**共役** (conjugate) という概念がある．次の，式 (4-17) の逆反応の式 (4-19) では，塩化物イオン Cl^- が H^+ を受け取って塩化水素になるの

で，Cl$^-$はプロトン受容体，すなわちブレンステッド塩基となる．

$$H^+ + Cl^- \rightarrow HCl \qquad (4\text{-}19)$$

このような関係があるとき，HCl と Cl$^-$ は互いに共役であるといい，Cl$^-$ を酸 HCl の**共役塩基**（conjugate base），HCl を塩基 Cl$^-$ の**共役酸**（conjugate acid）という．前に述べたように，水溶液中の反応に関与するのは H$^+$ ではなく H$_3$O$^+$ であることから，式（4-17）および式（4-19）を正しく書くと，以下の式（4-20），（4-21）のようになる．

$$HCl + H_2O \rightarrow H_3O^+ + Cl^- \qquad (4\text{-}20)$$
$$H_3O^+ + Cl^- \rightarrow HCl + H_2O \qquad (4\text{-}21)$$

これらの式からオキソニウムイオン H$_3$O$^+$ も H$^+$ を与える酸であり，水はその共役塩基であることがわかる．式（4-20）から，H$_3$O$^+$ と H$_2$O の共役関係を抜き出すと，以下の式（4-22）のように表すことができる．

$$H_2O + H^+ \rightarrow H_3O^+ \qquad (4\text{-}22)$$

このようにブレンステッド–ローリーの定義における酸塩基反応は 2 つの化学種間でのプロトン交換反応とみなすことができる．

硫酸は次の式（4-23），（4-24）のように 2 段階に電離するため，二塩基酸といわれる．

$$H_2SO_4 + H_2O \rightarrow H_3O^+ + HSO_4^- \qquad (4\text{-}23)$$
$$HSO_4^- + H_2O \rightarrow H_3O^+ + SO_4^{2-} \qquad (4\text{-}24)$$

硫酸水素イオン HSO$_4^-$ に注目すると，式（4-23）では H$_2$SO$_4$ の共役塩基であり，式（4-24）では硫酸イオン SO$_4^{2-}$ の共役酸となっている．このように，反応の条件によって，同じ化学種がブレンステッド酸にもブレンステッド塩基にもなる場合がある．

水 H$_2$O も，プロトンを与えることもプロトンを受け取ることもできる化学種の 1 つである．式（4-22）では，H$_2$O は H$_3$O$^+$ の共役塩基であるが，次の式（4-25）のように，H$_2$O は OH$^-$ の共役酸でもある．

$$H_2O \rightarrow H^+ + OH^- \qquad (4\text{-}25)$$

式（4-22）と式（4-25）から H$^+$ を消去すると，次の式（4-26）が得られる．

$$2H_2O \rightarrow H_3O^+ + OH^- \qquad (4\text{-}26)$$

この反応は水の**自己プロトリシス**（autoprotolysis）といわれ，平衡定数 K_w は以下の式（4-27）で与えられる．

共役：プロトンの受け渡しにより関連づけられる 1 対の酸と塩基の関係．

水の中で H$_3$O$^+$ と OH$^-$ は平衡状態にある

$$2H_2O \rightleftarrows H_3O^+ + OH^-$$

$$K_w = \frac{[H_3O^+][OH^-]}{[H_2O]^2} \qquad (4\text{-}27)$$

水溶液中での水の濃度 $[H_2O]$ を 1 とすると（純溶媒の活量は 1），平衡定数 K_w は以下の式 (4-28) のようになる．

$$K_w = [H_3O^+][OH^-] \qquad (4\text{-}28)$$

この式は水の自己プロトリシスで得られる 2 つのイオン H_3O^+ と OH^- の濃度の積であることから，K_w は**水のイオン積**（ion product of water）といわれる．25℃ における K_w は 1.0×10^{-14} $(mol^2\ dm^{-6})$ である．

pH は水素イオンの活量から定義される物理量である．希薄水溶液中において，水素イオンの活量は水素イオン濃度に等しいと近似できるため，pH は次の式 (4-29) から求めることができる．

$$pH = -\log[H^+](= -\log[H_3O^+]) \qquad (4\text{-}29)$$

中性では H_3O^+ と OH^- の濃度は等しいので，中性の H_3O^+ の濃度は 1.0×10^{-7} $mol\ dm^{-3}$ となる．すなわち中性の pH は 7 になる．ただし，温度が高くなると K_w は大きくなるので，中性の pH も変化する．

水のイオン積 K_w と温度の関係

温度/℃	$K_w/10^{-14}\ mol^2\ dm^{-6}$
0	0.11
10	0.29
25	1.01
50	5.47

(3) ルイスの定義

酸と塩基を孤立電子対に着目して定義したのが，ルイスの酸と塩基である．第 3 章 4 節（p.157）で述べたように，ルイス（Lewis）は酸を電子対受容体，塩基を電子対供与体と定義した．この酸をルイス酸，塩基をルイス塩基という．ブレンステッド塩基は孤立電子対をもっており，プロトンとの間に配位結合（p.157）を作ることができるため，ブレンステッド塩基はすべてルイス塩基に含まれる．同様に，ブレンステッド酸もすべてルイス酸に含まれる．

第 3 章 4 節（p.158）で述べた三フッ化ホウ素 BF_3 とアンモニア NH_3 との反応では，アンモニアの孤立電子対を三フッ化ホウ素の空軌道に受け入れることで結合（配位結合）ができる．すなわち，次の式 (4-30) では三フッ化ホウ素はルイス酸であり，アンモニアはルイス塩基である．

$$BF_3 + :NH_3 \rightarrow F_3B:NH_3 \qquad (4\text{-}30)$$

同様に，金属イオンの錯形成反応も中心金属イオンをルイス酸，配位子をルイス塩基とする酸塩基反応とみなすことができる．たとえば，次の式 (4-31) の反応では，ルイス酸である銅（Ⅱ）イオン

ルイスの定義
酸 ：電子対受容体
塩基：電子対供与体

3 つの酸と塩基の
定義の関係

式 (4-30) は，第 3 章 4 節（p.158）の図 3-4-3 (a) の付加化合物の生成反応式と同じである．

Cu^{2+} の空軌道にルイス塩基であるアンモニアの孤立電子対が入ることで配位結合ができ，テトラアンミン銅（II）イオンが生成する．

$$Cu^{2+}+4 : NH_3 \rightarrow [Cu(:NH_3)_4]^{2+} \qquad (4\text{-}31)$$

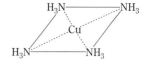

テトラアンミン銅（II）イオンの構造

4.2.2　酸と塩基の強さ

(1)　アレニウスの定義における酸と塩基の強さ

アレニウスの酸と塩基の定義は，水溶液中における H^+ または OH^- の放出に基づいている．そのため，塩酸，硝酸，硫酸，過塩素酸など，水中でほぼ完全に電離する酸は強酸（strong acid）といわれ，水酸化ナトリウムのように水中でほぼ完全に電離する塩基は強塩基（strong base）といわれる．一方，フッ化水素酸や酢酸のように水溶液中であまり電離していない酸は弱酸（weak acid）といわれ，アンモニアのように水溶液中であまり電離していない塩基は弱塩基（weak base）といわれる．

このように酸の強さを表すときに強酸や弱酸という表現が用いられるが，これは物質固有の性質としての酸の強さを表している．一方，酸としての強さは水溶液中の H^+ の濃度にも依存する．たとえば，強酸である硫酸でも水溶液中での濃度が低ければ，その水溶液の酸性は弱いことになる．強酸性や弱酸性という表し方は H^+ の濃度に基づく表現である．この2つの表現を混同しないように注意する必要がある．

(2)　ブレンステッド–ローリーの定義における酸と塩基の強さ

ブレンステッド–ローリーの定義では，酸の強弱は H^+ を他の物質に与える能力の大小を，塩基としての強弱は H^+ を他の物質から取り込む能力の大小を意味する．このような濃度に依存しない物質固有の酸の強さを比較するときには，**酸解離定数**（acid dissociation constant）が指標として用いられる．

ブレンステッド酸 HA の酸解離定数は，H_3O^+ を用いて表すと，次の式（4-32）の平衡定数 K_a（式（4-33））になる．

$$HA+H_2O \rightarrow H_3O^+ + A^- \qquad (4\text{-}32)$$

$$K_a = \frac{[H_3O^+][A^-]}{[HA][H_2O]} \qquad (4\text{-}33)$$

希薄水溶液では $[H_2O]=1$ とみなせるので，酸解離定数 K_a は次の式（4-34）のように書くことができる．

電離度：酸の全物質量に対する電離している酸の割合であり，電離度が1に近い酸が強酸，電離度が小さい酸が弱酸（塩基の場合も同様）．

緩衝溶液（buffer solution）：
弱酸（弱塩基）とその塩の混合水溶液では，少量の酸や塩基を加えても pH がほとんど変化しない．

$$K_a = \frac{[H_3O^+][A^-]}{[HA]} \tag{4-34}$$

酸解離定数 K_a は酸の強さの指標となる.

強酸は水溶液中でほぼ完全に電離しており，$[HA] \fallingdotseq 0$ となるため，K_a は非常に大きな値になる．一方，弱酸では酸があまり電離しておらず，K_a は小さな値となる．このように酸はそれぞれ固有の K_a をもつ．また，K_a の値は，非常に大きい場合や非常に小さい場合があるので，酸の強さを比べる場合には，K_a の値よりも，逆数の対数値 $-\log K_a$，すなわち次の pK_a を用いることが多い．

$$pK_a = -\log K_a \tag{4-35}$$

主な酸の pK_a 値を**表 4-5** に示す．なお，水のイオン積と同様に，酸解離定数 K_a も温度によって変化する．

表 4-5. 水溶液中における主な酸の pK_a

酸	共役塩基	pK_a	酸	共役塩基	pK_a
$HClO_4$	ClO_4^-		$HC_2O_4^-$	$C_2O_4^{2-}$	3.82
HI	I^-	~ -10	H_2Se	HSe^-	3.89
HBr	Br^-	~ -9	CH_3COOH	CH_3COO^-	4.76
HCl	Cl^-	~ -8	H_2CO_3	HCO_3^-	6.35
HNO_3	NO_3^-		H_2S	HS^-	7.02
H_2SO_4	HSO_4^-		HSO_3^-	SO_3^{2-}	7.19
H_2SeO_4	$HSeO_4^-$		$H_2PO_4^-$	HPO_4^{2-}	7.20
$H_2C_2O_4$	$HC_2O_4^-$	1.04	$HClO$	ClO^-	7.53
$HSeO_4^-$	SeO_4^{2-}	1.70	$HBrO$	BrO^-	8.62
H_2SO_3	HSO_3^-	1.86	HCN	CN^-	9.21
HSO_4^-	SO_4^{2-}	1.99	H_3BO_3	$H_2BO_3^-$	9.24
H_3PO_4	$H_2PO_4^-$	2.15	NH_4^+	NH_3	9.24
H_3AsO_4	$H_2AsO_4^-$	2.24	H_4SiO_4	$H_3SiO_4^-$	9.86
$HClO_2$	ClO_2^-	2.31	HCO_3^-	CO_3^{2-}	10.33
H_2SeO_3	$HSeO_3^-$	2.62	HIO	IO^-	10.64
H_2Te	HTe^-	2.64	H_2O_2	HO_2^-	11.65
HNO_2	NO_2^-	3.15	HPO_4^{2-}	PO_4^{3-}	12.35
HF	F^-	3.17	HS^-	S^{2-}	13.9
HCO_2H	HCO_2^-	3.55	HSe^-	Se^{2-}	15.0

過塩素酸などの非常に強い酸では，水溶液中で H^+ が完全に電離しており，酸としての強さを決めることはできないが，溶媒として酢酸などの水よりも強い酸を用いることで，酸としての強さの比較が可能になる．

ブレンステッド–ローリーの定義では，酸と塩基は共役の関係にあるため，塩基の強さは共役酸の酸解離定数から判断することができる．式 (4-32) の逆反応，すなわち塩基 A^- がプロトンを受け取

塩基の強弱の指標として，塩基解離定数 K_b が用いられるが，共役酸の酸解離定数 K_a とは次の関係にある．
$$K_a \times K_b = K_w$$

る反応（式 (4-36)）は，式 (4-32) の K_a が小さいほど進みやすいことになる．

$$H_3O^+ + A^- \rightarrow HA + H_2O \qquad (4\text{-}36)$$

したがって，酸が弱酸であればその共役塩基は強塩基となり，酸が強酸であればその共役塩基は弱塩基となる．

ブレンステッド酸の強さには，次の ①，② のような規則性がみられる．

① 代表的な二成分酸であるハロゲン化水素酸 HX では，H–X 間の結合距離が長いほど強酸である．このことは，水素原子とハロゲン原子の結合距離が長くなると，水素原子とハロゲン原子間の結合が弱くなるため，結合が切れやすくなり，プロトンが電離されやすくなることで理解できる．酸素を含む 16 族の二成分酸 H_2A でも同様の規則性がみられる．

$$HF < HCl < HBr < HI$$
$$H_2O < H_2S < H_2Se < H_2Te$$

② 2 個以上の電離可能な水素原子をもつ多塩基酸では，段階的なプロトンの電離が進むにつれて，酸解離定数が小さくなる．すなわち，二塩基酸 H_2A はその電離で生じた HA^- よりも強い酸である．これは電気的に中性の H_2A よりも，プロトンの電離により生成した陰イオン化学種 HA^- の負電荷のため，正電荷のプロトンを強く引きつけ，プロトンが電離されにくくなると説明できる．三塩基酸 H_3A でも同様である．

$$\text{硫化水素（二塩基酸）：} H_2S > HS^- > S^{2-}$$
$$\text{リン酸（三塩基酸）：} H_3PO_4 > H_2PO_4^- > HPO_4^{2-} > PO_4^{3-}$$

酸素を含む三成分酸のことを**オキソ酸**（oxoacid）という．オキソ酸では中心原子に酸素原子が結合しており，その酸素原子の一部またはすべてに水素原子が結合している．すなわちプロトンとして電離する水素原子はすべて，中心原子ではなく酸素原子に結合している．そのためオキソ酸の強さは水素原子と酸素原子間の結合の強さに依存する．このオキソ酸の場合にも，いくつかの規則性がみられる．

ⅰ）ある元素の一連のオキソ酸では，中心原子に結合している酸素原子の数が多いほど強い酸となる．これは大きな電気陰性度をもつ

強酸の電離度は 1 に近いため，共役塩基の電離度は非常に小さくなる．

二成分酸では，原子間距離が長いほど強酸．

多塩基酸では，H^+ の電離が進むほど弱酸．

同じ元素のオキソ酸では，中心原子に結合している酸素原子の数が多いほど強酸．

化学式 $XO_m(OH)_n$ のオキソ酸に対する酸解離定数 K_a は水素原子をもたない酸素の数 m と次のように関係づけられる.

$$pK_a \approx 8-5m$$

同じ酸素原子数のオキソ酸では，中心原子の酸化数が大きいほど，中心原子と酸素原子間の距離が短いほど強酸.

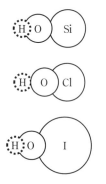

ルイス酸やルイス塩基の強さに対する共通の尺度はない.

酸素原子の数が多いほど，水素原子から結合している酸素原子に引きつけられる電子密度が大きくなり，水素原子と酸素原子間の結合が弱くなり，プロトンとして電離されやすくなるためである.

$$HClO_4 > HClO_3 > HClO_2 > HClO$$
$$HNO_3 > HNO_2$$

ⅱ) オキソ酸の酸素原子数が同じ場合，中心原子の酸化数が大きいほど強い酸となる. 中心原子の酸化数が大きいほど，酸素原子の電子が中心原子に強く引きつけられ，水素原子と酸素原子間の結合が弱くなり，プロトンが電離されやすくなる.

$$HClO_4 > H_2SO_4 > H_3PO_4 > H_4SiO_4$$

ⅲ) 中心原子が同族元素で酸素原子数が同じ場合，オキソ酸の中心原子と酸素原子間の距離が長いほど，中心原子が酸素原子の電子を引きつける力は弱くなる. そのため水素原子と酸素原子間の結合は強くなり，プロトンとして電離されにくくなる.

$$H_2SO_4 > H_2SeO_4 > H_2TeO_4$$
$$HClO > HBrO > HIO$$

(3) ルイスの酸と塩基における酸と塩基の強さ

ルイス酸やルイス塩基の場合，ブレンステッド酸における酸解離定数のように，強さの比較基準を設けることはできない. ただし，あるルイス酸に対するルイス塩基の親和性の違いは，酸塩基反応の平衡定数から比較することができる.

ルイス酸 A とルイス塩基 B との酸塩基反応の式 (4-37) の平衡定数 K は，式 (4-38) のように与えられる.

$$A+B \rightarrow AB \tag{4-37}$$

$$K = \frac{[AB]}{[A][B]} \tag{4-38}$$

平衡定数 K が大きければルイス酸 A と塩基 B の親和性が高い，すなわち B が強い塩基であり，K が小さければ A と B の親和性が低く，B は弱い塩基といえる.

平衡定数が大きいということは，その反応が起こりやすいことを意味しているが，ルイス酸やルイス塩基の反応では，反応しやすい組合せと反応しにくい組合せがある. たとえば，次の2つの反応では，式 (4-39) の平衡定数の方が式 (4-40) のそれよりも大きい.

$$Cu^{2+}+F^- \rightarrow [CuF]^+ \tag{4-39}$$

$$Cd^{2+}+F^- \rightarrow [CdF]^+ \tag{4-40}$$

このような規則性は**HSAB則**（hard and soft acids and bases）といわれており、ピアソン（Pearson）によって提唱された。これは、酸を**硬い酸**（hard acid）と**軟らかい酸**（soft acid）に、塩基を**硬い塩基**（hard base）と**軟らかい塩基**（soft base）に分類し、定性的に、硬い酸は硬い塩基と反応性しやすく、軟らかい酸は軟らかい塩基と親和性が高いとする理論である。前述した2つの反応の塩基 F^- は典型的な硬い塩基であり、より平衡定数が大きな反応である式（4-39）中の酸 Cu^{2+} は、式（4-40）中の酸 Cd^{2+} よりも硬い酸（金属イオン）である。

　硬い酸とは、電荷密度が高いイオンや分子であり、電気陰性度が小さい多くの金属イオンが分類される。一方、軟らかい酸とは、電荷密度が低いイオンや分子であり、金属元素の中では相対的に電気陰性度が大きい、周期表の右下側に位置する銀、水銀、白金などが該当する。塩基の場合も、同様な条件で硬い塩基と軟らかい塩基に分類される。硬い塩基には、電荷密度が高いフッ素や酸素、あるいは酸素と結合したイオンや分子が分類される。一方、軟らかい塩基とは、サイズが大きく電荷密度が低いイオンや分子であり、電気陰性度が小さい元素である炭素、硫黄、ヨウ素を含む化学種が分類される。いいかえると、軟らかい酸や塩基は電子が多く、厚い電子雲をもち、電子と核との相互作用が弱く、電子雲が変形しやすい、すなわち分極しやすいイオンや分子である（分極は第3章2節（p.145）を参照）。一方、硬い酸や塩基とは、電子雲が薄く、電子が少ないため、核に強く引きつけられて、分極しにくいイオンや分子である。

　図4-2-1に小さい陽イオンが近づいたときの陰イオンの電子雲の変化、すなわち分極のイメージを示す。小さい陰イオンでは電子が核に強く引きつけられているので、陽イオンが近づいても電子の分布に大きな変化は生じない。一方、大きい陰イオンでは核から遠く相互作用が弱い外側の電子分布が大きく変化し、電子が陽イオンに引き寄せられる。

　実際のルイス酸（ルイス塩基）では、硬い酸（硬い塩基）と軟らかい酸（軟らかい塩基）の境界領域に位置する中間の硬さ、軟らかさをもつイオンや分子も存在する。**表4-6**に代表的なルイス酸とルイス塩基を示す。

HSAB則：硬い酸は硬い塩基と、軟らかい酸は軟らかい塩基と親和性が高い。

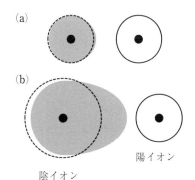

図4-2-1. 小さい陽イオンが近づいたときの陰イオンの電子雲の変化（分極）のイメージ。
(a)小さい陰イオン、(b)大きい陰イオン。

表 4-6. ルイス酸とルイス塩基の分類

硬い酸	H^+, Na^+, K^+, Mg^{2+}, Ca^{2+}, Sc^{3+}, Y^{3+}, La^{3+}, Fe^{3+}, Al^{3+}, Ti^{4+}, Zr^{4+}, Th^{4+}, U^{4+}, Sn^{4+}, BF_3, $AlCl_3$, CO_2, SO_3
中間の酸	Fe^{2+}, Co^{2+}, Ni^{2+}, Cu^{2+}, Zn^{2+}, Sn^{2+}, Pb^{2+}, NO^+, SO_2
軟らかい酸	Cu^+, Ag^+, Au^+, Hg^+, Pd^{2+}, Pt^{2+}, Cd^{2+}, Hg^{2+}
硬い塩基	F^-, Cl^-, O^{2-}, $ClO_4{}^-$, OH^-, $NO_3{}^-$, $CO_3{}^{2-}$, $SO_4{}^{2-}$, H_2O, NH_3
中間の塩基	Br^-, $NO_2{}^-$, NCS^-, $SO_3{}^{2-}$
軟らかい塩基	I^-, H^-, CN^-, SCN^-, HS^-, S^{2-}, $S_2O_3{}^{2-}$, CO

4.3 酸化と還元

4.3.1 酸化剤と還元剤

金属銅を空気中で加熱すると，式（4-41）のように黒色の酸化銅（Ⅱ）が生成する．

$$2Cu + O_2 \rightarrow 2CuO \qquad (4\text{-}41)$$

このように，狭義の**酸化**（oxidation）とは，物質が酸素と結合して酸化物になることである．逆に，酸素を含む化合物が酸素を失う反応が**還元**（reduction）である．

酸素を取り除くためには，通常水素を作用させる必要があり，酸化銅（Ⅱ）を金属銅に還元するためには，次の式（4-42）のように酸化銅（Ⅱ）を水素気流下で加熱する．

$$CuO + H_2 \rightarrow Cu + H_2O \qquad (4\text{-}42)$$

この反応において，酸化銅（Ⅱ）は水素と反応することで酸素を失い還元されている．一方，水素分子は酸素と結合し酸化されている．このように水素と結合する反応は還元であり，水素を失う反応は酸化になる．

式（4-42）において，銅原子の**酸化数**（oxidation number）は $+2$ から 0 に減少し，水素原子の酸化数は 0 から $+1$ に増加している．すなわち，厳密にいえば還元されたのは酸化銅（Ⅱ）中の銅原子であるが，ふつうはこれを酸化銅（Ⅱ）が還元されたといっている．また，酸化が起こったときは，ある原子の酸化数が増加し，一方で別の原子の酸化数が減少している．すなわち，酸化あるいは還元とは特定の原子のみを対象として表現しており，反応系全体では酸化と還元が同時に起こっている（酸化還元反応；oxidation-reduction reaction, redox reaction）．

酸化を関与する原子の酸化数の増加と定義すれば，還元は酸化数

酸化還元の定義（狭義）
酸素の移動
　酸化：酸素と結合する．
　還元：酸素を失う．

水素の移動
　酸化：水素を失う．
　還元：水素と結合する．

酸化数はローマ数字，またはアラビア数字を用いて表される．

酸化還元反応では，必ず，酸化数が増加する原子と酸化数が減少する原子がある．

の減少にあたる．式 (4-41) では酸素原子の酸化数が減少し，還元を受けていることが明白であるが，式 (4-42) では酸素原子の酸化数に変化はみられず，酸化も還元も受けていない．このように酸化数の変化で酸化と還元を定義することは，多原子分子や多原子イオンが反応するときの酸化還元を議論するときに有用である．たとえば，次の式 (4-43) の二酸化硫黄 SO_2 と硫化水素 H_2S の反応では，

$$SO_2 + 2H_2S \rightarrow 2H_2O + 3S \qquad (4\text{-}43)$$

二酸化硫黄の硫黄原子は酸化数が $+4$ から 0 に減少しており，還元されているが，酸素原子の酸化数は -2 のまま変化しておらず，酸化も還元も受けていない．このときも二酸化硫黄が還元されたという．一方，硫化水素の硫黄原子の酸化数は -2 から 0 に増加しており酸化されているが，硫化水素の水素原子の酸化数は $+1$ のまま変化していない．このときも硫化水素が酸化されたという．式 (4-43) の二酸化硫黄のように相手を酸化する働きのある物質を酸化剤といい，硫化水素のように相手を還元する働きのある物質を還元剤という（第 2 章 6 節 (p.78) を参照）．同様に，式 (4-41) では酸素が酸化剤であり銅が還元剤，式 (4-42) では酸化銅 (Ⅱ) が酸化剤であり水素が還元剤である．

4.3.2　酸化還元反応と電子の移動

　前節では酸化と還元を酸化数の変化により定義したが，酸化数の増減は電子数の増減にほかならない．原子の酸化数が増加したとき，すなわち原子が他の原子に電子を与えたとき，その原子は酸化されたことになる．逆に，原子の酸化数が減少したとき，すなわち原子が他の原子から電子を受け取ったとき，その原子は還元されたことになる．

　酸化剤は他の物質を酸化する物質，すなわち他の物質から電子を受け取ることができる物質であり，酸化還元反応の結果，自身は還元される．一方，還元剤は他の物質を還元する物質で電子を与えるため，酸化還元反応においては酸化される物質である．

　電子を受け取る酸化剤 ox と電子を与える還元剤 red の反応である酸化還元反応を一般化して，次の式 (4-44) のように書くことができる．

$$ox_1 + red_2 \rightarrow ox_2 + red_1 \qquad (4\text{-}44)$$

反応式 (4-44) は，酸化剤 ox_1 が還元剤 red_2 を ox_2 へと酸化し，ox_1 自身は red_1 に還元されることを表している．なお，添字 1, 2

酸化還元の定義（酸化数）
　酸化：酸化数が増加する．
　還元：酸化数が減少する．

酸化数の求め方
1) 単体中の原子：0
2) 単原子イオン：イオンの電荷
3) 化合物中の F：-1
4) 化合物中の O：-2（H_2O_2 などの過酸化物中では -1）
5) 化合物中の H：$+1$（NaH などの金属水素化合物中では -1）
6) 化合物中の原子の酸化数の総和：0
7) 多原子イオン中の原子の酸化数の総和：イオンの電荷
8) 共有結合の化合物：電気陰性度の大きい方の原子が共有結合電子 2 個をもつ．

酸化還元の定義（電子）
　酸化：電子を与える．
　還元：電子を受け取る．

酸化剤：相手を酸化し，自身は還元される（電子が増えて，酸化数が減少）．
還元剤：相手を還元し，自身は酸化される（電子が減って，酸化数が増加）．

は同じ物質の酸化剤と還元剤であることを示している.

式 (4-44) は, 次の 2 つの式 (半反応) に分けることができる.

$$\mathrm{ox_1 + \mathit{n}e^- \to red_1} \tag{4-45}$$

$$\mathrm{ox_2 + \mathit{n}e^- \to red_2} \tag{4-46}$$

ここで $\mathrm{e^-}$ は電子を表し, n は酸化剤が受け入れる電子の数である. このような酸化剤と還元剤の対を**酸化還元対** (oxidation-reduction couple) という. 酸化還元対は, 酸塩基のブレンステッド-ローリーの定義における酸と塩基の共役と同様な関係とみなすことができる. なお, 酸化還元対において酸化剤や還元剤を酸化型や還元型ということがある.

酸化還元対を半反応で示す場合, 酸化剤と電子を左辺に, 還元剤を右辺に書く.

4.3.3 酸化剤・還元剤の強さ

式 (4-44) の反応が進行するためには, $\mathrm{ox_1}$ は $\mathrm{red_2}$ を酸化できるが, $\mathrm{ox_2}$ は $\mathrm{red_1}$ を酸化できないことが条件となる. すなわち, 酸化剤 $\mathrm{ox_1}$ と還元剤 $\mathrm{red_2}$ の酸化還元反応が進行するためには, 酸化剤 $\mathrm{ox_1}$ の酸化能力が, 還元剤 $\mathrm{red_2}$ と対をなす酸化剤 $\mathrm{ox_2}$ の酸化能力よりも強いことが必要である. この能力を表す指標として, 電位 (単位 V) が用いられる.

式 (4-45), (4-46) のような酸化還元反応は, 電解質溶液とそこに浸した電極との界面で起こることから, **電極反応** (electrode reaction) といわれる. たとえば, 亜鉛 (Ⅱ) イオンの溶液中に亜鉛板を浸した場合の電極反応は, 次の式 (4-47) のように書かれる.

$$\mathrm{Zn^{2+} + 2e^- \rightleftarrows Zn} \tag{4-47}$$

すなわち, 亜鉛と亜鉛 (Ⅱ) イオンが酸化還元対を構成している. このような系を半電池という. この亜鉛の酸化還元対と他の酸化還元対で作った電極を組み合わせると電池ができる. 後者の電極を基準の電極とすれば, この電池の起電力から亜鉛の酸化能力を評価できる. このような基準の電極としては, 水素ガスを吹き込んだ水素イオンの溶液に白金電極を浸した**標準水素電極** (standard hydrogen electrode : SHE) が用いられる (式 (4-48)).

$$\mathrm{2H^+ + 2e^- \rightleftarrows H_2} \tag{4-48}$$

この SHE の電位を 0 V と規定することで, さまざまな電極反応に対する**標準電極電位** (standard electrode potential) (記号 E°) が与えられている. ここで「標準」とは, 反応に関与する化学種のすべてが標準状態 (単位濃度 : $1\ \mathrm{mol\ dm^{-3}}$) にあることを意味している.

高い標準電極電位をもつ酸化還元対の酸化剤は，それよりも低い標準電極電位の還元剤を酸化できる．式 (4-45) の酸化還元対の標準電極電位を E_1° とし，式 (4-46) の酸化還元対の標準電極電位を E_2° とした場合に，$E_1^\circ > E_2^\circ$ の関係が成立するときに，式 (4-44) の酸化還元反応が進行する．

酸化還元反応の進行方向は，酸化還元対の標準電極電位により決まる．

たとえば，酸性溶液中で過マンガン酸イオン MnO_4^- により鉄 (Ⅱ) イオン Fe^{2+} を酸化する場合の酸化還元反応は次の式 (4-49) のように表される．

$$5Fe^{2+} + MnO_4^- + 8H^+ \rightarrow 5Fe^{3+} + Mn^{2+} + 4H_2O \qquad (4\text{-}49)$$

それぞれの酸化還元対に対応する電極反応の標準電極電位は次のようになる．

$$Fe^{3+} + e^- \rightleftarrows Fe^{2+} \qquad E^\circ = 0.771\ V \qquad (4\text{-}50)$$

$$MnO_4^- + 8H^+ + 5e^- \rightleftarrows Mn^{2+} + 4H_2O \qquad E^\circ = 1.51\ V \qquad (4\text{-}51)$$

この標準電極電位の大小関係から，酸性溶液中で過マンガン酸イオンは鉄 (Ⅱ) イオンを酸化できるが，鉄 (Ⅲ) イオンはマンガン (Ⅱ) イオンを酸化できないことがわかる．また，式 (4-51) のように水溶液中の電極反応では水素イオンや水を含んだ複雑な反応になることがある．

酸化還元反応式を組み立てる場合，酸化剤と還元剤の電極反応式を電子が消去されるように組み合わせるが，電極反応式を数倍しても，電極電位はそのままの値を使用する．

注意すべき点は，標準電極電位は酸化還元反応が起こる可能性を示すだけであり，実際にその酸化還元反応が進行するか否かは反応速度に依存する点である．標準電極電位からは酸化還元反応が可能であっても，反応速度が非常に遅く，事実上反応が進行しないようにみえる場合もある．

同一の酸化剤や還元剤でも，酸化還元反応で授受される電子数が条件によって異なる場合がある．たとえば，式 (4-51) に示した酸性溶液中での過マンガン酸イオンは 1 mol あたり 5 mol の電子を受け取っている．一方，アルカリ性溶液中では，次の式 (4-52) のように 1 mol の過マンガン酸イオンは 3 mol の電子しか受け取ることができない．

$$MnO_4^- + 4H^+ + 3e^- \rightarrow MnO_2 + 2H_2O \qquad (4\text{-}52)$$

ある物質 (イオン) が酸化剤として作用するか，還元剤として作用するかは，反応する相手との相対的な酸化能力の差，すなわち標準電極電位の大小関係によって決定される．

反応する相手の電極電位との大小関係によって，同一の物質が酸化剤にも還元剤にもなりうる．

代表的な例が過酸化水素 H_2O_2 である．過酸化水素は酸化剤として作用する場合が多い．たとえば，次の式 (4-53) のように二酸化硫黄 SO_2 を硫酸イオンに酸化する．

$$H_2O_2 + SO_2 \rightarrow SO_4^{2-} + 2H^+ \tag{4-53}$$

実際には，水溶液中での反応であり，次の式 (4-54) のように書き換えられる．

$$H_2O_2 + H_2SO_3 \rightarrow SO_4^{2-} + 2H^+ + H_2O \tag{4-54}$$

反応式 (4-54) は以下の 2 つの反応に分けられる．

$$SO_4^{2-} + 4H^+ + 2e^- \rightleftarrows H_2SO_3 + H_2O \qquad E° = 0.158\ V \tag{4-55}$$

$$H_2O_2 + 2H^+ + 2e^- \rightleftarrows 2H_2O \qquad E° = 1.763\ V \tag{4-56}$$

一方，過マンガン酸イオンには還元剤として作用する．

$$5H_2O_2 + 2MnO_4^- + 6H^+ \rightarrow 5O_2 + 2Mn^{2+} + 8H_2O \tag{4-57}$$

反応式 (4-57) の 2 つの電極反応は次のようになる．

$$O_2 + 2H^+ + 2e^- \rightleftarrows H_2O_2(aq) \qquad E° = 0.695\ V \tag{4-58}$$

$$MnO_4^- + 8H^+ + 5e^- \rightleftarrows Mn^{2+} + 4H_2O \qquad E° = 1.51\ V \tag{4-59}$$

同一の化学種 (chemical species) が 2 個以上で互いに酸化還元を起こし，2 種類以上の異なる生成物を与える現象を**不均化** (disproportionation) という．不均化では，最初の化学種に含まれる特定の元素の酸化数が，反応前よりも高くなった元素を含む化学種と低くなった元素を含む化学種が生成する．

塩素酸カリウム $KClO_3$ を 400 ℃ 以上に加熱すると，次の式 (4-60) のように過塩素酸カリウムと塩化カリウムに不均化する．

$$4KClO_3 \rightarrow 3KClO_4 + KCl \tag{4-60}$$

式 (4-60) では塩素原子の酸化数が，+5 から −1 と +7 に変化している．

同様に，金（Ⅰ）が金（Ⅲ）と金属金に不均化することもよく知られている．

$$3Au^+ \rightarrow Au^{3+} + 2Au \tag{4-61}$$

このように安定な高い酸化数と低い酸化数が，不安定な酸化数を挟んで存在する場合に不均化が起こりやすい．

4.3.4　イオン化傾向と標準電極電位

金属が電子を失いやすい，すなわち酸化されて陽イオンになりやすいほど金属自身が強い還元剤であり，電子を失いにくく陽イオンになりにくい金属ほど弱い還元剤といえる．物質の酸化されやすさの指標である標準電極電位から，金属の陽イオンになりやすさの順序である**イオン化傾向** (ionization tendency) を予想することがで

不均化：複数の同一化学種があり，酸化剤と還元剤の両方の役割を担っている．

イオン化傾向は標準電極電位により決まる．

きる．**表4-7**に示した標準電極電位の大小に基づいて金属を並べると，主な金属イオンのイオン化傾向が以下のような順序の**イオン化列**（ionization series）になることがわかる．

$$K > Ca > Na > Mg > Al > Zn > Fe > Ni > Sn$$
$$> Pb > (H_2) > Cu > Hg > Ag > Pt > Au$$

イオン化傾向の大きな金属であるカリウムやカルシウムは，次の式（4-62），（4-63）のように酸素や水と反応して，容易に陽イオンになる．

$$2Ca + O_2 \rightarrow 2CaO \tag{4-62}$$

$$2K + 2H_2O \rightarrow 2KOH + H_2 \tag{4-63}$$

また，水素よりもイオン化傾向の大きな金属は，式（4-64），（4-65）のように塩酸や希硫酸と反応して陽イオンになり，水素が発生する．

$$2Al + 3H_2SO_4 \rightarrow Al_2(SO_4)_3 + 3H_2 \tag{4-64}$$

$$Zn + 2HCl \rightarrow ZnCl_2 + H_2 \tag{4-65}$$

一方，イオン化傾向の小さな銅や銀は，以下のように酸化力の強い硝酸や熱濃硫酸と反応することはできても，酸化力のない塩酸とは反応できない．

$$3Cu + 8HNO_3(希) \rightarrow 3Cu(NO_3)_2 + 2NO + 4H_2O \tag{4-66}$$

$$Cu + 4HNO_3(濃) \rightarrow Cu(NO_3)_2 + 2NO_2 + 2H_2O \tag{4-67}$$

$$Cu + 2H_2SO_4(熱濃) \rightarrow CuSO_4 + SO_2 + 2H_2O \tag{4-68}$$

最もイオン化傾向が小さな金は，酸化力の強い硝酸や熱濃硫酸でも溶解しないが，濃塩酸と濃硝酸を体積比3：1で混合した**王水**（aqua regia）を用いると，非常に強い酸化力に加えて，塩化物イオンとの錯形成が起こるため，次の式（4-69）のように金が溶解する．

$$Au + HNO_3 + 4HCl \rightarrow H[AuCl_4] + NO + 2H_2O \tag{4-69}$$

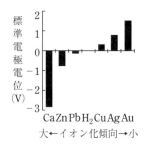

イオン化傾向の大きな金属は酸化されやすい．
金属の錆は金属が酸化される現象．

イオン化傾向の小さな金属は酸化されにくく，その陽イオンは還元されやすい

表4-7. 主な元素の電極反応と標準電極電位（E°，$T = 25$℃）

電極反応	E° (V)	電極反応	E° (V)
$K^+ + e^- \rightleftarrows K$	-2.925	$Sn^{2+} + 2e^- \rightleftarrows Sn$	-0.1375
$Ca^{2+} + 2e^- \rightleftarrows Ca$	-2.84	$Pb^{2+} + 2e^- \rightleftarrows Pb$	-0.1263
$Na^+ + e^- \rightleftarrows Na$	-2.714	$2H^+ + 2e^- \rightleftarrows H_2$	0
$Mg^{2+} + 2e^- \rightleftarrows Mg$	-2.356	$Cu^{2+} + 2e^- \rightleftarrows Cu$	0.340
$Al^{3+} + 3e^- \rightleftarrows Al$	-1.676	$Hg_2^{2+} + 2e^- \rightleftarrows 2Hg$	0.7960
$Zn^{2+} + 2e^- \rightleftarrows Zn$	-0.7626	$Ag^+ + e^- \rightleftarrows Ag$	0.7991
$Fe^{2+} + 2e^- \rightleftarrows Fe$	-0.44	$Pt^{2+} + 2e^- \rightleftarrows Pt$	1.188
$Ni^{2+} + 2e^- \rightleftarrows Ni$	-0.257	$Au^{3+} + 3e^- \rightleftarrows Au$	1.52

社会を支える無機物質

無機化学が対象とする物質・材料には，周期表の大部分の元素が活用されており，その広範な利用がわれわれの生活を支えている．また近年，生体における無機物質の重要性および地球環境・エネルギー問題に関連する無機物質への関心が急速に高まっている．本章で，周期表中のそれぞれの元素が，実はとても身近に感じるべきものであり，社会を支えていることを知ろう．

5.1 古くから使われている無機物質

5.1.1 ガラス

ジャム，蜂蜜などの入った瓶はガラス製のものが多い．板ガラスや硝子容器のかなりの部分は化学組成が Na_2O–CaO–SiO_2 のケイ酸塩であり，可視光を透過するので透明で中身がみえる．**セラミックス**（ceramics）の仲間であるガラスは耐食性が高いので，長期保存しても内容物と反応することがない．他方，蓋の部分は金属である．金属は加工性が高いので瓶の口に適合するような形に成型し易い．蓋が開きにくいときにはお湯で暖めるとよいことを経験的に知っている人は多いであろう．これは，金属の熱膨張率（thermal expansion）がガラスよりも大きいので，加温すると蓋が広がるためである．

窓ガラスも無機材料である．ガラスは透明なので採光できる．透明にしたくない場合には，表面を粗く加工した曇りガラスが用いられる．最近は表面に光触媒（後述）を塗布した防汚や消臭機能をもつガラスもある．窓枠は金属であり精密な加工によって鍵の設置や摺動性が実現できる．

5.1.2 陶磁器

陶器は伝統的なセラミックスの代表例であり，カオリナイト（$Al_2Si_2O_5(OH)_4$）やモンモリロナイト（$Al_2Si_4O_{10}(OH)_2$）などの粘土鉱物からなる陶土を焼き締めて作製される．磁器とは陶器よりも高い温度で焼成し「焼き締め」の度合いを高めたもので，2つをあわせて陶磁器という．カオリナイトやモンモリロナイトは焼成により，ムライト（$3Al_2O_3 \cdot 2SiO_2$）と石英やクリストバル石などのシ

リカ鉱物（SiO$_2$）に変わり，硬化する．なお，新幹線などの車両に搭載された洗面台や便器はステンレス製が多いが，これは運転時の振動や衝撃に対してのセラミックスの脆さ（brittleness）が嫌われているためであろう．

5.1.3　炭素材料

炭素材料（黒鉛，ダイヤモンド）はセラミックスの仲間とされる．黒鉛やダイヤモンドの構造と性質は第1章（p.7）と第3章（p.168〜p.170）に述べられている．シャープペンシルの芯は，黒鉛に粘土を混ぜて固化したもので，黒鉛の配合割合が多いほど黒く柔らかく（B，2B など），少ないほど硬く（H，2H など）なる．本体は安価で加工性の高いプラスチックで，芯先やノック部のバネは機械特性に優れた金属である．シャープペンシルは無機・有機・金属材料がそれぞれの個性を輝かせながら融合した製品といえる．

5.1.4　セメント

セメントもまたセラミックスの仲間で，ケイ酸カルシウム（3CaO・SiO$_2$，2CaO・SiO$_2$ など）が主成分である．日本は概して資源に乏しいと思われがちであるが，石灰石などのカルシウム資源は唯一といっていいほど豊富にあり，古くからセメント産業が栄えてきた．水にセメント粉末を加えたものをセメントペーストといい，水和反応（hydration）により硬化する．ここに細かい砂（粒径5mm 以下）を混ぜ込んだものがモルタル，粗い砂利（粒径5mm 以上）を混ぜ込んだものがコンクリートである．モルタル自体の強度は低いのでこれだけで建造物にはならないが，木造建築の外側に塗ることで耐火性が増し，火事の延焼を防ぐのに役立つ．他方，コンクリートは単味のままでもダムなどの構造体に用いられるが，これを鉄骨で強化したものが鉄筋コンクリートである．水とセメントに砂利や砂を練り合わせると，わずか数日で圧縮強さ 1000 kg/cm^2 という岩石にひけをとらないコンクリートを作ることができる．どうして固まるのか，その機構は現在でも未解明な部分が多い．セメントは水と反応して凝結し，硬化する．水和反応と硬化は密接な関係にある．

5.1.5　宝　石

天然のものは産地によって微妙に異なるが，宝石の色は遷移元素によって特徴づけられることが多い．アルミナ（Al$_2$O$_3$）に微量の

1 cm の宝石（単結晶）にはいくつの単位格子が含まれているか計算してみよう．立方体の単位格子の辺の長さを 0.1 nm とすると，一辺あたり $(1×10^{-2})/(0.1×10^{-9}) = 1×10^8$ 個並んでいることになるので，3 次元で考えると $(1×10^8)^3 = 1×10^{24}$ 個もの単位格子がまったく同じ向きに整列しているのである．これを並べることを結晶成長というが，人工的に 1 cm の大きさまで成長させるのは至難の業である．天然宝石が高価なのはしかたない．

Cr を含有したものがルビー（赤），Fe あるいは Ti を含有したものがサファイア（青），$Be_3Al_2Si_6O_{18}$ に Cr および Fe が含有されて色づくとそれぞれエメラルド（緑），アクアマリン（青）といわれる．ダイヤモンドは C である．いずれも第 1 章の**図 1-1-3**（p. 7）に示したような原子配列が～1 cm 程度の大きさにまでくり返されたもので，地球内部の高温や高圧力により長時間をかけて生成した宝石が，地殻変動などによりたまたま地表付近にでてきたものが天然宝石である．オパールは，化学物質としては含水シリカであるが，層間の水による複屈折によって美しい色を呈する．

真珠は炭酸カルシウムからなる生体鉱物である．

人工的に宝石を作製することも可能である．人工宝石でよく知られているものはレーザーの発信源にも使われているルビーである．ルビーは天然産より工業品の方がすぐれているし高価である．最近は，気相法でダイヤモンド薄膜が作られている．

5.2　先端無機物質

携帯電話やパソコンなど，われわれの身のまわりにある製品は日々進化し続けており，少し前に購入したものの性能がすぐ物足りなくなることも少なくない．それらの性能は将来さらなる発展が期待されるものであり，その発展を担うのは，これからの材料科学の発達と深化にほかならない．なお，本節で紹介しているものはよく知られている物質のほんの一部である．興味のある方は専門書で勉強していただきたい．

5.2.1　文明の発展に貢献する無機物質

（1）燃料電池とセンサー

燃料電池（fuel cell）とは，水素や炭化水素などの燃料を「上手に燃やす」ことによって，単純に発火させれば「熱」にしかならないエネルギーを巧みに「電気」として取り出すものである．

燃料電池はいくつかの種類があるが，セラミックスの燃料電池は固体酸化物型（SOFC；solid oxide fuel cell）といわれ，800〜1000 ℃ほどの高温で作動するのが特徴である．最も広く用いられているのは酸素欠陥を導入したジルコニア（ZrO_{2-x}）である．この酸素欠陥を通じて，空気中の酸素（酸化物イオン）が移動して燃料と反応するときに，**図 5-2-1** に示したように外側を接続すると電気を取り出せることになる．燃料電池の性能を決める重要な要因の 1 つは，この酸化物イオン伝導性，すなわち，いかに酸素欠陥を通じた電気の

前節 5.1 で紹介したセラミックは old ceramics である．それに対して，先端材料として使われるセラミックは高純度であり，化合物本来の機能を発現するもので，new ceramics や fine ceramics といわれる．

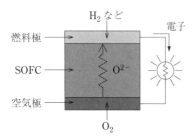

図 5-2-1. 固体酸化物（セラミック）燃料電池の模式図．

流れが効率的か，である．現在，世界最高の酸素イオン伝導性をもつ物質は，最近開発された LSGM で，LaGaO$_3$ に Sr および Mg などを添加した複合酸化物である．

　前項で述べた酸化物イオン伝導性ジルコニアは，酸素センサーとしても活用できる．**図 5-2-2** に示したように，センサー膜の左右における酸素分圧が異なると，その差に応じた起電力が発生するので，一方の酸素濃度がわかれば，他方の酸素濃度が計算できる．このシステムにより，自動車の排ガス中の酸素濃度を測定し，エンジンの燃焼を制御することができる．

　酸化スズ（SnO$_2$）などの半導体セラミックスの表面には酸素が吸着しており，ここにたとえばプロパン（C$_3$H$_8$）分子が近づくと，燃焼反応により酸素の吸着量が減少する．このときわずかであるが電荷が移動するので，半導体セラミックスに電気が流れる．この信号を外部に取り出すことにより，プロパンガスや都市ガスのガス漏れの検知が可能になる．

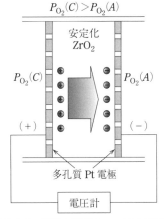

図 5-2-2. 酸素欠損ジルコニアを利用した酸素センサー．

(2) セラミック高温超電導体

　超電導（superconductivity；超伝導とも書く）は，その名の通り著しく電導性が高いことであり，電気抵抗がゼロとなる現象である．1911 年，オランダのオンネス（Onnes）は，ジュール–トムソン効果を用いて絶対温度 0.9 K の極低温を実現し，ヘリウムの液化に成功した．さらにこの低温を用いて固体 Hg の電気抵抗を測定した結果，4 K で試料の抵抗が急激に低下してゼロになる現象を発見した．このような温度のことを超電導転移温度（superconductor transition temperature）あるいは臨界温度（T_c；critical temperature）という．その後も多くの研究が続けられ，Nb$_3$Sn，Nb$_3$Ge などの合金材料がより高い T_c を示すことがわかった．その変遷を**図 5-2-3** に示す．1986 年，ベドノルツ（Bednorz）とミューラー（Muller）らが Cu を含む複合酸化物セラミックスでも超電導現象が起きることを発見した．その後の研究により，酸化物セラミックスの T_c が 100 K を超えることがわかり，世界中がどよめいた（超電導フィーバー）．なぜならば，超電導とは抵抗がゼロなので，電気エネルギーの損失が生じない（ジュール熱が発生しない）．これは，電力に大きく依存する現代社会においてきわめて重要なことであり，エネルギー問題（特に高効率送電）に関する大革命が期待された．

　ところで，100 K で高温超電導といっても実は −170℃ ほどで

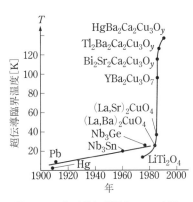

図 5-2-3. 超電導転移温度 T_c の変遷．

あるから，ふつうの冷凍庫では実現できない，かなりの低温である．なぜこれが「高温」なのかというと，液体ヘリウム温度（4.2 K）よりもはるかに高いからである．すなわち，それまでの超電導物質は液体ヘリウムを使って温度を下げなければ性能を示さないが，液体ヘリウムは大変高価で地球上の存在量も少ないため，広い実用化は考えにくい．これに対し，空気中に豊富に含まれる窒素を液化して得られる液体窒素（liquid nitrogen）の温度は 77 K であり，充分安価に製造できる．ここでのポイントは，超電導臨界温度 T_c がこの液体窒素温度を超えたことにあったのである．

その後，2000 年には MgB_2 が，2006 年には $LaFeAsO_{1-x}F_x$ など鉄を含む新しい化合物系の超電導物質が発見された．金属物質の超電導現象は 1957 年に提唱された BCS 理論（クーパー対といわれる電子のペアが形成されて運動する）で説明されるが，銅系や鉄系のセラミックス超電導についての理論は未だ決定的なものは出ていないようである．

このように新物質の探索と超電導機構の解明が行われる一方で，その応用も進んでおり，たとえば超電導の強力磁石を利用したリニアモーターカー（**図 5-2-4**）の実用試験などが行われている．

ヘリウムは，主に限られた地域の油田やガス田の放出ガス中から気体を得ている．
その気体の密度はきわめて小さく空気よりも軽いので，地中から地表に現れると宇宙へ逃げる（第 1 章の章末**付録 1.5** を参照）．したがって，地球上のどこでも容易に大量のヘリウムを捕集できるわけではない．

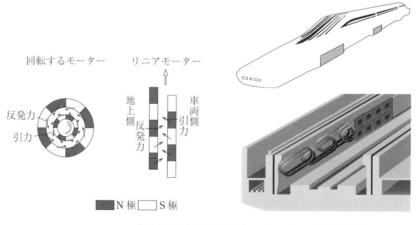

回転するモーター　　リニアモーター

反発力
引力

地上側　車両側
反発力　引力

■ N 極　□ S 極

図 5-2-4. 超電導リニアモーターカーの原理の概要．

無機繊維として，アスベストやガラス繊維が知られている．最近は炭素繊維が最も大幅に使用されている．テニスラケットや釣り竿に加えて航空機にも使われている．ボーイング 767 やエアバス 340 には約 1 トンの炭素繊維が使用されている．それは軽くで強靭だからである．また，炭化ホウ素や炭化ケイ素繊維は，より強靭で疲労しにくい素材の探究においてその重要性を増している．

（3）エンジニアリングセラミックス

機械的性質（強さ，硬さ，摩耗しにくさなど）に着眼して力学的負荷のかかる部位に用いるものを構造用セラミックス（structural ceramics）またはエンジニアリングセラミックス（engineering ceramics）という．

窒化ケイ素（Si_3N_4, silicon nitride）や炭化ケイ素（SiC, silicon

carbide）は，非酸化物（non-oxide）セラミックスでありながら優れた耐酸化性をもち，かつ共有結合性が高いことから高温でも変形しにくい．これらは代表的なエンジニアリングセラミックスである．

宇宙開発は人類にとって壮大な1つの夢である．宇宙往還機が大気圏を通過するときの大きな問題は空気との摩擦による顕著な発熱で，最も高温になる部位では1400-1500℃にも達する．そこで耐熱性セラミックスの出番となる．**図5-2-5**に，1981年から2011年まで運用されたスペースシャトルの，機体の熱保護（耐熱）材料について示した．軽量でかつ高温強度に優れるという点では**炭素繊維**（carbon fiber）で補強した炭素複合材料（C/C composite）が最強である．ところが炭素であるがゆえ，酸素のある雰囲気では燃焼してしまう．前述したSiCをC/C材表面にコーティングする（図中の強化カーボン）ことにより耐酸化性を付与することができる．

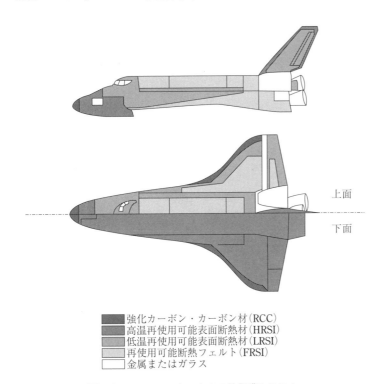

　　　■ 強化カーボン・カーボン材（RCC）
　　　■ 高温再使用可能表面断熱材（HRSI）
　　　■ 低温再使用可能表面断熱材（LRSI）
　　　□ 再使用可能断熱フェルト（FRSI）
　　　□ 金属またはガラス

図5-2-5. スペースシャトルの熱保護システム．

（4）光触媒

　光触媒（photocatalysis）の作用の原点である，本多–藤嶋効果が発見されたのは比較的古く，1960年代後半である．その効果とは，チタニア（二酸化チタン，TiO_2）の存在下で紫外線を照射すると，

チタニアは白色塗料として用いられていたが，光触媒作用によって発生する化学活性種は塗料の有機物を分解して塗装をボロボロにする（チョークの粉のようになることから，チョーキングと呼ばれる）ため，むしろチタニアの光触媒活性を抑えるための研究開発もなされている．

水が分解して水素と酸素になる，というものであり，世界に大きなインパクトを与えた．なぜなら，地球に太陽光が降り注ぐ限り，無尽蔵ともいえる水から水素と酸素が製造できるのであれば，あとは，5.2.1（p. 206）で述べた燃料電池によって水素と酸素から電気エネルギーを取り出せば，石油などの化石燃料に頼らず，しかも地球温暖化の主因となる CO_2 が一切排出されない，まさに究極のエコロジーサイクルが完結するはずであった．しかしながら，チタニア光触媒による水の分解効率は大変に低いため実用レベルには至っていない．

　それでも研究が進むうちに，次の**図 5-2-6** に示すような光触媒の作用機構が明らかになった．すなわち，チタニアに紫外光を照射すると電子（e^-）と正孔（h^+）が生成し，それぞれ空気中の酸素と水を酸化還元して，超酸化物イオン（superoxide ion）（O_2^-）やヒドロキシラジカル（$\cdot OH$）といった化学的活性種が生成することがわかった．現在，光触媒を用いた空気清浄機や防汚，防菌タイルが広く普及している．

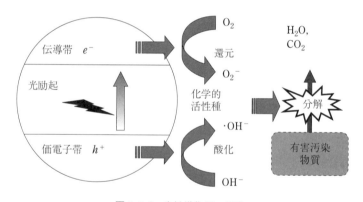

図 5-2-6. 光触媒作用の原理．

（5）水素貯蔵合金

　水素を燃料とする燃料電池による発電や自動車が考案されている．そのためには，水素を貯蔵するボンベが必要となる．水素を固体として貯蔵する方法として水素貯蔵合金がある．この材料の候補として遷移元素の水素化物がある．たとえば，チタンやジルコニウムの水素化物である TiH_2 や ZrH_2 では，水素原子の数密度が 20 K における液体水素や 4.2 K における固体水素の値を上回る．これらの水素化物を加熱すると水素ガスが発生し，冷却すると元の水素化物に戻る．実用的には，Fe-Ti 系，Fe-Ni 系，La-Ni 系，Mg-

ガソリン車の燃料タンクに相当する水素燃料タンクとして期待されている．

Ni 系などがある．La-Ni 系では，LaNi$_3$，LaNi$_5$，La$_7$Ni$_3$などがある．FeTi 合金に H$_2$ を作用させると水素が吸収され，FeTiH が生成する．その反応が終了すると FeTiH$_2$ の生成が始まる．最終的にすべて FeTiH$_2$ となる．すなわち，金属原子と同数の水素原子が貯蔵される．

5.2.2 情報化社会を支える無機物質

(1) 高純度ケイ素

コンピュータなどの電子デバイス（電子部品）に用いられるケイ素の単体は高純度でなければならない．高純度ケイ素の原料はケイ石（主成分が SiO$_2$ で純度 95 % 程度）である．これをコークスと 1600～1800 ℃ で反応させ，還元して，純度が 97～99 % のケイ素を得る．これを塩化水素と反応させ，低沸点の四塩化ケイ素（沸点 57 ℃）とし蒸留で精製する．これを水素で還元してケイ素に戻す．この高純度の固体をさらにゾーンメルティング法で精製し，超高純度（99.999999 % 程度）の単結晶を得る．

(2) 光ファイバ

ブロードバンド通信が爆発的に普及し，すでに**光ファイバ**（optical fiber）製の通信ケーブルが導入された集合住宅や一戸建住宅が多い．光は，たとえばラジオの周波数（たとえば FM 福岡の 80.7 MHz は 1 秒間に 8.07×10^7 回振動する波）と比べるとはるかに高い周波数（可視光波長 λ = 500 nm として ν = c/λ = 6×10^{14}（1/s））をもつので，より多くの情報を運ぶことができる．

それでは，光を通信手段として用いるにはどうすればよいかというと，光を遠くまで運ぶ技術がカギとなる．このとき最も頼りになる材料（光吸収の少ない物質）が，シリカガラス（SiO$_2$）である．

図 5-2-7 は，ガラス製造技術が時代とともに進歩し，材料の透明度が高まってきた様子を示す．金属イオンの不純物を含まないテトラエトキシシランのような有機ケイ酸の加水分解反応を利用するゾル-ゲル法により高純度石英ガラスの製造が可能となった．純粋な石英ガラスは非常に高い透過性を示すが，煎餅の袋に吸湿剤として入っているシリカゲルが水を引きつけやすいことから想像できるように，SiO$_2$ の製造過程では OH が混入しやすい．しかし，わずかでも水分があると光の減衰が著しくなることがわかり，OH を排除する製造技術が発達した．

もう 1 つの大きなブレークスルーは，コア-クラッド構造の発明

合金の最新の話題に形状記憶合金もある．チタンとニッケルの等物質量合金は（商品名：ニチノール）は，ニッケル原子の単純立方格子の中心にチタンが入り，またチタン原子の単純立方格子の中心にニッケル原子が入ったきわめて異常な結晶構造をしている．この連結構造は，隣り合った結合が互いに移動を妨げており，その物質に超弾性を与えている．高温では，対称的な立方晶が安定であるが冷却すると歪んだ立方晶に変化する．この低温での相はくり返し折り曲げられるほど十分に柔軟性がある．その後，加熱すると結晶は元の状態に戻ることができる．金属は折り曲げられる前の形状を記憶していたのである．

振動数（周波数）については第 2 章の章末**付録 2.1**（3）と（4）（p.82～p.85）を参照．

テトラエトキシシランは Si(OC$_2$H$_5$)$_4$．これを酸またはアンモニアで加水分解すると Si(OH)$_4$ となり，これが重合して最終的にシリカ（SiO$_2$）となる．

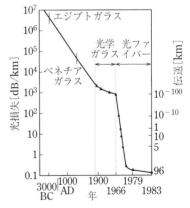

図 5-2-7. ガラスの透明性向上/光損失低減の歴史的進展．

コア（高屈折率）

クラッド（低屈折率）

図 5-2-8. 長距離通信用光ファイバにおけるコアクラッド構造.

ペロブスカイト（perovskite）はチタン酸化物 $CaTiO_3$ の鉱物名称である．和名は灰チタン石．

ペロブスカイト型構造は，2種類の金属元素を含む，化学組成が一般式 ABO_3 の酸化物の代表的な結晶構造である（構造を知りたい場合は無機化学の専門書などを調べていただきたい）．

分極は第3章（p.145）を参照．

であった．すなわち，純粋な SiO_2 の内側に，同族元素である Ge をわずかに含んだ SiO_2 を導入し，**図 5-2-8** に示すような2層構造を実現したものである．これにより，Ge を含む内側（コア）は純粋な外側（クラッド）よりも1％程度高い屈折率をもつことになり，コアとクラッドの界面で光の全反射が起こるために光が漏れず，伝送距離が飛躍的に向上した．

（3）圧電体および高周波フィルター

現代社会では携帯電話は不可欠なアイテムである．われわれがふつうに話す声は空気を振動させる圧力にほかならず，それを感知して電気信号に変換するのに $PZT(Pb(Zr, Ti)O_3$；チタン酸ジルコン酸鉛）を主成分とするセラミックスが利用できる．圧力を加えたときに電圧を生じることを**圧電効果**（piezoelectric effect）といい，それを示す材料を圧電体（piezoelectrics）という．変換された電気信号は電波として中継点を伝わり，受信側の電話の回路で再び電気信号となる．この電気信号を再び音声に戻すのもまったく同じ PZT セラミックスである．すなわち，電気信号を振動に変換し，空気を揺らして「音」にすることで受話できる．圧電効果とは逆に電気エネルギーを振動エネルギーに変換することを「逆圧電効果」という．次の**図 5-2-9** に，これらの効果の図解を示した．

PZT はペロブスカイト構造をもち，中心の Ti（または Zr）イオンはわずかに変位しているため，**図 5-2-9** の単位格子は全体として分極（電荷がずれた状態）している．この分極を電気的に中和するため，空気中の埃や水分などの浮遊電荷が PZT 表面に付着している．ここで圧力が加わると分極状態が変化するため，外部回路を繋いでおけば，その変化を補償するように電荷が移動する．

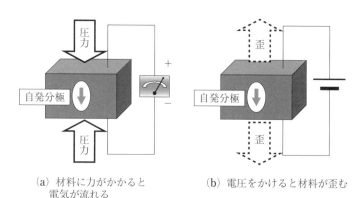

（a）材料に力がかかると電気が流れる　　（b）電圧をかけると材料が歪む

図 5-2-9. （a）圧電効果と（b）逆圧電効果.

空中にはさまざまな電波信号が飛び交っており，混信することなく会話するためには，特定の周波数（携帯電話では〜数 GHz）だけを通す素子（高周波フィルター）が必要となる．この役割を担っているのが，マイクロ波誘電体セラミックスで，PZT と同様に，ABO_3 のペロブスカイト型構造をもった材料が主流である．

(4) リチウムイオン二次電池

充電可能な電池を二次電池という．従来の二次電池（鉛蓄電池やニッケルカドミウム，ニッケル水素電池など）に比べてリチウムイオン電池は軽量で高いエネルギー密度をもつので，携帯電話やコンピュータ，自動車（ハイブリッドカーや電気自動車）などを一気に普及させた．この電池は負極に炭素，正極に $LiCoO_2$ などのセラミックスを用い，それぞれの物質の構造中にリチウムイオンが出入りできることを利用して充放電を行う．実際の電池では，図 5-2-10 のように，正極と負極を何層にも重ねて蓄電容量を高めている．

正極：$LiCoO_2 \rightleftarrows Li_{1-x}CoO_2 + xLi^+ + xe^-$

負極：$C + xLi^+ + xe^- \rightleftarrows Li_xC$

（右向きが充電，左向きが放電）

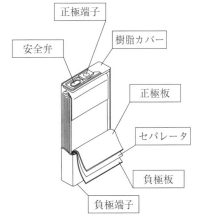

図 5-2-10．リチウムイオン電池の構造の例（角形）．

5.2.3 医療に貢献する無機物質

(1) バイオセラミックス

骨や歯は，ハイドロキシアパタイト（$Ca_{10}(PO_4)_6(OH)_2$）を主成分とする無機物質とコラーゲンタンパク質などの有機物質との複合体，いわば有機/無機ハイブリッド材料である．歯は，次の図 5-2-11 のように，硬さが異なる部位からなっている．アパタイト含有率はエナメル質で 96 %，象牙質で 70 %，セメント質で 60 % であり，この順に材料としての硬度が高い．ハイドロキシアパタイト中の $PO_4{}^{3-}$ の一部が $CO_3{}^{2-}$ に，OH^- の一部が F^- に置き換わることで，溶解性などのさまざまな性質が変化するといわれている．

図 5-2-11 に示すように，それぞれの箇所に適した硬さの材質を精密に構築していくさまは，生命の神秘といえよう．ところが，ヒトは老化とともに骨密度が低下し，それが顕著になると骨粗鬆症となり，骨折しやすくなる．

骨や歯の代替材料となる無機材料をバイオセラミックスといい，大別すると生体不活性（bio-inert）なものと生体活性（bio-active）

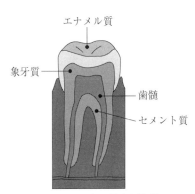

図 5-2-11．歯の構造と材質．

なものに分かれる．前者はアルミナ（Al$_2$O$_3$）やジルコニア（ZrO$_2$）など，長い期間生体に埋め込まれても体液に溶出することなく，また関節部分などでくり返し擦られても摩耗しない，強度が高いセラミックスが用いられている．後者は，積極的に体液に溶出して骨形成を促す性質をもち，前記のハイドロキシアパタイトに加え，Na$_2$O–CaO–SiO$_2$–P$_2$O$_5$ 系などのバイオガラスも実用化されている．これらのセラミックスは高い生体適合性（bio-compatibility）を示し，骨折して欠損した部位に充填すると，徐々に骨と直接結合して機械的に優れた特性をもつようになる．図 5-2-12 は実用化された人工股関節であり，金属，有機，セラミックス，それぞれの材料が調和して全体の機能を創出している．

ヒトの体内での無機結晶の成長はありがたくないこともある．食生活の偏りや不摂生により，トゲ状に成長したシュウ酸カルシウムが尿管を通ると激痛となる（尿路結石）．

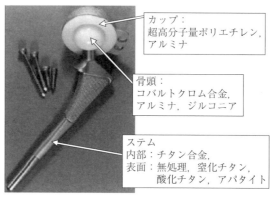

カップ：
超高分子量ポリエチレン，
アルミナ

骨頭：
コバルトクロム合金，
アルミナ，ジルコニア

ステム
内部：チタン合金，
表面：無処理，窒化チタン，
　　　酸化チタン，アパタイト

図 5-2-12. 股関節に用いるバイオセラミックス．

巻末付録

A1 物理量の単位と単位の表記に用いる接頭語

国際単位系 SI（仏語「Le Système International d'Unités」に由来，英語表記「International System of Units」）は，あらゆる分野で使用されている．本書は物理量の多くを SI 単位で表している．次の**付表 1**～**付表 5** に，SI 単位について示す．

SI 単位は，下の**付表 1** の 7 種類の基本的な物理量を基本単位とする（物理量 ＝ 数値×単位）．

付表 1. SI 基本単位と物理量

物理量の日本語名と英語名		量の記号	単位の日本語名と英語名		単位の記号
長 さ	length	l	メートル	metre	m
質 量	mass	m	キログラム	kilogram	kg
時 間	time	t	秒	second	s
電 流	electric current	I	アンペア	ampere	A
熱力学温度	thermodynamic temperature	T	ケルビン	kelvin	K
物質量	amount of substance	n	モル	mole	mol
光 度	luminous intensity	I_v	カンデラ	candela	cd

SI 単位は，**付表 1** の 7 種類の基本単位と，これらの基本単位の乗や除で表される組立単位から構成されている．組立単位を誘導単位ともいう．

いくつかの組立単位には固有の名前と記号が与えられている．次の**付表 2** に固有名称をもつ SI 組立単位の例を示し，**付表 3** に固有名称をもたないその他の SI 組立単位の例を示す．

付表 2. 固有名称をもつ SI 組立単位の例

物理量 上段は日本語名 下段は英語名	SI単位の固有名称 上段は日本語名 下段は英語名	SI単位の記号	SI基本単位による表現
電荷，電気量 electric charge	クーロン coulomb	C	$A\,s$
電位（電位差，電圧，起電力） electric potential（difference）	ボルト volt	V	$m^2\,kg\,s^{-3}\,A^{-1}\ (=J\,C^{-1})$
セルシウス温度（セッ氏温度） Celsius temperature	セルシウス度 degree Celsius	℃	K
圧力，応力 pressure, stress	パスカル pascal	Pa	$m^{-1}\,kg\,s^{-2}\ (=N\,m^{-2})$
エネルギー，仕事，熱量 energy, work, heat	ジュール joule	J	$m^2\,kg\,s^{-2}\ (=N\,m=Pa\,m^3)$
力 force	ニュートン newton	N	$m\,kg\,s^{-2}$
周波数，振動数 frequency	ヘルツ hertz	Hz	s^{-1}
放射能 radioactivity	ベクレル becquerel	Bq	s^{-1}
線量当量 dose equivalent	シーベルト sievert	Sv	$m^2\,s^{-2}\ (=J\,kg^{-1})$
吸収線量 absorbed dose	グレイ gray	Gy	$m^2\,s^{-2}\ (=J\,kg^{-1})$
仕事率，工率 power	ワット watt	W	$m^2\,kg\,s^{-3}\ (=J\,s^{-1})$
静電容量，電気容量 electric capacitance	ファラド farad	F	$m^{-2}\,kg^{-1}\,s^4\,A^2\ (=C\,V^{-1})$
電気抵抗 electric resistance	オーム ohm	Ω	$m^2\,kg\,s^{-3}\,A^{-2}\ (=V\,A^{-1})$
コンダクタンス electric conductance	ジーメンス siemens	S	$m^{-2}\,kg^{-1}\,s^3\,A^2\ (=\Omega^{-1})$
磁束 magnetic flux	ウェーバ weber	Wb	$m^2\,kg\,s^{-2}\,A^{-1}\ (=V\,s)$
磁束密度 magnetic flux density	テスラ tesla	T	$kg\,s^{-2}\,A^{-1}\ (=V\,s\,m^{-2})$
インダクタンス inductance	ヘンリー henry	H	$m^2\,kg\,s^{-2}\,A^{-2}\ (=V\,A^{-1}\,s)$
酵素活性 catalytic activity	カタール katal	kat	$mol\,s^{-1}$
平面角 plane angle	ラジアン radian	rad	l
立体角 solid angle	ステラジアン steradian	sr	l

付表3. その他のSI組立単位の例

物理量の日本語名と英語名		SI単位による表現
体　積	volume	m^3
面　積	area	m^2
密　度	density	$kg\,m^{-3}$
モルエネルギー	molar energy	$J\,mol^{-1}$
容量モル濃度	molarity[a]	$mol\,m^{-3}$
質量モル濃度	molality[a]	$mol\,kg^{-1}$
モル体積	molar volume	$m^3\,mol^{-1}$
熱容量	heat capacity	$J\,K^{-1}$
速　度	velocity	$m\,s^{-1}$
加速度	acceleration	$m\,s^{-2}$

a) 容量モル濃度の英語名 molarity と質量モル濃度の英語名 molality は r と l の1文字のみ異なる.

　物理量の単位はSI単位の使用が推奨されているが，古くから現在まで慣習的に使用されている単位がいくつかある．本書もいくつかの慣習的単位を用いている．

　付表4に，現在SI単位と併用されている単位を示す．

付表4. SI単位と併用されている単位の例

物理量の日本語名と英語名		単位の日本語名と英語名		記号	SI単位による表現
長　さ	length	オングストローム	ångström	Å	$10^{-10}\,m$
体　積	volume	リットル	litre	l, L	$10^{-3}\,m^3$
質　量	mass	トン	tonne	t	$10^3\,kg$
質　量	mass	統一原子質量単位	unified atomic mass unit	u	$1.66054\times10^{-27}\,kg$[a]
時　間	time	分[b]	minute	min	$60\,s$
圧　力	pressure	標準大気圧	standard atmosphere	atm	$101325\,Pa$
圧　力	pressure	バール	bar	bar	$10^5\,Pa$
圧　力	pressure	トル（mmHg）	torr（mmHg）	Torr	$133.322\,Pa$
エネルギー	energy	電子ボルト	electron volt	eV	$1.60218\times10^{-19}\,J$[a]
エネルギー	energy	エルグ	erg	erg	$10^{-7}\,J$
エネルギー	energy	熱化学カロリー	thermochemical calorie	cal_{th}	$4.184\,J$
力	force	ダイン	dyne	dyn	$10^{-5}\,N$
磁束密度	magnetic flux density	ガウス	gauss	G	$10^{-4}\,T$
電気双極子モーメント	electric dipole moment	デバイ	debye	D	$3.33564\times10^{-30}\,C\,m$[a]
平面角	plane angle	度	degree	°	$(\pi/180)rad$

a) 7桁目を四捨五入した6桁の値.
b) 時（hour），日（day），週（week），月（month），年（year）も使用されている.

　学術上の慣習的単位の使用は，たとえば，Å（$=10^{-10}\,m$）のようにSI単位との関係を示せば差し支えない場合もあるが，できるだけSI単位を使用すべきである．

　古い書籍や論文などの文献の圧力単位は，**付表4**中のトル（Torr）に相当するミリメートル水銀

柱（mmHg）や，ミリメートル水柱（mmH$_2$O）を用いていることがある．これは，液体金属の水銀や液体の水を充填した細長いガラス管を用いて気圧や圧力を測定していたからである．

付表5 に SI 圧力単位のパスカル（Pa）と，慣習的単位の標準大気圧（atm）とトル（Torr（mmHg））の換算値を示す．

付表5. 圧力単位の換算値

単　位	Pa	atm	Torr（mmHg）
1 Pa	1	$9.86923 \times 10^{-6\,\text{a)}}$	$7.50062 \times 10^{-3\,\text{a)}}$
1 atm	101325	1	760
1 Torr	$133.322^{\,\text{a)}}$	$1.31579 \times 10^{-3\,\text{a)}}$	1

a）7桁目を四捨五入した6桁の値．

　化学では，エネルギー単位として**付表3**中のモルエネルギー（J mol^{-1}）がよく用いられる．また，溶液中の溶質の濃度を，溶液の単位体積（1 dm^3（単位デシメートル ＝1×10^{-3} m^3））当たりに含まれる溶質の物質量（mol）で示した容量モル濃度（mol dm^{-3}）や，溶媒の単位質量（1 kg）当たりに溶けている溶質の物質量（mol）で示した質量モル濃度（mol kg^{-1}）がよく用いられる．なお，一般には，溶液の濃度表示に，溶液の質量（kg や g）に対する溶質の質量の百分率である質量パーセント濃度（wt %）などが使用されている．

　物理量の数値のあとに付ける単位は，上記の 1 dm^3 の d（デシ）や 1 kg の k（キロ）のように，基本単位の 10 の整数乗倍の接頭語を用いて表すことが多い．**付表6** に 10 の整数乗倍の接頭語の表記と記号を示す．

　化学では物質中の成分の数を数詞の接頭語を用いて表すことが多いので，数詞の接頭語を知る必要がある．たとえば，アンモニア分子（NH$_3$）の 3 個の水素原子をメチル基（–CH$_3$）に置換したトリメチルアミン（trimethylamine，N(CH$_3$)$_3$）の「トリ（tri）」は，分子中のメチル基の数を表す数詞の接頭語である．**付表7** に数詞の接頭語の表記を示す．

付表6. 10の整数乗倍のSI接頭語と記号

倍　数	日本語および英語表記		記　号
10^{24}	ヨタ	yotta	Y
10^{21}	ゼタ	zetta	Z
10^{18}	エクサ	exa	E
10^{15}	ペタ	peta	P
10^{12}	テラ	tera	T
10^{9}	ギガ	giga	G
10^{6}	メガ	mega	M
10^{3}	キロ	kilo	k
10^{2}	ヘクト	hecto	h
10^{1}	デカ	deca	da
10^{-1}	デシ	deci	d
10^{-2}	センチ	centi	c
10^{-3}	ミリ	milli	m
10^{-6}	マイクロ	micro	μ
10^{-9}	ナノ	nano	n
10^{-12}	ピコ	pico	p
10^{-15}	フェムト	femto	f
10^{-18}	アト	atto	a
10^{-21}	ゼプト	zepto	z
10^{-24}	ヨクト	yocto	y

2つ以上の接頭語を並べて使用しない. たとえば, 10^9 はキロメガ（kM）と表さず, ギガ（G）と表す.

付表7. 数詞のSI接頭語

数	日本語および英語表記	
1	モノ	mono
2	ジ	di
3	トリ	tri
4	テトラ	tetra
5	ペンタ	penta
6	ヘキサ	hexa
7	ヘプタ	hepta
8	オクタ	octa
9	ノナ	nona
10	デカ	deca
11	ウンデカ	undeca
12	ドデカ	dodeca
13	トリデカ	trideca
14	テトラデカ	tetradeca
15	ペンタデカ	pentadeca
16	ヘキサデカ	hexadeca
17	ヘプタデカ	heptadeca
18	オクタデカ	octadeca
19	ノナデカ	nonadeca
20	イコサ	icosa

本書で用いる分率（fraction）

本書では, 百分率（記号 %, 読みはパーセント（percent））と百万分率（記号 ppm（parts per million））の2つを用いている.

化学でしばしば使用されるその他の分率には, 千分率（記号 ‰, 読みはパーミルまたはプロミル（permil））, 十億分率（記号 ppb（parts per billion））, 一兆分率（記号 ppt（parts per trillion）など がある.

下の**付表8**に，いくつかの物理定数の名称，記号，数値と単位を示す．本書で用いる定数は，名称のあとに＊印をつけた．

付表8. 物理定数

定　数（物理量） 上段は日本語名　下段は英語名	記　号	数　値[a]	単　位[b]
普遍定数と電磁気定数			
真空中の光速度* speed of light in vacuum*	c	2.99792458×10^8	$m\,s^{-1}$
真空の誘電率（電気定数）* permittivity of vacuum*	ε_0	$8.8541878128(13) \times 10^{-12}$	$F\,m^{-1}$
真空の透磁率（磁気定数） permeability of vacuum*	μ_0	$1.25663706212(19) \times 10^{-6}$	$N\,A^{-2}$ $(m\,kg\,s^{-2}\,A^{-2})$
電気素量（素電荷）*[e] elementary charge*	e	$1.602176634 \times 10^{-19}$	C
プランク定数* Planck constant*	h	$6.62607015 \times 10^{-34}$	$J\,s$
重力定数（万有引力定数） gravitational constant	G	$6.67430(15) \times 10^{-11}$	$N\,m^2\,kg^{-2}$ $(m^3\,kg^{-1}\,s^{-2})$
素粒子および原子定数			
電子の質量* rest mass of electon*[c]	m_e	$9.1093837015(28) \times 10^{-31}$	kg
陽子の質量* rest mass of proton*[c]	m_p	$1.67262192369(51) \times 10^{-27}$	kg
中性子の質量* rest mass of neutron*[c]	m_n	$1.67492749804(95) \times 10^{-27}$	kg
ボーア半径* Bohr radius*	a_0	$5.29177210903(80) \times 10^{-11}$	m
リュードベリ定数* Rydberg constant*	R_∞	$1.0973731568160(21) \times 10^7$	m^{-1}
物理化学定数			
原子質量定数* atomic mass constant*	m_u	$1.66053906660(50) \times 10^{-27}$	kg
アボガドロ定数*[d), e] Avogadro constant*	N_A	$6.02214076 \times 10^{23}$	mol^{-1}
ボルツマン定数*[d] Boltzmann constant*	k	1.380649×10^{-23}	$J\,K^{-1}$
気体定数[d] gas constant	R	8.314462618	$J\,K^{-1}\,mol^{-1}$
ファラデー定数[e] Faraday constant	F	9.648533212×10^4	$C\,mol^{-1}$

付表8の出典は，理科年表第94冊（令和3年版）（丸善）p. 380～p. 381.

a) 数値のあとの（　）内の2桁の数値は，定数値の最後から2桁目までの，標準の不確かさを表す．たとえば，電子の質量 m_e の $9.1093837015(28) \times 10^{-31}$ の不確かさの（28）は $(9.1093837015 \pm 0.0000000028) \times 10^{-31}$ を意味する．

b) SI単位（**付表1, 付表2, 付表3**を参照）

c) 静止した状態の粒子の質量．

d) アボガドロ定数 N_A（単位 mol^{-1}）と，原子や分子などの粒子1個当たりの定数であるボルツマン定数 k（単位 $J\,K^{-1}$）の積は，1モル当たりの気体定数 R（単位 $J\,K^{-1}\,mol^{-1}$）である（$N_A(mol^{-1}) \times k(J\,K^{-1}) = R(J\,K^{-1}\,mol^{-1})$）．

e) 電気素量 e（単位C）とアボガドロ定数 N_A（単位 mol^{-1}）の積は，ファラデー定数F（単位 $C\,mol^{-1}$）である．

いくつかのエネルギー単位およびエネルギーに関連する単位間の換算式と換算値を**付表9**に示す．本書ではエネルギーの単位にジュール（単位記号 J）と電子ボルト（eV）を用いている．

付表9. エネルギー単位およびエネルギーに関連する単位間の換算式[a]と6桁の換算値

	エネルギー（J）	電子ボルト（eV）	質　量（kg）
1 J[b]	$(1\,\mathrm{J}) = 1\,\mathrm{J}$	$(1\,\mathrm{J}) = 6.24151 \times 10^{18}\,\mathrm{eV}$	$(1\,\mathrm{J})/c^2 = 1.11265 \times 10^{-17}\,\mathrm{kg}$
1 eV	$(1\,\mathrm{eV}) = 1.60218 \times 10^{-19}\,\mathrm{J}$	$(1\,\mathrm{eV}) = 1\,\mathrm{eV}$	$(1\,\mathrm{eV})/c^2 = 1.78266 \times 10^{-36}\,\mathrm{kg}$
1 kg	$(1\,\mathrm{kg})c^2 = 8.98755 \times 10^{16}\,\mathrm{J}$	$(1\,\mathrm{kg})c^2 = 5.60959 \times 10^{35}\,\mathrm{eV}$	$(1\,\mathrm{kg}) = 1\,\mathrm{kg}$
1 Hz	$(1\,\mathrm{Hz})h = 6.62607 \times 10^{-34}\,\mathrm{J}$	$(1\,\mathrm{Hz})h = 4.13567 \times 10^{-15}\,\mathrm{eV}$	$(1\,\mathrm{Hz})h/c^2 = 7.37250 \times 10^{-51}\,\mathrm{kg}$
1 cm⁻¹	$(1\,\mathrm{cm}^{-1})hc = 1.98645 \times 10^{-23}\,\mathrm{J}$	$(1\,\mathrm{cm}^{-1})hc = 1.23984 \times 10^{-4}\,\mathrm{eV}$	$(1\,\mathrm{cm}^{-1})h/c = 2.21022 \times 10^{-40}\,\mathrm{kg}$
1 K	$(1\,\mathrm{K})k = 1.38065 \times 10^{-23}\,\mathrm{J}$	$(1\,\mathrm{K})k = 8.61733 \times 10^{-5}\,\mathrm{eV}$	$(1\,\mathrm{K})k/c^2 = 1.53618 \times 10^{-40}\,\mathrm{kg}$

	振動数（Hz）	波　数（cm⁻¹）	絶対温度（K）
1 J[a]	$(1\,\mathrm{J})/h = 1.50919 \times 10^{33}\,\mathrm{Hz}$	$(1\,\mathrm{J})/hc = 5.03412 \times 10^{22}\,\mathrm{cm}^{-1}$	$(1\,\mathrm{J})/k = 7.24297 \times 10^{22}\,\mathrm{K}$
1 eV	$(1\,\mathrm{eV})/h = 2.41799 \times 10^{14}\,\mathrm{Hz}$	$(1\,\mathrm{eV})/hc = 8.06554 \times 10^{3}\,\mathrm{cm}^{-1}$	$(1\,\mathrm{eV})/k = 1.16045 \times 10^{4}\,\mathrm{K}$
1 kg	$(1\,\mathrm{kg})c^2/h = 1.35639 \times 10^{50}\,\mathrm{Hz}$	$(1\,\mathrm{kg})c/h = 4.52444 \times 10^{39}\,\mathrm{cm}^{-1}$	$(1\,\mathrm{kg})c^2/k = 6.50966 \times 10^{39}\,\mathrm{K}$
1 Hz	$(1\,\mathrm{Hz}) = 1\,\mathrm{Hz}$	$(1\,\mathrm{Hz})/c = 3.33564 \times 10^{-11}\,\mathrm{cm}^{-1}$	$(1\,\mathrm{Hz})h/k = 4.79924 \times 10^{-11}\,\mathrm{K}$
1 cm⁻¹	$(1\,\mathrm{cm}^{-1})c = 2.99792 \times 10^{10}\,\mathrm{Hz}$	$(1\,\mathrm{cm}^{-1}) = 1\,\mathrm{cm}^{-1}$	$(1\,\mathrm{cm}^{-1})hc/k = 1.43878\,\mathrm{K}$
1 K	$(1\,\mathrm{K})k/h = 2.08366 \times 10^{10}\,\mathrm{Hz}$	$(1\,\mathrm{K})k/hc = 6.95035 \times 10^{-1}\,\mathrm{cm}^{-1}$	$(1\,\mathrm{K}) = 1\,\mathrm{K}$

付表9の出典は，理科年表第94冊（令和3年版）（丸善）p.382〜p.383．
a) 換算式中の c, h, k は，それぞれ真空中の光速度，プランク定数，ボルツマン定数である（**付表8**を参照）．
b) $1\,\mathrm{J} = 1\,\mathrm{m^2\,kg\,s^{-2}} = 1\,\mathrm{N\,m}$（ニュートン×メートル）$= 1\,\mathrm{C\,V}$（クーロン×ボルト）$= 1 \times 10^7\,\mathrm{erg}$（エルグ．**付表6**を参照）

　本書で用いる物質1モル当たりのエネルギーであるモルエネルギーの単位の，キロジュール/モル（$\mathrm{kJ\,mol^{-1}}$（$10^3\,\mathrm{J\,mol^{-1}}$））と1 eV，1 kg，1 Hz，1 cm⁻¹，1 K の間の換算値は，これらの単位のJ（ジュール）換算値とアボガドロ定数 N_A の積を1000で割った（10^{-3} 倍した）値である．

　付表10に，1 eV，1 kg，1 Hz，1 cm⁻¹，1 K の $\mathrm{kJ\,mol^{-1}}$ の換算値と，$1\,\mathrm{kJ\,mol^{-1}}$ に等しい（等価な）エネルギー量を示す．等価なエネルギー量の値は，表の左側の $\mathrm{kJ\,mol^{-1}}$ 換算値の逆数を 10^3 倍した値である．

付表10. いくつかのエネルギーの単位とモルエネルギーの単位 $\mathrm{kJ\,mol^{-1}}$ との6桁の換算値

エネルギー単位	$\mathrm{kJ\,mol^{-1}}$（$10^3\,\mathrm{J\,mol^{-1}}$）に換算した値	$1\,\mathrm{kJ\,mol^{-1}}$（$10^3\,\mathrm{J\,mol^{-1}}$）と等価なエネルギー量
1 J	$6.02214 \times 10^{20}\,\mathrm{kJ\,mol^{-1}}$	$1.66054 \times 10^{-21}\,\mathrm{J}$
1 eV	$9.64853 \times 10\,\mathrm{kJ\,mol^{-1}}$	$1.03643 \times 10^{-2}\,\mathrm{eV}$[a]
1 kg	$5.41243 \times 10^{37}\,\mathrm{kJ\,mol^{-1}}$	$1.84760 \times 10^{-38}\,\mathrm{kg}$[a]
1 Hz	$3.99031 \times 10^{-13}\,\mathrm{kJ\,mol^{-1}}$	$2.50607 \times 10^{12}\,\mathrm{Hz}$[a]
1 cm⁻¹	$1.19627 \times 10^{-2}\,\mathrm{kJ\,mol^{-1}}$	$8.35935 \times 10\,\mathrm{cm}^{-1}$[a]
1 K	$8.31446 \times 10^{-3}\,\mathrm{kJ\,mol^{-1}}$	$1.20272 \times 10^{2}\,\mathrm{K}$[a]

a) 正確には「ほぼ等価な値」である．

ギリシャ文字とローマ数字はさまざまな学問分野で使用されている．**付表 11** にギリシャ文字の表記を示し，**付表 12** にローマ数字のアラビア数字との対応と表記を示す．

付表 11. ギリシャ文字の表記

大文字	小文字	英語表記	日本語表記
A	α	alpha	アルファ
B	β	beta	ベータ
Γ	γ	gamma	ガンマ
Δ	δ	delta	デルタ
E	ε	epsilon	イプシロン
Z	ζ	zeta	ツェータ
H	η	eta	イータ
Θ	θ	theta	シータ
I	ι	iota	イオタ
K	κ	kappa	カッパ
Λ	λ	lambda	ラムダ
M	μ	mu	ミュー
N	ν	nu	ニュー
Ξ	ξ	xi	グサイ
O	o	omicron	オミクロン
Π	π	pi	パイ
P	ρ	rho	ロー
Σ	σ	sigma	シグマ
T	τ	tau	タウ
Y	υ	upsilon	ウプシロン
Φ	φ, ϕ	phi	ファイ
X	χ	chi	カイ
Ψ	ψ	psi	プサイ
Ω	ω	omega	オメガ

付表 12. アラビア数字とローマ数字の対応

アラビア数字	ローマ数字
1	I
2	II
3	III
4	IV
5	V
6	VI
7	VII
8	VIII
9	IX
10	X
11	XI
12	XII
13	XIII
14	XIV
15	XV
19	XIX
20	XX
30	XXX
40	XL
50	L
60	LX
70	LXX
80	LXXX
90	XC
100	C
200	CC

下の左右の図は，それぞれ距離や長さ，電磁波の波長などと物体や物質の大きさ（サイズ）を表している．化学が取り扱う原子や分子のサイズが，いかに小さいか把握できる．

下図は大城芳樹・平嶋恒亮 著，「図表で学ぶ化学」（化学同人）p. 6 の図を一部改訂したもの．

(1) 距 離・長 さ

(2) 電磁波の波長と振動数，名称，物体のサイズ

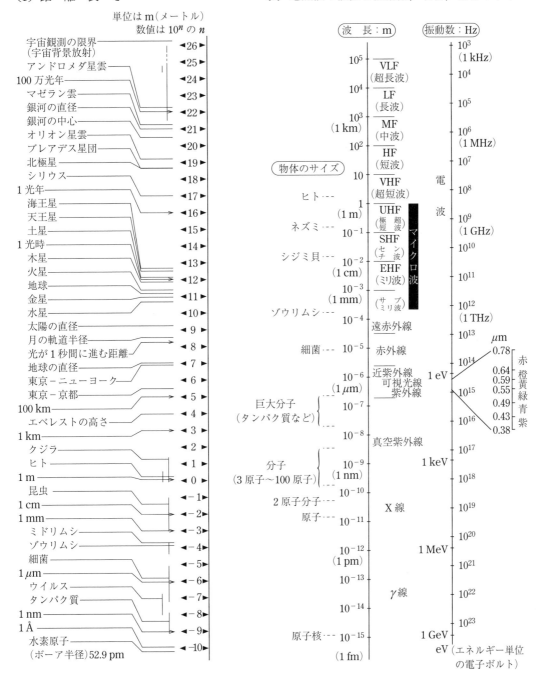

索　　引

あ　行

アクチノイド	64
圧電効果	212
アボガドロ定数	18
α 線	9
α 崩壊	9
α 粒子	9
アレニウス塩基	189
アレニウス酸	189
安定同位体	7
イオン化傾向	202
イオン化列	203
イオン結合	107
イオン結晶	107
イオン対	108
イオン半径	79
陰イオン	5
HSAB 則	197
エネルギー準位図	42
エネルギーバンド	166
エンタルピー	118
王水	203
オキソ酸	195
オクテット則	124
オッド-ハーキンスの法則	22
親核種	9

か　行

化学結合	1
化学式量	19
核子	8
核種	8
核分裂	12
核融合	14
確率密度関数	52
硬い塩基	197
硬い酸	197
価電子	63
価電子帯	166
荷電粒子	2
還元	198
還元剤	78
γ 線	10
γ 崩壊	10
緩和	42
希ガス型電子配置	65
吸熱反応	118
共役	190
共役塩基	191
共役酸	191

さ　行

共有結合	123
共有結合半径	72
共有電子対	124
極性	145
極性分子	145
禁止帯幅	168
金属結合	164
金属結合半径	72
金属元素	75
結合角度	149
結合距離	131
結合次数	125
結合性分子軌道	130
結晶構造	109
原子	1
原子価軌道	65
原子核	3
原子価結合論	125
原子価電子	63
原子軌道	48
原子の発光スペクトル	37
原子量	18
元素	1
格子エネルギー	117
構成原理	58
固有関数	48
固有値	39
孤立電子対	124
混成軌道	147

さ　行

最外殻電子	63
最高被占分子軌道（HOMO）	138
最低空分子軌道（LUMO）	139
酸化	198
酸解離定数	193
酸化還元対	200
酸化剤	78
酸化数	198
磁気量子数	49
自己プロトリシス	191
自発核分裂	12
遮蔽	74
周期律	64
自由電子	164
縮重	58
主量子数	49
振動数	41
水素結合	160
水和	184

スピン量子数	55
スペクトル	39
セラミックス	204
遷移元素	64
線スペクトル	41

た　行

第 1 イオン化エネルギー	66
体心立方格子	171
単位格子	109
単原子イオン	77
炭素繊維	209
単体	5
中性子	3
超電導	207
デュエット則	125
電気陰性度	70
電極反応	200
典型元素	64
電子	2
電子雲	54
電子回折	46
電子殻	38
電子基底状態	42
電子軌道	48
電子親和力	68
電子スピン	55
電子遷移	42
電子対	60
電子対供与体	157
電子対受容体	157
電子対反発則	154
電磁波	10
電子配置	56
電子励起状態	42
伝導帯	166
伝導電子	167
電離	183
同位体	7
統一原子質量単位	18
動径分布関数	53
同素体	6

な　行

燃料電池	206

は　行

配位化合物	159
配位結合	157
配位数	110
パウリの排他原理	58

発熱反応	118
波動関数	48
反結合性分子軌道	130
半減期	11
光触媒	209
光ファイバ	211
非金属元素	75
非結合性分子軌道	143
標準水素電極	200
標準電極電位	200
ファン・デル・ワールス半径	72
不確定性原理	46
不活性電子対	78
不均化	202
不対電子	60
物質波	45
部分電荷	145
プランク定数	41
ブレンステッド塩基	190
ブレンステッド酸	190
分光器	39
分子軌道論	125
分子立体化学	147
フントの規則	58
β 線	10
β 崩壊	9
β 粒子	10
方位量子数	49
放射性同位体	8
放射能	8
放射崩壊	9
飽和溶液	186
ボーア半径	39
ボルン-ハーバーサイクル	117

ま　行

水のイオン積	192
娘核種	9
メタロイド	76

や　行

軟らかい塩基	197
軟らかい酸	197
有効核電荷	74
誘導核分裂	12
陽イオン	4
溶解度	186
溶解度積	188
溶解平衡	186
陽子	3

陽電子	15	ランタノイド収縮	81	両性元素	76	六方最密充填	171

ら 行

ランタノイド	64	立方最密充填	171	ルイス塩基	157	
		量子化	37	ルイス酸	157	
		量子数	38	励起状態	10	

基幹教育シリーズ　化学

無機物質化学　—大学の現代化学入門—　第 4 版

2014 年 3 月 30 日　第 1 版　第 1 刷　発行
2015 年 3 月 30 日　第 2 版　第 1 刷　発行
2017 年 3 月 30 日　第 2 版　第 3 刷　発行
2018 年 3 月 30 日　第 3 版　第 1 刷　発行
2020 年 3 月 30 日　第 3 版　第 3 刷　発行
2021 年 3 月 30 日　第 4 版　第 1 刷　発行
2024 年 3 月 30 日　第 4 版　第 4 刷　発行

著　　者　高橋 和宏　岡上 吉広　榎本 尚也

発 行 者　発 田 和 子

発 行 所　株式会社 学術図書出版社

〒113−0033　東京都文京区本郷 5 丁目 4−6
TEL 03−3811−0889　振替 00110−4−28454
印刷　三美印刷（株）

定価は表紙に表示してあります.

本書の一部または全部を無断で複写（コピー）・複製・
転載することは，著作権法で認められた場合を除き，著
作者および出版社の権利の侵害となります. あらかじ
め小社に許諾を求めてください.

© K. TAKAHASHI, Y. OKAUE, N. ENOMOTO
2014, 2015, 2018, 2021
Printed in Japan
ISBN978-4-7806-1115-1　C3043

元素の原子番号，日本語名称，英語名称，元素記号，原子量

　本表中の原子量は，2019年に国際純正・応用化学連合（International Union of Pure and Applied Chemistry；IUPAC）の原子量および同位体存在度委員会が勧告した値である．

　元素名の右肩に＊印をつけた元素は，安定同位体が存在しない放射性元素（本書のp.8の脇注を参照）である．

　以下に，本表の利用上の留意事項を記す．

・表中の天然同位体存在度（p.17を参照）が公表されている元素の，原子量値のあとに記した（　）内の数値は，原子量の最終桁の不確かさである．

・IUPACは，地球上で採取された試料中や，試薬中の同位体組成の変動幅が大きい元素の原子量を，単一の数値ではなく変動範囲で表示することを2009年に決定し，2011年以降，水素，リチウム，ホウ素，炭素，窒素，酸素，マグネシウム，ケイ素，硫黄，塩素，アルゴン，臭素，タリウムの13元素の原子量が変動範囲で示されている．本表では，これらの原子量の変動範囲を［最小値：最大値］のように示している．

・おもて表紙見開きの周期表と同様に，安定同位体がなく特定の天然同位体組成を示さないテクネチウムとプロメチウム，ポロニウムからアクチニウムまでの元素，およびネプツニウム以降の元素は，放射性同位体の中で代表的な1種の質量数を［　］内に示した．これらの元素の質量数の値を，他の元素の原子量と同等に取り扱ってはならない．

　本表の出典は，理科年表第94冊（令和3年版）（丸善）p.384〜p.386.

原子番号	元素名（日本語）	元素名（英語）	元素記号	原子量
1	水素	hydrogen	H	［1.00784：1.00811］
2	ヘリウム	helium	He	4.002602(2)
3	リチウム	lithium	Li	［6.938：6.997］
4	ベリリウム	beryllium	Be	9.0121831(5)
5	ホウ素	boron	B	［10.806：10.821］
6	炭素	carbon	C	［12.0096：12.0116］
7	窒素	nitrogen	N	［14.00643：14.00728］
8	酸素	oxygen	O	［15.99903：15.99977］
9	フッ素	fluorine	F	18.998403163(6)
10	ネオン	neon	Ne	20.1797(6)
11	ナトリウム	sodium	Na	22.98976928(2)
12	マグネシウム	magnesium	Mg	［24.304：24.307］
13	アルミニウム	aluminium[注1]	Al	26.9815385(7)
14	ケイ素	silicon	Si	［28.084：28.086］
15	リン	phosphorus	P	30.973761998(5)
16	硫黄	sulfur	S	［32.059：32.076］
17	塩素	chlorine	Cl	［35.446：35.457］
18	アルゴン	argon	Ar	［39.792：39.963］
19	カリウム	potassium	K	39.0983(1)
20	カルシウム	calcium	Ca	40.078(4)
21	スカンジウム	scandium	Sc	44.955908(5)
22	チタン	titanium	Ti	47.867(1)
23	バナジウム	vanadium	V	50.9415(1)
24	クロム	chromium	Cr	51.9961(6)
25	マンガン	manganese	Mn	54.938043(2)
26	鉄	iron	Fe	55.845(2)
27	コバルト	cobalt	Co	58.933194(3)
28	ニッケル	nickel	Ni	58.6934(4)
29	銅	copper	Cu	63.546(3)
30	亜鉛	zinc	Zn	65.38(2)
31	ガリウム	gallium	Ga	69.723(1)
32	ゲルマニウム	germanium	Ge	72.630(8)
33	ヒ素	arsenic	As	74.921595(6)
34	セレン	selenium	Se	78.971(8)
35	臭素	bromine	Br	［79.901：79.907］
36	クリプトン	krypton	Kr	83.798(2)
37	ルビジウム	rubidium	Rb	85.4678(3)
38	ストロンチウム	strontium	Sr	87.62(1)
39	イットリウム	yttrium	Y	88.90584(1)
40	ジルコニウム	zirconium	Zr	91.224(2)
41	ニオブ	niobium	Nb	92.90637(1)
42	モリブデン	molybdenum	Mo	95.95(1)
43	テクネチウム＊	technetium＊	Tc	［99］
44	ルテニウム	ruthenium	Ru	101.07(2)
45	ロジウム	rhodium	Rh	102.90549(2)
46	パラジウム	palladium	Pd	106.42(1)
47	銀	silver	Ag	107.8682(2)
48	カドミウム	cadmium	Cd	112.414(4)
49	インジウム	indium	In	114.818(1)

注1）aluminum　IUPACの原子量表でかっこに入れて併記されている元素名．